Akademie der Wissenschaften der DDR
Institut für Geographie und Geoökologie

# Beiträge zur Geographie 30

# Siedlungssysteme in der VR Polen und der DDR

Akademie-Verlag · Berlin

Akademie
der Wissenschaften
der DDR

Institut
für Geographie
und Geoökologie

# Beiträge zur Geographie

BAND 30

Herausgegeben von Prof. Dr. sc. nat. Heinz Lüdemann

unter Mitwirkung von

Prof. Dr. phil. habil. Dr.-Ing. E. h. Edgar Lehmann
Prof. Dr. rer. nat. habil. Günter Haase
Prof. Dr. sc. nat. Gerhard Mohs

# Siedlungssysteme in der VR Polen und der DDR

Beiträge des III. Geographischen Seminars VR Polen – DDR

Mit 33 Abbildungen, 11 Tabellen und 1 Anlage

Wissenschaftliche Bearbeitung:
Dr. Frankdieter Grimm
Dr. Jutta Haase

AKADEMIE-VERLAG · BERLIN 1981

Band 30 (bis Band 27/28 Wissenschaftliche Veröffentlichungen des Geographischen Instituts der Deutschen Akademie der Wissenschaften bzw. des Deutschen Instituts für Länderkunde)

Redaktion: Dr. Jutta Haase

Redaktionsschluß: 15. 3. 1979

Erschienen im Akademie-Verlag, DDR-1080 Berlin, Leipziger Straße 3—4

Lizenznummer: 202 · 100/446/81
Umschlaggestaltung: Rolf Kunze
P 307/79
Gesamtherstellung: VEB Druckerei „Thomas Müntzer", 5820 Bad Langensalza
Bestellnummer: 762 831 3 (2154/30) · LSV 5015
Printed in GDR
DDR 29,– M

**ISSN 0138-4422**

## Inhaltsverzeichnis

# III. Geographisches Seminar VR Polen—DDR

In zahlreichen Publikationen ist in jüngerer Zeit von Geographen aus den sozialistischen Ländern der Anspruch formuliert worden, mit den geographischen Forschungen zur Lösung von Problemen der sozialistischen Gesellschaftsentwicklung beizutragen. Diese Zielsetzung bestimmte nicht zuletzt auch den Inhalt zahlreicher Referate, die von Geographen aus der Sowjetunion, der Volksrepublik Polen, der Deutschen Demokratischen Republik und aus anderen sozialistischen Ländern auf dem XXIII. Kongreß der Internationalen Geographischen Union 1976 in Moskau gehalten wurden.

Ihren fachlichen Besonderheiten entsprechend zielt die geographische Forschung in den sozialistischen Ländern heute vor allem darauf, Probleme der territorialen Strukturentwicklung oder — noch weiter gefaßt — Probleme der territorialen Organisation des Reproduktionsprozesses der sozialistischen Gesellschaft lösen zu helfen. Der unmittelbare Bezug auf die gesellschaftliche Praxis ist zu einem Wesensmerkmal der geographischen Arbeit geworden.

Dabei besitzt die Geographie den Vorzug, daß die ihr eigene komplexe Betrachtungsweise eine Erfassung und Bearbeitung von komplexen Fragestellungen fördert, wie sie sich in den sozialistischen Ländern aus den Zielen ergeben, die sozialistische Lebensweise zu entwickeln, die allseitige Entfaltung der Persönlichkeit in der Gesellschaft zu sichern, aber auch eine der sozialistischen Gesellschaft adäquate Umwelt zu gestalten. Von diesen her werden die Leitlinien der territorialen Organisation des gesellschaftlichen Lebens entscheidend bestimmt.

Bezieht man dazu ein, daß im Sinne der Einheit von Wirtschafts- und Sozialpolitik dem kontinuierlichen Wachstum der sozialistischen Volkswirtschaft ein entscheidender Rang zugemessen wird, so rücken für die Geographie in den sozialistischen Ländern Fragen der optimalen Entwicklung von Wirtschafts- und Lebensräumen der Gesellschaft und gesellschaftlichen Gruppen in den Vordergrund. Gesellschaftsrelevanz und Praxisnähe werden zu Forderungen, denen sich die Geographie nicht nur nicht entziehen kann, sondern denen sich die Geographen bewußt und aktiv zuwenden.

Dennoch kann und darf man die Ergebnisse der geographischen Forschung in den sozialistischen Ländern nicht allein unter dem Blickwinkel ihrer gesellschaftlichen „Anwendbarkeit“ sehen. Vielmehr zeigt eine tiefere Analyse, daß gerade durch diese Hinwendung zur gesellschaftlichen Praxis Forderungen aufgeworfen und Lösungen angestrebt werden, die eine ständige Erweiterung und Vertiefung der geographischen Grundlagenforschung erfordern und damit zur Entwicklung der Theorie und Methodologie der Geographie beitragen.

Dabei spielt der gegenseitige Erfahrungsaustausch zwischen den Geographen eine bedeutende Rolle. Die prinzipiell übereinstimmenden weltanschaulichen Positionen und die gleichartigen gesellschaftlichen Ziele, von denen her die Geographie in den sozialistischen Ländern entwickelt wird, fördern die Diskussion unter den Geographen über Fragen der Wissenschaftsstrategie ebenso wie zu speziellen methodischen Lösungen.

In diesem Sinne nimmt die bilaterale Zusammenarbeit, wie sie in der gemeinsamen Diskussion zwischen Geographen aus der Volksrepublik Polen und der Deutschen Demokratischen Republik seit den fünfziger Jahren erfolgreich entwickelt wird, einen wichtigen Platz ein. Nur eine, aber die vielleicht intensivste und ertragreichste Form dieser Zusammenarbeit sind die bilateralen „Geographischen Seminare VR Polen—DDR". Die Ergebnisse des III. Seminars, das im Mai 1977 in der DDR abgehalten wurde, sind in den im vorliegenden Band publizierten Vorträgen niedergelegt. Dieses III. Seminar schloß sich inhaltlich an die voraufgegangenen an und führte die Diskussion weiter.

Das I. Seminar hatte mit dem Thema „Die Entwicklung von Ballungsgebieten in den sozialistischen Ländern unter den Bedingungen der technischen Revolution" die Stellung und Entwicklung von Agglomerationen und Agglomerationsgebieten in der sozialistischen Volkswirtschaft der Volksrepublik Polen und der Deutschen Demokratischen Republik zum Gegenstand. Dieses Problem löste in den fünfziger Jahren umfangreiche Diskussionen aus. Anfang der sechziger Jahre schalteten sich die Geographen in die Meinungsbildung um das Für und Wider von Agglomeration und Deglomeration ein. Die Bilanz, die 1968 aus den geographischen Forschungen in der DDR und in der VR Polen auf dem gemeinsamen Seminar in Leipzig gezogen werden konnte, war sehr positiv. Die Geographen hatten mit ihrer spezifischen Sicht auf die territorialen Bedingungen und Wirkungen zur Erkenntnis beigetragen, daß die territoriale Agglomeration, und insbesondere die Ballungsgebiete als deren großräumige Entwicklungsstufe, unter sozialistischen Verhältnissen ein volkswirtschaftlicher Faktor von hochrangiger Bedeutung sind und daß es daher notwendig ist, die Vorzüge der Agglomeration für die Entwicklung der sozialistischen Volkswirtschaft maximal zu nutzen.

Es konnte durch geographische Forschungen die These erhärtet werden, daß sich diese Vorzüge aus territorialen Struktureffekten ergeben, die sich durch Beziehungen zwischen einer großen Zahl und Vielfalt von Strukturelementen auf engem Raum, vor allem innerhalb der produktiven Bereiche, entwickeln. Positive Struktureffekte wirken in den Agglomerationen jedoch auch außerhalb der Produktion; sie bieten günstige Bedingungen für die Entwicklung des gesellschaftlichen Lebens insgesamt. Eine bestmögliche Nutzung der positiven Struktureffekte setzt jedoch zugleich voraus, negative Auswirkungen der Agglomeration, die sich insbesondere in einer starken Umweltbelastung äußern, soweit wie möglich einzudämmen und schrittweise abzubauen.

Diese auf dem Seminar von den Geographen aus beiden Ländern vorgetragenen gleichartigen Ergebnisse waren mit unterschiedlichen Methoden und von differenzierten Zielstellungen her gewonnen worden. Gerade darin kam der besondere Wert der gemeinsamen Diskussion zum Ausdruck.

1972 wurde in der Volksrepublik Polen, in Szymbark, das II. Geographische Seminar mit dem Thema „Siedlungssystem und Ballungsgebiete als analytische und prognostische Hauptprobleme bei der Entwicklung der Territorialstruktur der DDR und der VR Polen" durchgeführt. Es setzte die Diskussion des I. Seminars fort, weitete jedoch zugleich den Gegenstand aus. In beiden Ländern waren in der Zwischenzeit verstärkt Fragen der Entwicklung der sozialistischen Lebensweise in das Blickfeld gerückt, und im Zusammenhang damit gewannen Probleme der Siedlungsentwicklung aus territorialplanerischer Sicht eine zunehmende Bedeutung.

Ende der sechziger, Anfang der siebziger Jahre wurden sowohl in der VR Polen als auch in der DDR von zentralen staatlichen und von regionalen Organen Konzeptionen für die Entwicklung der Siedlungsstruktur ausgearbeitet. Dabei trugen wiederum geographische Forschungen auf lokaler, regionaler und nationaler Ebene dazu bei, sowohl konkrete Entwicklungsaufgaben zu lösen als auch theoretische Erkenntnisse zu vertiefen. Im Ergebnis dessen konnten die polnischen Geographen auf dem II. Seminar ein langfristiges gesamtstaatliches räumliches Entwicklungskonzept für ihr Land vorstellen. Die Geographen aus der DDR legten siedlungsgeographische Konzeptionen in verschiedenen räumlichen Dimensionsstufen vor. Im einzelnen wurden sowohl von der polnischen Geographie als auch von den Geographen der DDR dabei erneut Entwicklungsprobleme der Ballungsgebiete diskutiert.

Das 1977 wiederum in der DDR veranstaltete III. Geographische Seminar nahm abermals die siedlungsgeographische Thematik auf. Die vorliegenden Beiträge widerspiegeln einerseits das in den letzten Jahren international stark erhöhte theoretische Niveau der Siedlungsgeographie. Sie sind andererseits jedoch auch wiederum Ergebnisse einer im besten Sinne angewandten geographischen Forschung in beiden Ländern. Dabei werden die Siedlungen und Siedlungssysteme zunehmend als Teile einer integrierten Territorialstruktur aufgefaßt, innerhalb der sich der gesellschaftliche Reproduktionsprozeß in seiner Gesamtheit vollzieht. Die Siedlungen werden als Elemente und Teilsysteme beschrieben, deren Entwicklung im einzelnen spezifischen Gesetzmäßigkeiten unterliegt, die aber zugleich in übergeordnete Gesetzmäßigkeiten eingebettet sind, durch die die territoriale Struktur des gesellschaftlichen Reproduktionsprozesses in ihrer Gesamtheit bestimmt wird. Am Beispiel des Bezirkes Cottbus, der auch Ziel einer eintägigen Exkursion war, wurde eine Anzahl der genannten Probleme erörtert.

Die auf dem III. Geographischen Seminar VR Polen—DDR dargelegten Ergebnisse widerspiegeln ebenso wie in den vorangegangenen Seminaren zum Teil unterschiedliche Ausgangspunkte der Betrachtung durch die einzelnen Autoren, was auch in der Wahl unterschiedlicher Termini zum Ausdruck kommt. Das aber befruchtet die Diskussion über die besten Wege zu gemeinsamen Zielen.

Gerhard Mohs

# Das Siedlungssystem als ein Problem der Forschung

Von ANDRZEJ WRÓBEL

In dem vorliegenden Beitrag möchte ich auf einige Probleme der Erforschung des unter sozialistischen Produktionsverhältnissen existierenden Siedlungssystems eingehen. Bei der Charakterisierung des Forschungsgegenstandes stütze ich mich hauptsächlich auf polnische Erfahrungen, glaube aber, daß die hier getroffenen Feststellungen allgemeingültigen Charakter besitzen.

Wenn man von der Feststellung ausgeht, daß die *Siedlungsgeographie heute* in der weltweiten Geographie zu einem der am besten entwickelten Bereiche der Ökonomischen Geographie gehört, so gilt *für Volkspolen*, daß sie dort die zur Zeit *am besten entwickelte* Richtung ist. Sie verfügt sowohl über eine Menge von empirischen Bearbeitungen als auch über zahlreiche Verallgemeinerungen und theoretische Konzeptionen.

In den letzten Jahren setzte man Hoffnungen auf die Verwendung der Systemanalyse bei der Erforschung des Siedlungsnetzes, was sich bereits in dem Terminus „*Siedlungssystem*", der in den täglichen Gebrauch eingeht, ausdrückt. Diese Tendenz hat ihre Grundlage in der seit langem entwickelten funktionellen Auffassung der Forschungen zum Siedlungsnetz, wobei letzteres als ein Komplex von Siedlungen betrachtet wird. Dieser Komplex besitzt eine bestimmte Struktur und ist durch vielfältige Relationen verbunden, die im Prozeß der territorialen sozialen Arbeitsteilung entstehen.

Sowohl die Vorteile als auch die Schwierigkeiten der Anwendung der *Systemauffassung* bei der Erforschung des Siedlungsnetzes wurden schon oft diskutiert, so auch in der polnischen Literatur, beispielsweise von DZIEWOŃSKI und IWANICKA-LYRA (1977). Eine eingehende Diskussion dieses Problems wird jedoch dadurch erschwert, daß keine der Arbeiten zu diesem Thema versucht, ein Systemmodell des Siedlungsnetzes zu formulieren. Dabei stößt schon die Kennzeichnung des Siedlungssystems mittels Kategorien der Systemanalyse auf große Schwierigkeiten; die Schwierigkeiten treten bereits bei dem Versuch auf, die Elemente eines solchen Systems zu definieren, und sie verstärken sich sowohl bei der Definition des Komplexes von untersuchten Relationen als auch bei der Bestimmung der Umgebung dieses Systems und des Charakters von „inputs" und „outputs", wodurch diese Umgebung mit dem untersuchten System verbunden ist usw.

Die vorhandenen Bearbeitungen weisen auf große Schwierigkeiten bei der Gewinnung der grundlegenden Informationen hin und auch auf die negativen Auswirkungen dieser Tatsache für die Möglichkeiten der Realisierung der Systemforschung zum Siedlungssystem. Diese Schwierigkeiten sind aber noch tiefgreifender. Die Konstruktion eines *Systemmodells des Siedlungsnetzes* setzt voraus, daß man über einen gewissen *Komplex von Gesetzen* verfügt, die sich auf konstante *Relationen* zwischen den Elementen des Systems und zugleich zwischen diesen Elementen und der Umgebung beziehen. Der Vorteil der allgemeinen Systemtheorie beruht auf dem Einsatz eines mathematischen Apparates bei der Erforschung komplizierter Relationen, die in der zu untersuchenden Wirklichkeit auftreten. Damit die untersuchten Probleme empirisch in dieser Sprache betrachtet werden können, muß man die Daten und den Begriffsapparat entsprechend anpassen (vgl. Harvey 1969, S. 45).

Der tatsächliche Stand der Forschungen darüber, was man als Siedlungssystem bezeichnet, läßt keine unmittelbaren Möglichkeiten der realen Anwendung des analytischen Instrumentariums erwarten, das uns die allgemeine Systemtheorie bereitstellt. Die Ergebnisse unserer Forschungen haben vorwiegend beschreibenden Charakter (Stadium der funktionellen Beschreibung); formulierte Verallgemeinerungen haben in der Regel den Charakter von historischen Generalisationen und können den wissenschaftlichen Status von Gesetzen nicht beanspruchen, da die vorhandenen theoretischen Grundsätze dabei nicht systematisiert sind.

Unter diesem Aspekt dürften die Bemühungen, die auf die Verwendung des Apparats der allgemeinen Systemtheorie bei der Erforschung des Siedlungssystems hinzielen, in der nächsten Zukunft kaum irgendwelche Resultate erbringen (im Sinne der Formulierung von Gesetzen bezüglich des Funktionierens dieses Systems auf der Grundlage des Isomorphismus mit anderen Systemen). Allerdings scheint die durch diese Theorie inspirierte Tendenz fruchtbar zu sein, obwohl die Anwendung von Modellen des Siedlungssystems, die den Voraussetzungen der allgemeinen Systemtheorie entsprechen, erst eine Sache der Zukunft sein wird. Erstens stimuliert sie die mathematische *Modellierung der Entwicklungsprozesse* des Siedlungsnetzes sowie das Bestreben nach der *Formulierung von Gesetzen.* Zweitens stimuliert sie die dynamische Auffassung in bezug auf die zu erforschenden Probleme, da ja das Siedlungssystem in die Klasse der *dynamischen* Systeme eingeordnet werden muß. Schließlich ist es selbstverständlich, daß es sich hier um ein *vielfältig zusammengesetztes* System handelt, also — den Voraussetzungen der Systemanalyse entsprechend — um ein System, bei dem es unmöglich ist, es ohne Berücksichtigung des Informations- und Steuerungs-Aspektes (d. h. der in unseren bisherigen Forschungen vernachlässigten Probleme) darzustellen.

Wenn vom Siedlungssystem als Forschungsobjekt die Rede ist, so ist dieses System nicht als ein von den anderen Forschungsgegenständen der Ökonomischen Geographie abgesondertes Objekt zu verstehen, sondern als eine Betrachtungsmethode des Raumsystems der Volkswirtschaft. Dieses System besteht aus einer Menge von Betrieben, Menschen und ihren Wohnorten sowie Elementen der technischen Infrastruktur innerhalb des gegebenen Landes oder einer anderen territorialen Ganzheit[1]; wobei wir im weiteren diese Menge als eine Menge von Elementareinheiten betrachten werden. Das Raumsystem der Volkswirtschaft besteht also aus einer Menge von Objekten und den sie verbindenden Relationen und wird — wie jedes Realsystem — charakterisiert durch „eine unendliche Zahl von Variablen, von denen verschiedene Beobachter (zu unterschiedlichen Zwecken) in gerechtfertigter Weise eine unendliche Zahl verschiedener Selektionen durchführen können" (Ashby 1966, S. 16).

[1] Dziewoński bemerkt richtig: „Obwohl wir alle Siedlungen zusammengenommen nicht mit der Gesamtheit der Volkswirtschaft identifizieren (und ihre Bewirtschaftung mit der Raumordnung des Landes nicht gleichsetzen) können, stellen sie doch das Grundelement dieser Volkswirtschaft und in noch stärkerem Maße der Raumordnung dar, weil die Mehrheit der Investitionen auf dem Territorium dieser Siedlungen konzentriert ist" (Dziewoński und Iwanicka-Lyra 1977).

Der Begriff des Siedlungssystems schafft die Möglichkeit, eine bestimmte Art der *Aggregation* dieser unendlichen Menge *der Relationen und Elemente*, aus der sich das System der Volkswirtschaft zusammensetzt, vorzunehmen und eine zweckmäßige Selektion der Variablen und der Arten der sie verbindenden Relationen durchzuführen. Als Begründung einer solchen Auffassung läßt sich sagen, daß die Elemente des Siedlungssystems gewisse „*Ganzheiten*" darstellen, innerhalb derer die einzelnen Elementarobjekte des Raumsystems der Volkswirtschaft auf eine besondere Weise integriert sind. Unter den *integrierenden Faktoren* lassen sich vor allem drei besonders wichtige nennen: *Arbeitsmarkt*, städtische technische *Infrastruktur* und der Komplex von *Dienstleistungen*. Diese drei Faktoren entscheiden darüber, inwieweit eine Siedlungseinheit sowohl vom Standpunkt der Menschen als Produzenten und Konsumenten als auch vom Gesichtspunkt der Produktionseinheiten (d. h. der Betriebe) eine gewisse Ganzheit darstellt.

Daraus ist zu ersehen, daß eine solche Definition des Elements des Siedlungssystems über den Rahmen der Definition der Stadt oder des Dorfes hinausgeht; deshalb sprechen einige Autoren auch vom Siedlungssubsystem niedrigsten Ranges, das einem Komplex von „funktionell durch das Alltagsleben der Einwohner miteinander verbundenen „Siedlungseinheiten" gleichgesetzt wird" (MAIK 1976). Anstelle der in diesem Kontext nicht näher ausgewiesenen Siedlungseinheiten (d. h., ob z. B. zu ihnen einzelne Stadtteile oder Wohnviertel in diesen Stadtteilen gehören) scheint es zweckmäßiger, diese Erwägungen auf die Elementarobjekte — d. h. die Menschen, ihre Wohnungen, Fabriken, Läden usw. — zu beziehen.

Ganzheiten anderer Art werden beispielsweise in der Regionalgliederung ausgewiesen, bei der Integrationsfaktoren, wie die Kooperation zwischen den Produktionseinheiten, die Zusammenhänge zwischen Wirtschaft und Bodenschätzen, eine herausragende Bedeutung besitzen. Weitere Auffassungen gründen sich auf die Absonderung bestimmter, nicht territorialer, sondern funktioneller „Ganzheiten" (sog. Sachganzheiten, wie z. B. Transport, Landwirtschaft, Industrie usw.).

Das oben Gesagte kann man auf die allgemein bekannte Feststellung zurückführen, daß dabei *einzelne Elemente des Siedlungssystems* als *Subsysteme* betrachtet werden können und sollen. Wesentlich ist nur die Tatsache, daß die Untersuchung des Verhaltens des Siedlungssystems, dessen Elemente einzelne Siedlungen oder anders räumlich definierte Einheiten sind, eng mit dem Verhalten der Subsysteme (d. h. dieser letzten Einheiten) verbunden ist; die Erklärung der Regelmäßigkeiten, die auf der ersten und der zweiten Stufe auftreten, bezieht sich auf dieselben Gesetze, die das Verhalten der Elementarobjekte bestimmen (z. B. bestehen einige Gesetze, die sich sowohl auf die Verteilung des Handelsnetzes in einer Großstadt als auch zwischen einzelnen Siedlungen beziehen). Die untersuchten „*Relationen zwischen den Siedlungen*", die in Form der Bewegung von Menschen, Waren, Informationen usw. zum Ausdruck kommen, sind vorwiegend Relationen zwischen den Elementareinheiten. Die Betrachtung eines bestimmten Komplexes von Relationen zwischen Menschen und Institutionen der Siedlung A und der Siedlung B — als Relationen „zwischen diesen Siedlungen" — ist nur Ausdruck einer mehr oder weniger gerechtfertigten Aggregation.

Das Hervorheben der oben erwähnten Momente ist deswegen wesentlich, weil die Untersuchungen zum Siedlungssystem vor allem aggregierende Ansätze bevorzugen, denn die dieses System bildenden Objekte, deren Eigenschaften von uns erforscht werden (Elemente des Siedlungssystems), sind selbst Aggregate. Mehr noch, ein solcher *Aggregationsansatz* bezieht sich auch auf die Untersuchung solcher Relationen zwischen den Eigenschaften der Systemelemente, die das Ergebnis bestimmter, komplizierter und verschiedenartiger Kausalzusammenhänge sind, deren Wesen noch nicht erforscht ist (z. B. der

Zusammenhang zwischen dem Grad der funktionellen Spezialisierung der Städte und den Eigenschaften ihrer Lage, der Zusammenhang zwischen der Entfernung von einer Großstadt und der Intensität des Vorhandenseins verschiedener Eigenschaften der benachbarten Siedlungseinheiten usw.).

Die Beobachtung solcher Zusammenhänge gestattet es, verschiedene verallgemeinerte Grundsätze zu formulieren, die ein Ausdruck des bedeutenden Fortschritts vom Wissen über das Siedlungssystem sind. Die Erklärung solcher Zusammenhänge in theoretischen Kategorien scheint jedoch ohne eingehende Erforschung der Prozesse der *Lokalisationsentscheidungen*, also ohne Forschung, die sich auf das Niveau der Elementareinheiten bezieht, nicht möglich zu sein. Es geht hier sowohl um Lokalisationsentscheidungen sensu stricto, d. h. Entscheidungen über die Lokalisation oder die Änderung der Lokalisation der untersuchten Objekte, als auch um das „Anwachsen" schon lokalisierter Objekte und letztendlich um Entscheidungen zur Gestaltung der räumlichen Verbindungen zwischen den Objekten. Solche Entscheidungen werden sowohl von der Bevölkerung als auch von volkseigenen Institutionen getroffen.

Im Zusammenhang damit ist als erstes Gebiet, das eingehender Forschungen bedürfte, das *Verhalten der Menschen im Raum* zu nennen, wie auch damit zusammenhängende Lokalisierungsvorzüge im Hinblick auf die Relationen zwischen den Wohnorten, Arbeitsstellen und Dienstleistungseinrichtungen. Dieser Themenkomplex wird von den Geographen der sozialistischen Länder nicht systematisch erforscht, und die Forschungen, die in diesem Bereich von anderen Disziplinen unternommen wurden, sind fragmentarisch und werden sehr oft den Geographen nicht bekannt. Es soll hier darauf hingewiesen werden, daß in diesem Bereich große Schwierigkeiten auftreten, die sich daraus ergeben, daß in der Wirklichkeit vorhandene Präferenzen z. T. keine Möglichkeit haben, sich zu entfalten oder wegen des Angebotsmangels entsprechender Waren und Dienstleistungen nur in deformierter Weise zum Ausdruck kommen (z. B. hinsichtlich der Wahl des Wohnortes in der Stadt oder in bezug auf die Wahl des Einkaufsortes im Falle mangelhafter Marktversorgung).

Daraus ergibt sich die Notwendigkeit der Ergänzung der Forschungen zur realen Gestaltung entsprechender Erscheinungen durch soziologische Forschungen mittels Befragungen, die sich auf die Präferenzen und ihre Ursachen beziehen müßten. Die Vernachlässigung dieses Forschungsgebietes und die unzureichende Berücksichtigung der *Lokalisationspräferenzen der Bevölkerung* bei der Gestaltung des Siedlungsnetzes haben beträchtliche soziale Kosten zur Folge, die sowohl mit der Belastung des Transportnetzes als auch mit der Belastung des Zeitbudgets der Bevölkerung zusammenhängen. Die Belastung des Zeitbudgets der Bevölkerung wirkt wiederum auf das Allgemeinbefinden und die Arbeitsleistung zurück, wie auch auf den Grad der Befriedigung der sozial wichtigen, mit der Inanspruchnahme der Kulturgüter zusammenhängenden Bedürfnisse. Mangelhaftes Erkennen der Präferenzen der Bevölkerung bedeutet Mangel an wichtigen Informationen, die für die Konstruktion der Modelle der Lokalisation verschiedener Dienstleistungen unentbehrlich sind.

Auf einige Forschungsprobleme zur Untersuchung von Prozessen der Auslösung (des Fassens) von Entscheidungen zur Lokalisation von Einrichtungen möchte ich am Beispiel der Lokalisation der direkt mit der Befriedigung der Bedürfnisse der Bevölkerung zusammenhängenden Aktivitäten eingehen.

Für die Untersuchung dieser Problematik verfügen wir über einen ausgebauten methodischen und Begriffs-Apparat, der mit der Theorie der zentralen Orte im Zusammenhang steht. Klassische Fassungen dieser Theorie, die grundsätzlich statischen Charakter besitzen, bedienen sich bestimmter Voraussetzungen hinsichtlich der Motivation und der Bedingungen für die Lokalisationsentscheidungen, wobei diese Voraussetzungen als Idealisierung der Realität der kapitalistischen Wirtschaft zu betrachten sind. Es muß darauf hingewiesen werden, daß es sich in diesen klassischen Auffassungen um Komplexe individueller „souveräner" (endgültiger) Lokalisationsentscheidungen handelt. Demgegenüber stellen in der sozialistischen Wirtschaft die Lokalisationsentscheidungen das Ergebnis eines Prozesses dar, der im Rahmen eines bestimmten Planungssystems und im System der Leitung der Volkswirtschaft zustandekommt.

Es muß festgestellt werden, daß es trotz vieler empirischer Studien auf diesem Gebiet in den sozialistischen Ländern keine neuen theoretischen Erkenntnisse dazu gibt. Um Fortschritte in der Theorie zu erreichen, wäre u. a. die Verifikation der theoretischen Voraussetzungen in bezug auf die *Motivation der Lokalisationsentscheidungen* und den Mechanismus ihrer Fassung erforderlich, ähnlich wie es in den letzten Jahrzehnten in der Ökonomischen Geographie der kapitalistischen Länder der Fall war. Ohne Forschungen auf diesem Gebiet ist es nicht möglich, die von den Wissenschaftlern kapitalistischer Länder gewonnenen Verallgemeinerungen über die Relationen zwischen einzelnen Variablen und die Konsequenz, wie z. B. die Änderungen einer Größe die Veränderungen der anderen beeinflussen, sicher zu verwenden.

Als Beispiel kann man in dem Zusammenhang auf die in *kapitalistischen Ländern* verwendeten Modelle hinweisen, die die *Veränderung bestimmter Dienstleistungstätigkeiten bei Änderung* der Größe und Verteilung *des Bedarfs* abbilden, was wiederum mit der Änderung in der Verteilung der Bevölkerung und ihrer Einkommen zusammenhängt. Es ist bekannt, daß solche Modelle — wie alle Modelle — gewisse idealisierte Voraussetzungen einschließen; der Grad der Abweichung dieser Voraussetzungen von der Wirklichkeit ist jedoch in den Ländern mit unterschiedlicher sozialökonomischer Ordnung verschieden. In den Ländern mit kapitalistischer Gesellschaftsordnung beruht die Voraussetzung für die Auslösung bestimmter Tätigkeiten durch den Bedarf der Bevölkerung auf dem Mechanismus der Marktwirtschaft, wobei die Aktivitäten auf die Befriedigung dieses Bedarfs gerichtet sind. Die Möglichkeit, *Gewinn zu erzielen*, ist in der Regel ein ausreichender *Anstoß für* die Auslösung der *Lokalisationsentscheidungen;* falsche Entscheidungen (bzw. ein Verzicht auf diese Entscheidungen) werden im Rahmen der Gesetze der kapitalistischen Konkurrenz „bestraft".

In der *sozialistischen Gesellschaft* reagieren die Wirtschaftsorganisationen auf einen erhöhten Bedarf auch mit bestimmten Lokalisationen. Aber diese Reaktion hat einen anderen Charakter: sie verläuft über einen Prozeß der Planung der Investitionen in den Handels- und Dienstleistungsorganisationen und über den Prozeß der *Lokalisationsbestimmung* für einen bestimmten Typ von Einrichtungen *durch* die Organe der *Raumplanung*. Für falsche Entscheidungen werden die Wirtschaftsorganisationen nicht „bestraft" — die Kosten werden von dem Verbraucher und anderen Wirtschaftssektoren getragen.

Der tatsächliche Einfluß der Veränderungen in der Verteilung und Größe des Bedarfs auf die Lokalisation der die Leistungen erbringenden Betriebe ebenso wie auch der Verlauf des Anpassungsprozesses selbst kann also verschieden sein und schwer bestimmt werden ohne eingehende Erforschung der Bedingungen, unter denen entsprechende Lokalisationsentscheidungen gefaßt werden. Der *Anpassungsprozeß* kann (und soll) während der Ausarbeitung des Planes parallel mit der aktuellen Änderung der Bedarfsgröße vollzogen werden (was eine Beschleunigung dieses Prozesses im Vergleich mit kapitalistischen ökonomischen Verhältnissen bedeutet). Dieser Prozeß kann aber auch mit Verzögerung ablaufen, die größer ist als unter kapitalistischen Verhältnissen. Diese Verzögerung ergibt sich entweder aus Planungsfehlern, aus einer zu geringen Elastizität in der Reaktion der die Entscheidungen fassenden Institutionen oder aus bewußten Präferenzen und Prioritäten höheren Ranges derjenigen Organe, die über die Verteilung von Investitionssummen oder den Kapazitätseinsatz von Baubetrieben entscheiden.

Der mit der Analyse von Prozessen der Standortentscheidung zusammenhängende Aufbau der theoretischen Konstruktionen erlaubt gleichzeitig die Präzisierung der verwendeten allgemeinen Begriffe des Aggregationscharakters, die bei der Beschreibung der Eigenschaften von Elementen des Siedlungssystems gebraucht wurden. Solche Begriffe stehen im Zusammenhang mit bestimmten theoretischen Auffassungen (z. B. Trennung von exo- und endogenen Funktionen bei der Theorie der ökonomischen Basis der Stadt, Trennung der zentralen und spezialisierten Funktionen bei der Theorie der zentralen Orte usw.).

Das unterstreicht, daß die bei uns allgemein verwendete Trennung der *Siedlungsfunktionen* in *exogene* und *endogene* Funktionen für die dynamische Analyse des Siedlungssystems vermutlich nicht sehr bedeutend ist. Konzeptionelle Schwierigkeiten bestehen bei der Verwendung dieses Einteilungsprinzips zur Erfassung der Städtedynamik und der Modellierung der Bevölkerungsentwicklung der Stadt auf Grund von Änderungen der Beschäftigtenzahlen im exogenen Sektor, wie es entsprechende Untersuchungen für kapitalistische ökonomische Verhältnisse durch Isard (1960) zeigen. Läßt man diese konzeptionellen Schwierigkeiten beiseite, so bleibt doch folgende Feststellung: es wird stets vorausgesetzt, daß die „endogenen“ Tätigkeiten durch einen Bedarf verursacht werden, den exogene Tätigkeiten hervorrufen. Die Gültigkeit dieser Prämisse wurde schon früher in Frage gestellt.

Die Darlegungen machen deutlich, daß es vor allem darauf ankommt, die Prozesse und den Mechanismus der Standortentscheidungen zu untersuchen. Diese Aussage hat nicht nur für die Forschungen zu Fragen der Siedlungssysteme Bedeutung. Man kann feststellen, daß der Fortschritt bei der Erforschung von Siedlungssystemen weitgehend durch Fortschritte der ökonomisch-geographischen Forschung überhaupt bedingt wird. Das umfaßt sowohl sachliche Spezialprobleme, wie das Verhalten der Menschen im Raum, die Lokalisation von Dienstleistungen und Industrie, die Infrastruktur usw. als auch theoretische Verallgemeinerungen für die gesamte Geographie.

## Резюме


Система расселения как обект исследований

По мнению автора состояние исследований о системах расселения не разрешает ожидать в ближайшее будущее полное изпользование аналитических методов, созданных общей системной теорией. Обращается внимание на тот факт, что системный подход только одна возможность узнать пространственную систему национальной экономики, элементами которой является производительные единицы, население и его населённые пункты, а другие элементарные единицы. Понятие системы расселения разрешает достигать

1. определённый тип аггрегации из огромного числа элементарных единиц в ограничное число населённых пунктов [как элементы системы расселения] и
2. селекцию и аггрегацию отношений между ними.

Смотря на аггрегационный характер элементов системы расселения отношения между ними получаются [настолько раскрыты исследованием] из сложных причиновых цепей, предмет которых ещё не совсем знаком. Выяснение этих связей в теоретических категориях невозможно без подробного изучения процессов локальных условий решений, включая решения об уровне элементарных единиц.

В связи с этим автор представляет ряд постулатов для исследований с целью расширить их, с особым вниманием на условия в социалистических странах в следующих областях:
1. окружающая среда людей как преимущество пространственных отношений между местом жительства, работы и обслуживания
2. процессы поисков решений для локализации заводов и учреждений.

## Summary

The settlement system as an object of research

The author notes that the state of research on settlement systems does not permit to expect in the near future the full use in this research of the analytical tool provided by the general systems theory. Attention is being brought to the fact that "settlement system" is one of the ways to grasp the spatial system of the national economy which elements are productive units, people and their residences, and other "elementary units". The notion of the settlement system permits to achieve
1. a certain type of aggregation of this enormous number of elementary units into a limited number of settlements, treated as elements of the settlement system, as well as
2. the selection and aggregation of interrelations between them.

In view of the aggregative character of the elements of the settlement system, the relations between them, as revealed by research, result from the complicated chains of causal relations, the nature of which is not wholy understood. Explanation of these relations in theoretical terms seems impossible without detailed studies on locational decision making processes, including decisions on the level of elementary units.

The author presents a set of postulates as to the necessary extention of research — with particular attention paid to the conditions of socialist countries — in such fields as:
1. behaviour of people in space as well as related preferences as to the spatial relations between place of residence, place of work, and location of services,
2. processes of decision making as to the location of enterprises and institutions.

## Literatur

Ashby, W. R.: Design for a brain. London, 1966.

Dziewoński, K., Gawryszewski, A., Iwanicka-Lyra, E., Jelonek, A., Jerczynski, M. und G. Węcławowicz: Rozmieszczenie i migracje ludnosci a system osadniczy Polski ludowej (Distribution, Migrations of Population and Settlement System of Poland). Prace Geograficzne **117** (1977), Ossolineum 343.

Harvey, D.: Explanation in Geography. London, 1969.
Isard, W.: Methods of Regional Analysis. An Introduction to Regional Science. New York, 1960.
Maik, W.: Założenia i zastosowanie koncepcji zespłów osadniczych. Przeglad Geograficzny, **68** (1976) S. 235—251.

Prof. Dr. Andrzej Wróbel, Instytut Geografii i Przestrzennego Zagospodarowania PAN, P 00927 Warszawa, Krakowskie Przedmiescie 30

# Die Bedeutung geographischer Forschungen für die Planung von Siedlungssystemen in der VR Polen

Von Kazimierz Dziewoński

Die Bedeutung geographischer Forschungen für die Planung von Siedlungssystemen soll vorerst durch eine Analyse der zwischen bestehenden und geplanten Siedlungssystemen existierenden Abhängigkeiten erläutert werden. Zunächst ist es jedoch notwendig, den Begriff „Siedlungssystem" für die folgenden Ausführungen zu präzisieren. Das ist deshalb wichtig, weil der Begriff „Siedlungssystem" unterschiedlich verwendet und interpretiert wird. Der von mir verwendete Begriffsinhalt stützt sich auf Diskussionen in der Kommission „Nationale Siedlungssysteme" der Internationalen Geographischen Union.

Das *Siedlungssystem* eines bestimmten Territoriums[1] bildet eine relativ geschlossene Einheit wechselseitig verflochtener Siedlungen und Siedlungskomplexe. Das Siedlungssystem ist demnach ein *in Zeit und Raum offenes System*. Bei seiner Bestimmung sind nicht nur die systembildenden, inneren Wechselbeziehungen, sondern auch die Abhängigkeit nach außen, d. h. zu seiner Umwelt, mit der es fest verbunden und von der es abhängig ist, zu beachten. Das Siedlungssystem als ein System in Raum und Zeit unterliegt *ständig inneren Veränderungen*, wobei entscheidende Merkmale und Eigenschaften des Systems erhalten bleiben.

Das Siedlungssystem besitzt *Doppelcharakter*. Einerseits ist es eine *Erscheinung der sozio-ökonomischen Umwelt* und andererseits eine *technisch-gestaltete Erscheinung* der geographischen Umwelt. Deshalb müssen bei der Bestimmung der systembildenden Beziehungen sowohl die sozio-ökonomische Umwelt (z. B. andere Siedlungssysteme) als auch die geographische Umwelt (z. B. die natürliche Umwelt) berücksichtigt werden.

Die Tatsache, daß jedes Siedlungssystem im Rahmen von zwei unterschiedlichen, wenn auch eng gekoppelten „Umwelten" auftritt, stellt die Ursache für eine charakteristische Erscheinung dar: das Auftreten von *Divergenzen* in der Systementwicklung. Dabei ist es möglich, daß die Veränderungen eines Siedlungssystems entsprechend den sozio-ökonomischen Bedingungen denen auf der Grundlage geographischer Bedingungen zeitlich vorauseilen oder auch umgekehrt. Diese Zeitdissoziationen bleiben allerdings nicht ohne Einfluß auf die Systementwicklung als Ganzes.

Ein geplantes Siedlungssystem ist ein postuliertes System, dessen Zweck die Optimierung bestimmter gesellschaftlicher Ziele eines Volkes bzw. eines Staates ist. Diese Ziele können von grundsätzlicher Bedeutung sein (wie die Entwicklung einer sozialistischen Gesellschaft); dementsprechend besitzt ihre Realisierung durch die Entwicklung des Siedlungssystems

[1] Entsprechend dem erreichten Stand der gesellschaftlichen Entwicklung stellt in der Regel das Territorium eines Staates die am meisten in sich geschlossene regionale Einheit dar, wobei dafür besonders die ökonomische Entwicklung verantwortlich ist.

nur mittelbare Bedeutung. Detailliertere, spezifische Zielstellungen werden in der Regel unmittelbar im Siedlungssystem realisiert, meist durch Investitionen in der technisch-gestalteten Umwelt auf der Grundlage der natürlichen Umwelt. Die Möglichkeiten einer derart unmittelbaren Einflußnahme im Rahmen der sozio-ökonomischen Umwelt sind eingeschränkt. Die Unterschiede in den Realisierungsmöglichkeiten der Ziele sind von großem Einfluß auf die Planung der Siedlungssysteme.

Das richtige Erkennen der *Veränderungen des Siedlungssystems* ist — selbst bei Vernachlässigung des Planungsaspekts — wichtig, um Wesen und Bedeutung des Siedlungssystems selbst zu erfassen. Auf diesem Gebiet verfügen wir in der VR Polen über einen reichen, jedoch noch nicht geordneten Erfahrungsschatz. Für das Erfassen der Siedlungsentwicklung gibt es zwei Wege: eine einfache, schematische Erfassung der Siedlungsentwicklung, wobei jeweils die charakteristischen Phasen des Verstädterungsprozesses abgebildet werden, und eine zweite kompliziertere Erfassungsart, die der Wirklichkeit mehr entspricht. Bei dieser zweiten Möglichkeit berücksichtigt man sowohl die Absorption und Integration der für verschiedene gesellschaftliche Formationen und Entwicklungsphasen charakteristischen Siedlungssysteme als auch die inneren Systemdifferenzierungen, d. h. das Entstehen von Subsystemen. Dementsprechend muß *jedes gegenwärtig existierende Siedlungssystem* eines beliebigen Landes als ein *hochkomplexes System* betrachtet werden, in dem *gleichzeitig Integrations- und Differenzierungsprozesse* auftreten. Die Erfassung dieser dynamischen Strukturen muß die Grundlage für die Beschreibung, Analyse und Auswertung gegenwärtig bestehender Siedlungssysteme bilden.

Trotz großer Fortschritte in der theoretischen Verallgemeinerung ist es noch ein langer Weg bis zur vollen Entfaltung und befriedigenden Formulierung dieser Siedlungstheorie auf der Grundlage des Systemaspekts. Dennoch verfügt bereits heute die Wissenschaft, und besonders die Geographie, sowohl über ein reiches wissenschaftliches Potential bezüglich der Erforschung von Siedlungssystemen als auch über ein sich schnell entwickelndes Instrumentarium an Forschungsmethoden mit z. T. höchst detaillierten Analyseverfahren. Die Wissenschaft ist gegenwärtig bereits in der Lage, ein breites Spektrum an Informationen über Stand und Veränderungen bestehender und historischer Siedlungssysteme zu erbringen.

Es ist bekannt, daß *zwischen bestehenden und geplanten Siedlungssystemen enge Wechselbeziehungen* bestehen. Sogar in einem höchst radikalen Plan der Entwicklung der Siedlungsstruktur muß von einer Umgestaltung oder einer Ersetzung des bestehenden durch ein neues, postuliertes Siedlungssystem ausgegangen werden. Dieser Umgestaltungsprozeß vollzieht sich in Zeit und Raum. Da es sich entsprechend der bereits angeführten Begriffsbestimmung bei einem geplanten Siedlungssystem um die Optimierung bestimmter gesellschaftlicher Ziele handelt, die langfristig zu realisieren sind, wird dieser Umgestaltungsprozeß den Charakter einer Evolution besitzen. Das bestehende und das geplante Siedlungssystem bringen jeweils eine eigene Dynamik in Zeit und Raum hervor. Die Frage der Übereinstimmung bzw. Nichtübereinstimmung dieser zwei Systeme besitzt grundsätzliche Bedeutung für die Art und Weise der Planung. Es handelt sich jedoch nicht allein nur um die Herausbildung eines neuen Systems bei eventueller Benutzung von Elementen eines alten, schon bestehenden Systems. Vielmehr geht es auch darum, die innere Dynamik des alten Systems für die Herausbildung des neuen Systems zu nutzen. Die *genaue Kenntnis von Struktur und Dynamik eines bestehenden Systems* in Zeit und Raum besitzt grundlegende *Bedeutung für die Präzisierung des geplanten Systems und* für die richtige Wahl der *Realisierungswege*.

In der VR Polen wurde in den Jahren 1971—1974 in der Plankommission beim Ministerrat unter Beteiligung von Regierungsexperten der *Raumplan bis zum Jahre 1990* ausgearbeitet. Dieser Plan wurde begutachtet und durch zentrale Staatsorgane bestätigt. In der Folgezeit wurde dieser Plan noch korrigiert und ergänzt, u. a. im Zusammenhang mit der ab 1. 7. 1975 eingeführten neuen Struktur der örtlichen Staatsorgane und der neuen politisch-administrativen Gliederung des Landes. Die Korrekturen waren relativ geringfügig und brachten keine Änderungen an den Grundsätzen des Planes.

Als wichtiger Grundsatz dieses Planes gilt die bewußte Ausnutzung der Vorteile des Konzentrationsprozesses bei Ausschaltung seiner negativen Folgen und gleichzeitiger Vermeidung von Disproportionen. Dieser Grundsatz wurde begrifflich gefaßt als das „Streben nach einer gemäßigten Konzentration“. Im Rahmen des geplanten Siedlungssystems fand diese Forderung ihren Ausdruck in einem *polyzentrischen Gefüge der größten städtischen Zentren* bezüglich ihrer Bedeutung und ihrer Funktionen.

Im Plan wurden als *Subsysteme* ausgewiesen:

— städtische Agglomerationen (bereits gestaltete bzw. sich erst herausbildende städtische Agglomerationen),
— ergänzende Zentren (d. h. Städte von nationaler oder regionaler Bedeutung),
— übrige Städte, die gemeinsam mit ländlichen Siedlungen lokale Siedlungskomplexe bilden sollen.

Zu den *bereits gestalteten städtischen Agglomerationen* wurden gezählt:

das verstädterte Gebiet von Gorny Sląsk und
die Agglomerationen von Warszawa, Łódź, Gdańsk, Kraków, Wrocław, Poznań, Szczecin und Bydgoszcz-Toruń.

In die sich erst *herausbildenden städtischen Agglomerationen* wurden eingereiht:

Lublin, Białystok, Czestochowa, Bielsko-Biała, Opole, Wałbrzych, Legnica-Głogów, Staropolska und Rzeszów.

Das Einbeziehen in die zweite Gruppe stellt eine Planentscheidung dar, weil Merkmale, die für eine Agglomeration charakteristisch sind, wie z. B. die Größe der Kernstadt und die Verstädterung ländlicher Gemeinden, noch nicht voll erfüllt sind.

Als *städtische Zentren* von nationaler Bedeutung wurden alle außerhalb der vorgenannten Agglomerationen gelegenen *Wojewodschaftsstädte* ausgewiesen. In einigen Fällen wurden als städtische Zentren auch 2 oder 3 Städte gemeinsam erfaßt, sofern diese in Zukunft stärker arbeitsteilig miteinander verbunden werden sollen. Hierzu gehören die Komplexe von Kalisz, Piotrków, Zielona Góra, Koszalin, Tarnobrzeg und Tarnów. Zu den städtischen Zentren wurden schließlich noch drei Städte, die nicht Sitz einer Wojewodschaftsverwaltung sind, gezählt: Grudziadz, Puławy, Ełk.

Der im Jahre 1976 korrigierte Plan enthält damit insgesamt *32 städtische Zentren und Komplexe mit Landesbedeutung*. Zusammen mit den *18 Agglomerationen* ergibt sich damit ein aus 50 Knoten bestehendes *städtisches Grundsystem.*

Die Bestimmung der *Städte von regionaler Bedeutung* erfolgte mit der Ausarbeitung von Plänen über einzelne Großregionen und Wojewodschaften. Analog wurde die Abgrenzung der lokalen Siedlungskomplexe und die Zuordnung der ländlichen Siedlungen vorgenommen. Im letzten Fall wurde davon ausgegangen, daß die ländlichen Siedlungen *lokalen Zentren* (Dorfzentren) zugeordnet werden müssen. Die Festlegungen zu diesem untersten Subsystem sind aus verschiedenen Gründen unvollständig geblieben, denn:

— über Funktionen und die künftige Bedeutung der bisherigen Kreisstädte muß noch entschieden werden (mit der Reform der örtlichen Staatsorgane im Jahre 1975 wurde die Stufe der Kreisverwaltungen abgeschafft);
— Bevölkerungsgröße und Struktur der Kleinstädte und ländlichen Gemeinden sollen flexibel bleiben;
— den regionalen Staatsorganen soll möglichst freie Hand bei der Gestaltung regionaler und lokaler Siedlungssysteme gelassen werden.

Dementsprechend ist das geplante nationale Siedlungssystem ein regional offenes System.

Das im Raumplan der VR Polen bis 1990 in Anlehnung an die neue Verwaltungseinteilung konzipierte *städtische Grundsystem* („*nationales Städtesystem*") steht *in enger Verbindung mit* dem *System „städtischer Regionen*". Einige der neuen Wojewodschaften stimmen mit der Ausdehnung einer städtischen Agglomeration überein. Bei Warszawa und Lódź erstrecken sich die Agglomerationen jedoch über die gegenwärtigen Wojewodschaftsgrenzen hinaus. In den übrigen Wojewodschaften bilden die städtischen Agglomerationen bzw. die Städte von nationaler Bedeutung die die Struktur und Entwicklung des ganzen Gebietes bestimmenden Hauptzentren. Daraus resultiert ihre Bezeichnung als „städtische Regionen".

Noch nicht vollständig geklärt ist die Frage derjenigen Gebiete, wo Agglomerationen die politisch-administrativen Grenzen der Wojewodschaften überschreiten (Warszawa, Lódź) bzw. wo Städte benachbarter Wojewodschaften eine gemeinsame Agglomeration bilden (Bydgoszcz/Toruń) oder schließlich von Gebieten, wo sich aus einigen agglomerierten Wojewodschaften eine höhere Stufe, die „*Superagglomeration*", herauszubilden beginnt. Zur letztgenannten Form gehören die Wojewodschaften von Katowice, Bielsko-Biała, Opole, Czestochowa, Kraków und in weiterer Zukunft auch Tarnów.

Welche *Rolle* und *Bedeutung* haben im Zusammenhang mit dem dargestellten geplanten Siedlungssystem die *wissenschaftlichen Forschungen*? Die Antwort muß in dreierlei Hinsicht gegeben werden.

1. Welche Rolle spielten Forschungen und wissenschaftliche Ideen bei der Entscheidungsvorbereitung, einen Raumplan der VR Polen bis 1990 einschließlich einer Siedlungssystem-Konzeption zu erarbeiten?
2. Welche Rolle spielte die wissenschaftliche Forschung bei der eigentlichen Bearbeitung des Raumplanes?
3. Welche Rolle und Funktion soll die wissenschaftliche Forschung in Zukunft bei der Realisierung und im Zusammenhang mit eventuellen Modifikationen des postulierten Systems spielen?

Um eine Antwort auf die erste Frage zu erhalten, ist es notwendig, sich der Nachkriegsgeschichte der Raumplanung in der VR Polen zu erinnern.

Die ersten Studien, das nationale Siedlungsnetz betreffend, wurden unmittelbar nach dem Krieg ausgearbeitet, insbesondere durch das damalige Hauptamt für Raumplanung. Im Zusammenhang mit der Festlegung der Grenze des Staatsterritoriums an Oder und Neiße entstand die Notwendigkeit, *Konzeptionen für* das neue vereinigte *nationale Siedlungsnetz* zu bearbeiten. In den Studien, die eine Bestimmung hierarchischer Ebenen bzw. Klassen und die Abgrenzung eines eindeutig definierten Umlandes bei Städten anstrebten, wurden die von Christaller (1933) und Dickinson (1964) formulierten theoretischen Grundsätze genutzt. Jedoch machte sich damals bereits die Schwierigkeit bemerkbar, alle Städte allein auf Grund ihrer „Zentralortfunktion" bestimmten Klassen zuzuordnen. Viele Städte, deren Bedeutung eindeutig durch die Industrie bestimmt wurde, fielen durch ihre Größe aus dem angenommenen Schema heraus. Diese Schwierigkeit versuchte man durch die Bildung von Zwischenklassen zu überwinden, in die man Städte mit überdurchschnittlichen Produktionsfunktionen einordnete. Gleichzeitig unternahmen Wilska und Heřman (1948) erste Analysen der Funktionen und der ökonomischen Basis einiger Städte, wobei in jener Zeit Forschungen für Planungszwecke unmittelbar in den zentralen und regionalen Ämtern für Raumplanung durchgeführt wurden.

Anfang der 50er Jahre übte Kostrowicki (1952) Kritik an der Theorie von Christaller und ihrer Anwendung in der Planungspraxis und orientierte die wissenschaftlichen Forschungen stärker auf die Analyse der ökonomischen Basis der Städte. Diese Studien wurden hauptsächlich von Kostrowicki und seinem Schüler Kosiński (1952, 1954, 1956) betrieben. Unabhängig davon haben Dziewoński (1951) und Kostrowicki (1951) im Rahmen der damaligen Staatlichen Wirtschaftsplankommission *Richtlinien* und Richtzahlen *für Entwicklungspläne aller größeren Städte* des Landes erarbeitet. Mit diesen Ausarbeitungen wurde das Netz der Städte erstmalig in seinem organischen Zusammenhang gesehen. Es wurde der Versuch unternommen, das Wachstum der Stadtbevölkerung und seine Allokation zu bilanzieren und dabei die Intensität der Migration zwischen Dorf und Stadt im Zusammenhang mit dem vorgesehenen Bevölkerungszuwachs insgesamt zu betrachten. In dieser Studie wurde eine Zunahme der Bevölkerungsdichte in den West- und Nordgebieten, wie auch ein Ausgleich der Unterschiede in der Entwicklung der Städte und im Verstädterungsgrad durch ein beschleunigtes Wachstum in den Ostgebieten postuliert.

Die 50er Jahre waren ein Zeitraum mit rasch voranschreitender Industrialisierung und Verstädterung. In relativ kurzer Zeit stieg die Zahl der städtischen Bevölkerung und der außerhalb der Landwirtschaft beschäftigten Dorfbewohner stark an. Die räumliche Verteilung des Bevölkerungsanstieges entsprach nicht den ursprünglichen Annahmen. Änderungen des Produktionsprofils in der Industrie und Schwierigkeiten in der Durchführung hatten zur Folge, daß die *Vorteile der Konzentration* und die Entstehung neuer Produktionskapazitäten in Anlehnung an bereits bestehende Industriestandorte und Großstädte in den Vordergrund traten. Darüber hinaus wiesen nur noch Gebiete mit neu erschlossenen Rohstoffvorkommen ein nennenswertes Wachstum auf. Zu dieser Zeit galt das größte Interesse der Geographen der Erforschung von Kleinstädten und ihrer weiteren Entwicklung.

Zu Beginn der 60er Jahre wurde die *Beschränkung des weiteren Wachstums der größten Agglomerationen* zu einer höchst dringenden Aufgabe, um weitere Verbesserungen der Lebensbedingungen und der Beschäftigtenbilanzen in der VR Polen zu erzielen. Ausgehend davon unternahmen einige Planer, wie zum Beispiel Mrzygłod, erneut den Versuch, die Entwicklung von Städten in geringer entwickelten Gebieten zu beschleunigen. Objektive wirtschaftliche Kriterien beschränkten diese Maßnahmen auf relativ große Städte. Das durch die Planer postulierte Anwachsen einer ausgewählten, sehr großen Gruppe von Städten hatte eine größere Streuung der Industriestandorte bei gleichzeitig deutlicher Begrenzung der Investitionen in den größten Städten zum Ziel.

Zu diesem Zeitpunkt unternahmen Geographen, so vor allem Leszczycki (1964), einen energischen Vorstoß für eine realere Einschätzung der *Bedeutung der größten Ballungen* der Stadtbevölkerung, der sogenannten *Stadtagglomerationen*. Sie machten darauf aufmerksam, daß diese Agglomerationen fast die Hälfte des Bevölkerungspotentials und zwei Drittel des Industriepotentials der VR Polen umfassen. Nach ihrer Meinung dürfen Gebiete solch großer Bedeutung nicht außerhalb des Interessenkreises der Planer bleiben und müssen eine weitere Entwicklung, d. h. einen mäßigen Zuwachs erfahren. Das Problem einer gleichmäßigen Verteilung der Produktivkräfte im Landesmaßstab sollte man — nach ihrer Meinung — mittels Herausbildung und Beschleunigung der Entwicklung von Agglomerationen in ausgewählten Gebieten lösen. Eine Diskussion über diese Themen begann auf einem durch das Zentralkomitee der Polnischen Vereinigten Arbeiterpartei organisierten Treffen von Sachverständigen im November 1967. Sie führte in ihrem Ergebnis zu einer allmählichen Verminderung der Zahl der als Entwicklungszentren ausgewählten Städte und zur *Bestimmung der Stellung, Rolle und Funktion der Stadtagglomerationen* im nationalen Siedlungssystem. Dieser Diskussion entsprang auch die These vom Nutzen und Wert einer *polyzentrischen Struktur des Netzes der Großstädte*. Diese These bildet heute eine Grundlage für die Gestaltung des Siedlungssystems bis zum Jahre 1990.

Die Bearbeitung des Raumplanes der VR Polen erforderte ein besseres Erkennen der Vorzüge und Nachteile der bestehenden Siedlungsstruktur und ihrer sichtbar werdenden Entwicklungsrichtungen. Einen weiteren Beitrag für die Planungsarbeiten bildeten die durch verschiedene Institutionen und Wissenschaftler ausgearbeitete Terminologie sowie die Präzisierung grundlegender Begriffe. Sowohl in den Planungsorganen als auch in wissenschaftlichen Institutionen erfolgten detaillierte Studien über die *Abhängigkeit der Siedlungsstruktur von* der *Struktur und Migration der Bevölkerung*. Zum Hauptobjekt der Arbeiten der Planer wurden jetzt regionale Beschäftigtenbilanzen für Städte und Landgemeinden, unterteilt nach Landwirtschaft, Industrie und Dienstleistungssektor. In den wissenschaftlichen Forschungen dagegen richtete sich das Augenmerk auf die Grundprinzipien der Migration, insbesondere derjenigen zwischen dem Land und der Stadt, und die Pendelwanderung der Arbeitskräfte. Auf der Grundlage dieser Forschungen wurden — zunächst als Arbeitshypothese — *Subsysteme des Siedlungssystems* ausgewiesen:

- städtische Agglomerationen,
- spezifische regionale Siedlungskomplexe (wie z. B. Hauptzentren der Verwaltung und Information, Dienstleistungszentren von regionaler Bedeutung, spezialisierte Industriezentren, Wachstumsstädte),
- sich herausbildende lokale Siedlungskomplexe (z. B. Dorfsiedlungen, Dienstleistungs- und Verwaltungszentren).

Spätere Forschungen bestätigten diese hypothetischen Festlegungen.

Gegenwärtig laufen in der Plankommission beim Ministerrat noch Arbeiten zur weiteren Präzisierung und Fundierung der bisherigen Konzeption des Siedlungssystems für das Jahr 1990; darüber hinaus werden Vorarbeiten geleistet, um den Zeitraum auf 1995 oder bis zum Jahr 2000 auszudehnen. Die wissenschaftlichen Forschungen konzentrieren sich im Unterschied dazu auf Studien, die die Realisierungsbedingungen des postulierten Siedlungssystems näher untersuchen oder die Probleme der Entwicklung des Siedlungssystems im kommenden Jahrhundert betreffen.

Ein wesentliches Problem bildet in diesem Zusammenhang die Tatsache, daß die *Realisierung des postulierten Systems* im Rahmen der technisch-gestalteten Umwelt *Veränderungen* der Infrastruktur erfordert. Diese Veränderungen sind nur über die staatliche Investitionspolitik zu lenken und sind abhängig von den volkswirtschaftlichen Möglichkeiten sowie dem wissenschaftlich-technischen Fortschritt; Fragen des Schutzes und der Gestaltung der natürlichen Umwelt spielen ebenfalls in diesem Zusammenhang eine große Rolle. Dagegen beruht die Realisierung des postulierten Systems in der sozio-ökonomischen Umwelt auf einer Steuerung sozialer und wirtschaftlicher Prozesse, wobei der Größe und Struktur der Bevölkerung sowie ihrer biologischen und sozio-ökonomischen Mobilität eine besondere Bedeutung zukommt.

Gezielte Veränderungen der Bevölkerungsstruktur mit dem Ziel, andere Strukturen zu beeinflussen, sind nur langfristig herbeizuführen. Deshalb muß das geplante Siedlungssystem hinsichtlich seines Einflusses auf die *künftige Bevölkerungsstruktur* betrachtet werden, d. h., es muß von den Planzielen ausgegangen werden. Zugleich setzt jedoch die gegenwärtige Bevölkerungsstruktur bestimmte Grenzen für die Umgestaltung des Siedlungssystems entsprechend den postulierten Zielen.

Für das geplante Siedlungssystem wird angenommen, daß sich die *VR Polen* schnell einer für westeuropäische Staaten charakteristischen *Endphase der Bevölkerungsexplosion* nähert, d. h. eine stabile Bevölkerungsgröße erreicht. Die Bevölkerung wird sich dabei — typisch für hochindustrialisierte und urbanisierte Staaten — zu etwa zwei Drittel aus städtischer Bevölkerung zusammensetzen; der Anteil der in der Landwirtschaft tätigen Wohnbevölkerung wird ständig weiter absinken.

Offen ist gegenwärtig noch die für die Entwicklung des Siedlungssystems sehr wichtige Frage des *Übergangs* von der *gegenwärtigen zur künftigen Bevölkerungsstruktur*. Wird sich dieser Prozeß in Form einer Evolution vollziehen, oder wird es sprunghafte Änderungen und u. U. Störungen des Gleichgewichtszustandes geben? Daraus leitet sich ein weiteres Problem ab im Hinblick auf den Einfluß des postulierten Siedlungssystems auf die natürliche Bevölkerungsbewegung. Forschungsergebnisse der letzten Jahre weisen darauf hin, daß es in der VR Polen bereits Gebiete gibt, in denen sich die Bevölkerung nicht mehr reproduziert. Selbst das Beibehalten des jetzigen Bevölkerungsstandes erfordert eine *Migration* von den Landgemeinden in die Kleinstädte.

Was geschieht aber, wenn die Möglichkeiten für diese Migration — entsprechend den Vorausberechnungen der natürlichen Bevölkerungsbewegung — nicht mehr zur Verfügung stehen und sich die städtischen Agglomerationsräume weiter planmäßig vergrößern? Es ist anzunehmen, daß sich ein *Gleichgewichtszustand* entsprechend der Bevölkerungsgröße in diesen Gebieten und eventuell auch im Landesmaßstab auf einem niedrigeren Niveau, als bisher angenommen, einstellen wird. Unter Umständen geht dem Erreichen dieses Gleichgewichtszustandes zwischenzeitlich noch ein weiterer Rückgang der Bevölkerungszahl voraus. In einem solchen Fall wäre die dem geplanten Siedlungssystem entsprechende Bevölkerungsstruktur nicht erreichbar. Das Gleichgewicht des künftigen Siedlungssystems könnte dadurch beeinträchtigt werden. Eine Alternative dazu bietet die *verstärkte Migration* aus den Landgemeinden und den Kleinstädten. Das wiederum würde aber zur übermäßigen Entvölkerung der Landgemeinden, zu einem Arbeitskräftemangel in der Landwirtschaft und zu einer weiteren Senkung der Geburtenrate in Gebieten führen, die bisher Hauptquelle des Bevölkerungsüberschusses und der Migration waren. Es gibt bereits heute ländliche Räume, in denen sich die Bevölkerung nicht mehr selbst reproduziert. Aus diesen Gründen ist es notwendig, das postulierte Siedlungssystem in *Übereinstimmung* zu bringen mit einer anzustrebenden optimalen Bevölkerungsstruktur und einer entsprechenden natürlichen Bevölkerungsbewegung.

Wesentlich für eine solche Optimierung ist die Beachtung der *Familienstruktur* und die Schaffung solcher *Lebensbedingungen*, die auch für Familien mit mehreren Kindern günstig sind. Dieses Problem sollte Gegenstand weiterer Forschungen werden!

Das genannte Beispiel zeigt, daß die wissenschaftlichen Forschungen ständig neue Hinweise für Korrekturen bisheriger und für die Ausarbeitung neuer Planvorstellungen zur Entwicklung des Siedlungssystems liefern. Durch wissenschaftliche Forschungen wird nachgewiesen, wie die *prognostische Entwicklung der Bevölkerung* und ihre künftige Struktur bei der planmäßigen Gestaltung des Siedlungssystems und der Migration der Bevölkerung zu berücksichtigen sind. Die Forschungen geben jedoch noch weitere Anregungen, indem sie darauf hinweisen, daß die *Hauptursache für die Migration bisher* die höheren *Verdienstmöglichkeiten* waren; wobei bessere Qualifikationsmöglichkeiten bzw. das Erlangen eines höheren Ausbildungsgrades damit im unmittelbaren Zusammenhang zu sehen sind. Sobald aber Lebensstandard und Einkommensniveau der Bevölkerung einen entsprechend hohen Stand erreicht haben, treten *Lebensbedingungen* und *Umweltqualität* in den Vordergrund.

Beim Wirken des erstgenannten Ursachenkomplexes besitzen Industrie und Bevölkerungsagglomerationen die größte Attraktivität. Für diese Gebiete ist damit selbst bei ungünstiger Altersstruktur und Geburtenrate der Bevölkerung ein entsprechendes Wachstum gesichert. Neben hohen Löhnen bieten die Agglomerationsräume auch noch vielseitige Arbeitsplätze.

Bei stärkerem Einfluß des zweiten Ursachenkomplexes wird die Attraktivität dieser Gebiete sinken. Die Lebensbedingungen — mit Ausnahme spezialisierterer Dienstleistungen — gleichen sich aus bzw. verschieben sich zugunsten von Städten mit geringeren Einwohnerzahlen (ca. 100000 Einwohner). Erhält die Umweltqualität als Ursache für die Migration einen höheren Stellenwert, dann werden Städte mit noch geringerer Einwohnergröße bevorzugt werden. Darüber hinaus wird die regionale Differenzierung der natürlichen Umwelt, insbesondere die Nähe des Meeres, von Seen, Gebirgen und größeren Waldflächen, eine immer größere Bedeutung erhalten. Eine eingehende Erforschung der *Migrationsursachen* könnte demnach einerseits wichtige Hinweise erbringen, welche Schwierigkeiten für die planmäßige Verwirklichung des postulierten Siedlungssystems bestehen; andererseits ermöglicht eine Einschätzung künftiger Migrationsursachen auch das Ableiten von Vorschlägen zur Modifizierung des bisher geplanten Siedlungssystems.

Das *Siedlungssystem* ist gegenwärtig und auch künftig in bezug auf den Menschen die *territoriale Struktur- und Organisationsform der Gesellschaft*. Das Siedlungssystem ist jedoch auch ein *Element der Volkswirtschaft* im allgemeinen und der Gebietswirtschaft im besonderen.

Im Rahmen der *Produktionssphäre* repräsentiert das Siedlungssystem u. a. die günstige Verkehrslage (Verkehrsknoten) im anisotropischen Raum und die Vor- und Nachteile der Konzentration. Beim Bau von Großbetrieben besteht gegenwärtig aus Gründen des Umweltschutzes die Tendenz, einen Standort außerhalb von Siedlungen zu wählen. In diesen Fällen repräsentiert das Siedlungssystem nur die Dislokation der Arbeitskräfte und Arbeitsplätze sowie den Transport. In den sozialistischen Ländern erfolgt eine Bilanzierung der Arbeitskräfte in bezug auf Angebot und Nachfrage sowohl im regionalen als auch lokalen Maßstab. Deshalb beschränken sich Einschätzung und Bewertung der in die Pläne aufgenommenen Neubauten von Industriebetrieben vor allem auf den Arbeitskräftebedarf, die entsprechenden Migrationsmöglichkeiten bzw. auf einen eventuell notwendigen Ausgleich eines entsprechenden Arbeitskräftedefizits.

Im *Dienstleistungsbereich* repräsentiert das Siedlungssystem im Grunde die gesamte Standortverteilung und Struktur der Dienstleistungseinrichtungen, so daß man beide stellvertretend füreinander verwenden kann. Ein wesentliches Element bildet die vielstufige Hierarchie der Dienstleistungsfunktionen, die in Abhängigkeit von der Anzahl und Qualität der jeweils lokalisierten Dienstleistungseinrichtungen die Grundlage für das Entstehen verschiedener Stufen bzw. Klassen von Städten und Gemeinden ist. Die Bestimmung der Ausstattung mit spezialisierten Dienstleistungen im Landesmaßstab wäre eine wichtige Grundlage für die Gestaltung des polyzentrischen Systems der Großstädte und Agglomerationen. Dieses Problem wurde im jetzigen Plan nicht berücksichtigt; seine Erfassung könnte jedoch einen bedeutenden Beitrag für die Planungsmethodologie bilden.

Die planmäßige Verwirklichung des postulierten Siedlungssystems erfolgt — vom Gesichtspunkt der technisch-gestalteten Umwelt — unmittelbar durch *Investitionen*. Gegenstand geographischer Forschungen ist in diesem Zusammenhang die Bestimmung der Vor- und Nachteile dieser Investitionen bzw. Standorte im Rahmen der geographischen als auch der sozio-ökonomischen Umwelt. Ausgehend davon sollte als Hauptaufgabe für die Erforschung der geographischen Umwelt die Herausstellung und Quantifizierung vor allem der nichtvorhersehbaren *Vor- und Nachteile der Standortpolitik* angesehen werden. In der Regel dürfte das den Schutz bestimmter Elemente der natürlichen Umwelt betreffen, so daß Forschungen auf diesem Gebiet überwiegend prophylaktischen Charakter tragen.

Die Auswirkungen der Investitionen auf die sozio-ökonomische Umwelt sind insbesondere bezüglich ihres Einflusses auf die Veränderungen des Siedlungssystems ebenfalls Gegenstand wissenschaftlicher Forschungen. Die Durchführung von Investitionsmaßnahmen muß zeitlich eng mit den notwendig werdenden Umgestaltungen des Siedlungssystems abgestimmt sein; sonst entstehen Disproportionen bzw. werden Investitionsmittel verschwendet. Ausgehend davon ist folgender Grundsatz zu formulieren: die Realisierung des postulierten Siedlungssystems im Rahmen der technisch-gestalteten Umwelt sollte Bestandteil des Planteiles sein, der die Verbindung zur sozio-ökonomischen Umwelt herstellt. Auch in diesem Zusammenhang können geographische Forschungen sowohl zur Steigerung der Effektivität des Planes und der Planung beitragen als auch negative Auswirkungen auf die Umwelt erkennen helfen.

Auf Grund der Erfahrungen in der VR Polen ist zusammenfassend und schlußfolgernd aus der vorangegangenen Analyse die *Bedeutung der Forschung für die Planung des Siedlungssystems* wie folgt zu kennzeichnen: Die wissenschaftliche Erforschung des Siedlungssystems liefert die theoretische Grundlage für seine Planung. Die Forschungen ermöglichen weiterhin das Erkennen derjenigen Aspekte, die entweder bereits in den Plänen Berücksichtigung fanden oder erst nachträglich in die Pläne Eingang finden sollen. Die Forschungsergebnisse helfen, die der Planung zugrundeliegenden Prämissen zu beurteilen und Schwierigkeiten, die bei der Realisierung des Planes auftreten können, frühzeitig zu erkennen. Auch für die richtige Wahl des Instrumentariums zur Plandurchführung geben sie nützliche Hinweise. Schließlich tragen die Forschungen dazu bei, den durch die Planung erreichten Fortschritt zu werten und Schlußfolgerungen für künftige Pläne abzuleiten. Die letzte Aufgabe ist insbesondere im Hinblick auf die Langfristigkeit der Planung des Siedlungssystems sehr wichtig.

Wissenschaftliche Forschungen können und werden oft auch im Rahmen der Planungsorgane selbst durchgeführt. Für das Erreichen eines hohen Niveaus der Planung sind sie unentbehrlich. Darüber hinaus muß die Grundlagenforschung, insbesondere auch wegen ihres Umfanges und der anspruchsvollen Methodik, in gesonderten wissenschaftlichen Institutionen vorgenommen werden. Diese *Zweigleisigkeit* in der Organisation der Forschung führt, vor allem auch durch den ungenügenden Informationsfluß, zu großen Schwierigkeiten. Um dem abzuhelfen, werden von den wissenschaftlichen Institutionen Expertisen für die Planungsorgane erarbeitet, in denen aktuelle Forschungsergebnisse und wissenschaftliche Ansichten zu bestimmten Fragen zusammengefaßt sind. Es ist selbstverständlich, daß in diesen Expertisen dem Siedlungssystem besondere Aufmerksamkeit gewidmet wird.

**Резюме**

Значение географических исследований для планирования системы расселения в Польской Народной Республике

В статье освещается большое значение географического исследования и его задачи в связи с существующими и запланированными системами расселения. Автор даёт обзор о проектах дальнейшего развития национальной системы расселения, которые стали частью национального плана пространственного развития Польши в периоде до 1990 г. Особое внимание представляется роли изучения относительно
— сбора материала для решения о разработке национального плана,
— составления самого национального плана и
— проверки реализации национального плана, чтобы гарантировать его постоянного улучшения.

Исследования в области системы расселения составляют теоретическое обоснование для планирования и помогают при идентификации аспектов, ни до сих пор в составе плана, ни предусмотренно в планах. Результаты исследований помогают определить положенные в основу плана предпосылки и узнать трудности при реализации плана довольно рано. Они помогают при селекции эффективной политики реализации и наконец требуют оценки достигнутого прогресса и формулировки решений для его постоянной проверки и совершенствовании. Последний аспект представляется особенно важным для долгосрочного характера планов в области систем расселения.

**Summary**

The importance of geographic studies for the planning of settlement systems in Poland

The great importance of geographic research, and its tasks are demonstrated in connection with existing and planned settlement systems. Examples are given from the projects for the development of the national settlement system contained in the national plan (of spatial development) for Poland which covers the period until 1990. Specific reference is made to the role of studies regarding
— collecting materials for a decision to prepare a national plan,
— compilation of the national plan itself, and
— monitoring the implementation of the national plan to ensure its continuous improvement.

Investigations into the settlement system provide the theoretical foundation for planning in this field and help to identify aspects which either have not been sufficiently treated in the plans or are to be incorporated there. The results of research make it easier the definition of premises underlying the plans and the recognition at an early date of obstacles in the implementation of the plan. They also help in the selection of the effective policies for its implementation and, finally, they contribute to the evaluation of progress achieved and to the formulation of conclusions for its continuous revision and extension. The latter aspect is particularly important in view of the long-term character of plans for the settlement systems.

## Literatur

CHRISTALLER, W.: Die zentralen Orte in Süddeutschland. Jena 1933.
DICKINSON, R. E.: City and Region. A geographical interpretation. London 1964.
DZIEWOŃSKI, K.: Zagadnienie miast w planach gospodarczych. Planowanie miast — Skrypt 1, Warszawa 1951.
— Elementy teorii regionu ekonomicznego. Przegl. Geogr. **33** (1961).
— Procesy urbanistyczne w współczesnej Polsce. Stopnie poznania próba syntezy. Przegl. Geogr. **34** (1962).
— Baza ekonomiczna i struktura funkcjonalna miast. Studium rozwoju pojęć metod i ich zastosowańie. Prace Geograficzne **63** (1967).
— Program badań systemu osadniczego Polski. Inst. Geogr. PAN, Warszawa 1971.
DZIEWOŃSKI, K. and M. JERCZYNSKI: Theoretical concepts, methods of analysis and historical development of national settlement systems. Leningrad 1976.
KOSIŃSKI, L.: Struktura ludności małych miast polskich. Prace Inst. Urb. i Arch. **II** (1952) 1.
— Struktura ludności średnich dużich miast polskich. Prace Inst. Urb. i Arch. **IV** (1954) 1.
— Gospodarcze podstawy rozwoju miast. Inst. Urb. i Arch., Ser. prac. własnych **44** (1956).
KOSTROWICKI, J.: Typy miast i sieć osadnicza oraz. Zagadnienie ogólne bilansu ludnościowego. Planowanie miast — Skrypt 2, Warszawa 1951.
— O funkcjach miasto—twórczych i typach funkcjonalnych miast. Przegl. Geogr. **24** (1952).
LESZCZYCKI, S.: Long-term Planning and Spatial Structure of Poland's National Economy. Ossolineum Wrocław 1971.
WILSKA, J. i S. HEŘMAN: Metoda opracowań struktury zawodowej miast. Warszawa 1948.

Prof. Dr. KAZIMIERZ DZIEWOŃSKI, Instytut Geografii i Przestrzennego Zagospodarowania PAN, P 00927 Warszawa, Krakowskie Przedmiescie 30

# Hauptaspekte der planmäßigen Gestaltung der Siedlungsstruktur in der DDR

Von KONRAD SCHERF

## 1. Methodologische Aspekte der planmäßigen Gestaltung der Siedlungsstruktur

Die planmäßige Gestaltung der Siedlungsstruktur erfordert die Einbeziehung der Siedlungsstruktur als relativ stabile und komplexe räumliche Struktur- bzw. Organisationsform der Gesellschaft und deren Reproduktion in das System der Leitung und Planung der Volkswirtschaft. Sowohl innerhalb der Siedlungen als auch zwischen den Siedlungen verschiedener Kategorien bestehen zwischen den Elementen des gesellschaftlichen Reproduktionsprozesses: der Bevölkerung — insbesondere dem gesellschaftlichen Arbeitsvermögen —, den Betrieben, Anlagen und Einrichtungen der Produktion, der Infrastruktur und den natürlichen Ressourcen bestimmte Relationen.

Diese *Relationen* treten *als Proportionen quantitativ meßbar* in Erscheinung und müssen im Prozeß der Leitung und Planung berücksichtigt werden, um die Effektivität und die soziale Wirksamkeit des gesellschaftlichen Reproduktionsprozesses günstig beeinflussen und die ökologischen Gleichgewichtsbedingungen der natürlichen Umwelt wahren bzw. wieder herstellen zu können. Ausgehend von der planmäßigen Gestaltung der gesellschaftlichen Funktionen der Siedlungen im Gesamtrahmen der Siedlungsstruktur müssen diese Proportionen auf zentraler und regionaler Ebene bestimmt werden. Sie müssen in Kennziffern der Leitung und Planung ausgedrückt sowie in Verbindung von Zweig- und Territorialprinzip auf den zentralen, regionalen und lokalen Leitungs- und Planungsebenen umgesetzt werden.

Da es sich bei diesen siedlungsstrukturellen Proportionen um komplexe und nur langfristig zu entwickelnde, veränderbare Größen handelt, die eine starke regionale Differenziertheit aufweisen, ist für die Planung der Siedlungsstruktur die *Erarbeitung von strategischen Zielsetzungen für die planmäßige Gestaltung der Siedlungsstruktur* erforderlich. Ausgehend von den gesellschaftspolitischen Zielsetzungen der weiteren Gestaltung der entwickelten sozialistischen Gesellschaft kommt es dabei darauf an, die Einheit von Wirtschafts- und Sozialpolitik bei der weiteren Gestaltung der Siedlungsstruktur durchzusetzen.

In diesem Zusammenhang muß der *hohe Stellenwert konzeptioneller Arbeiten* und Rechnungen im Rahmen der langfristigen Planung betont werden. Im Ergebnis dieses Prozesses werden bestimmte Materialien und Instrumentarien erarbeitet. Gerade bei diesen langfristigen, strategischen Arbeiten finden Ergebnisse der Siedlungsstrukturforschung Eingang. Diese konzeptionellen Arbeiten ermöglichen die Überleitung und Umsetzung von Forschungsergebnissen in den Planungsprozeß. Nicht zufällig wird die Frage der langfristigen Planung der Siedlungsstruktur auf zentraler Ebene im Bereich der Staatlichen Plankommission von der Forschungsleitstelle für Territorialplanung übernommen, und nicht zufällig spielen auf der bezirklichen Ebene die Büros für Territorialplanung bei der langfristigen Planung der Siedlungsstruktur eine große Rolle. Entsprechend arbeiten diese Institutionen eng mit den Forschungseinrichtungen der Akademien und Universitäten/Hochschulen zusammen.

Im Rahmen dieser interdisziplinären Forschungskooperation hat die *Geographie* eine bedeutende Rolle erlangt, und so hat gerade auch unter dem Einfluß der ökonomisch-geographischen Forschung der Siedlungsstrukturaspekt in den Bereich der langfristigen Planung auf zentraler und regionaler Ebene Eingang gefunden.

Zu den *Instrumentarien und Materialien für die langfristige Konzipierung der Entwicklung der Siedlungsstruktur* sind folgende zu rechnen:

- Grundsätze der staatlichen Siedlungspolitik, die auf zentraler, bezirklicher und kreislicher Ebene angewandt werden;
- qualitative und quantitative Aussagen zur Siedlungsstruktur im Gesamtrahmen der langfristigen Planung der Standortverteilung der Produktivkräfte bis zum Jahre 1990. Darunter Orientierungen und regionale Bilanzrechnungen zur Hauptstadt Berlin und weiteren 142 Städten (alle Bezirksstädte, wichtige Industriestädte sowie fast alle größeren Kreisstädte — etwa im Sinne der Kreiszentren —, die im Ergebnis der siedlungsgeographischen Forschung ausgewiesen worden sind) sowie deren Einzugsbereiche;
- Generalplan für die Hauptstadt Berlin, einschließlich ihres Umlandes;
- Generalbebauungspläne des Bauwesens, die auf der Grundlage politischer, ökonomischer und sozialer Entwicklungskonzeptionen der Territorialplanung für 142 Städte schrittweise erarbeitet werden;
- Orientierungen und Rechnungen zur langfristigen Entwicklung der übrigen Städte, vorwiegend der Kleinstädte und der ländlichen Siedlungen, differenziert nach Siedlungskategorien und unterschiedlichen territorialen Entwicklungsmöglichkeiten und -erfordernissen.

Auf bezirklicher und kreislicher Ebene werden im Zusammenhang mit diesen zentralen Arbeiten Entwicklungskonzeptionen der Siedlungsstruktur erarbeitet.

## 2. Zur Umsetzung langfristiger Konzeptionen und Orientierungen durch die mittel- und kurzfristige Volkswirtschaftsplanung

Diese langfristigen Konzeptionen, Zielsetzungen, Orientierungen und Rechnungen müssen umgesetzt werden in die 5-Jahr-Pläne der Kreise. Über die 28 Stadtkreise werden fast alle größeren Städte (>50000 Einwohner) in der DDR erfaßt. Die langfristigen Zielsetzungen müssen umgesetzt werden in die Jahresvolkswirtschaftspläne der Städte und Gemeinden, in denen wesentliche Teile der sozialen Infrastruktur über die Ratsbereiche geplant werden. Dieser Umsetzungsprozeß langfristiger Konzeptionen wird natürlich entscheidend beeinflußt von dem Prozeß der Zu- und Einordnung der Investitionen, die immer langfristiger und komplexer vorbereitet werden müssen und in Einheit von Zweig- und Territorialprinzip realisiert werden. Dazu gehört nicht zuletzt auch die Planung des Einsatzes des gesellschaftlichen Arbeitsvermögens nach Zweigen, Bereichen und Territorien. Gegenwärtig wird an der Erhöhung der Komplexität und Kontinuität dieses Planungsprozesses gearbeitet. Dabei kommt es darauf an, eine organische Verbindung ökonomischer, sozialer, baulich-technischer, gestalterischer und ökologischer Aspekte zu erreichen. Zur Erreichung dieser Zielsetzungen ist auch weiterhin *interdisziplinäre Forschungsarbeit* notwendig.

Ein besonderes Problem stellt die Verbindung von konzeptionellen und Planungsarbeiten auf den verschiedenen Ebenen der Planung und Leitung dar. Für diese Verbindung auf zentraler, regionaler und lokaler Ebene haben sich dabei die *Siedlungskategorien* als ein methodisches Hilfsmittel bewährt. Unter Siedlungskategorien sind Gruppen von Siedlungen zu verstehen, die jeweils Siedlungen mit gleichen bzw. ähnlichen Funktions-, Ausstattungs- und Größenmerkmalen zusammenfassen. Diese Siedlungskategorien bilden eine Grundlage für gesamtstaatliche, überbezirkliche bzw. zwischenregionale Vergleiche sowie für bestimmte Orientierungsrechnungen, für Variantenrechnungen und Grobbilanzen, die dem eigentlichen Planungsprozeß vorgelagert sind, also konzeptionellen Charakter haben und dadurch zur Qualifizierung des Planungsprozesses beitragen. Neben der Hauptstadt Berlin gibt es gegenwärtig sieben solcher Siedlungskategorien sowie sieben Unterkategorien, an deren weiterer Präzisierung gearbeitet wird. In bezug auf quantitative Aspekte, aber auch in bezug auf die regionale Differenziertheit treten hier Unzulänglichkeiten auf; es muß aber betont werden, daß alle anderen Forschungsarbeiten zur Siedlungsstruktur bis zum gegenwärtigen Zeitpunkt noch nicht den Grad der Praxisreife erreicht haben, der es ermöglicht, eine direkte Überführung der Forschungsergebnisse in Instrumentarien der Planung der Siedlungsstruktur vornehmen zu können, sie in der Praxis anzuwenden und dadurch die Planungspraxis zu verbessern.

In diesem Zusammenhang bestehen für die *weitere Forschungsarbeit zur Siedlungsstruktur* wesentliche Aufgaben, gerade auch im Bereich der Geographie. Dabei geht es vor allem um drei Aufgaben, bei denen es darauf ankommt, durch vertiefende Untersuchungen die wissenschaftlichen Entscheidungsgrundlagen für die Planung der Siedlungsstruktur zu qualifizieren:

- vertiefende Untersuchungen zur funktionsteiligen Entwicklung von Siedlungen innerhalb der Siedlungsstruktur auf verschiedener regionaler Ebene;
- Untersuchungen zur regionalen Differenzierung der Siedlungsstrukturentwicklung unter Berücksichtigung regional differenzierter Einflußfaktoren;
- Erforschung von Siedlungsgebieten, etwa im Sinne der regionalen und lokalen Siedlungssysteme, als weitere Grundlage für den Planungsprozeß.

Die geographische Forschung kann auf diesem Gebiet also weitere wesentliche Beiträge für die Integration der Siedlungsstruktur in die Leitung und Planung der Volkswirtschaft bei der planmäßigen Gestaltung ökonomischer und sozialer Prozesse liefern.

## 3. Hauptrichtungen der planmäßigen Gestaltung der Siedlungsstruktur in der DDR

Bei der langfristigen, strategischen Konzipierung der Standortverteilung der Produktivkräfte einschließlich der Weiterentwicklung der Siedlungsstruktur der DDR ist davon auszugehen, daß die gesellschaftspolitischen Zielstellungen bei der weiteren Gestaltung der entwickelten sozialistischen Gesellschaft grundsätzlich für alle Teile des Landes gelten und dementsprechend auch in allen Teilen der DDR realisiert werden müssen. Die Verwirklichung dieses Grundsatzes vollzieht sich nicht im Selbstlauf, sondern erfordert eine darauf ausgerichtete langfristige Territorialplanung und -politik.

Die *territoriale Konzentration der Produktivkräfte* und deren *Reproduktionsbedingungen* werden dabei eine wesentliche Entwicklungstendenz bilden. Es gilt jedoch, solchen Auffassungen, nach denen die Tendenz der territorialen Konzentration zu einem verselbständigten

Entwicklungsziel erhoben wird, eindeutig entgegenzutreten. Das Ziel ist nicht eine territoriale Konzentration „an sich“, sondern die Erhöhung der Leistungen und Effektivität der materiellen Produktion und des gesamten gesellschaftlichen Reproduktionsprozesses sowie die Erhöhung des Lebensniveaus des Volkes in Verwirklichung der Einheit von Wirtschafts- und Sozialpolitik. Dazu dient ferner die fortschreitende gesellschaftliche und damit auch territoriale Arbeitsteilung und -verbindung, die in der territorialen Konzentration eine wesentliche Erscheinungsform besitzt.

In diesem Zusammenhang können nach Auffassung des Autors zwei objektiv wirkende, durch die Leitung und Planung subjektiv zu beeinflussende, d. h. steuerbare, wechselseitig miteinander verflochtene *Komponenten des territorialen Konzentrationsprozesses* unterschieden werden:

— eine *ökonomische* Komponente; sie ergibt sich aus den Konzentrations- und Kombinationsvorteilen bei der intensiven und extensiven Entwicklung der Betriebe, Zweige und Bereiche der materiellen Produktion und auch der Bereiche außerhalb der materiellen Produktion, und

— eine *soziale* Komponente; sie ergibt sich aus dem Bestreben eines Teils der Bevölkerung, vor allem der im Ausbildungs- und Arbeitsprozeß stehenden jüngeren Menschen, das vielfältige Arbeitsplatzangebot, die differenzierten Ausbildungs- und Qualifikationsmöglichkeiten sowie die Möglichkeiten zur Befriedigung weiterer materieller und geistig-kultureller Bedürfnisse in Verbindung mit modernen, komfortablen Wohnbedingungen an Ort und Stelle, d. h. in den territorialen Konzentrationspunkten des gesellschaftlichen Lebens, nutzen zu wollen.

Die planmäßige qualitative und z. T. auch quantitative Weiterentwicklung der Städte entspricht ihrer wachsenden politischen, ökonomischen und sozialen Bedeutung als Zentren der Arbeiterklasse, als territoriale Konzentrationspunkte der Bevölkerung — insbesondere des gesellschaftlichen Arbeitsvermögens —, als Konzentrationspunkte von Produktion, Wissenschaft und Infrastruktur. Die Städte haben als Siedlungszentren mit ihren Umlandfunktionen nicht nur Bedeutung für die Verbesserung der Arbeits- und Lebensbedingungen ihrer Einwohner, sondern auch für die Bevölkerung der umliegenden ländlichen Siedlungen.

In diesem Zusammenhang hat die *planmäßige Gestaltung der Stadt-Umland-Beziehungen* große Bedeutung. Die hierzu bereits in großem Maße von der geographischen Forschung erarbeiteten Ergebnisse müssen in dem Grade aufbereitet und weiter qualifiziert werden, daß die Fragen der planmäßigen Gestaltung der Stadt-Umland-Beziehungen in den Planungsprozeß einbezogen werden können und zwar komplexer, als das bisher mit Hilfe der Planung der Zweige und Bereiche möglich ist.

Bei der Bestimmung des Maßes der weiteren quantitativen *Entwicklung der Städte*, gemessen an der Einwohnerzahl, wird von folgenden zwei Hauptkriterien ausgegangen:

— von der Entwicklung der politischen, ökonomischen, sozialen und kulturellen Funktionen, insbesondere der Produktionsfunktion der Städte, bezogen auf die gesamtgesellschaftlichen Erfordernisse und volkswirtschaftlichen Möglichkeiten;

— von der Entwicklung des Bevölkerungspotentials in den Einzugsgebieten der Städte sowie einer planbaren übergebietlichen Migration, besonders über die Berufsausbildung. Dabei soll die Bedingung eingehalten werden, durch die Abwanderung von Menschen aus ländlichen Gebieten in die Städte keine Arbeitsplätze in der Produktion und Infrastruktur außerhalb der Städte von dort notwendigen Arbeitskräften zu entblößen.

Auch hier zeigt sich also die Einbindung der Stadtentwicklung in die regionale Problematik, ebenso wie auf Grund von Forschungsarbeiten, die nicht zuletzt im Bereich der Geographie geleistet wurden.

Der volkswirtschaftlich erforderliche und territorial mögliche Einsatz des *gesellschaftlichen Arbeitsvermögens* an bestimmten Arbeitsplatzstandorten ist somit der entscheidende Ausgangspunkt für die Bestimmung der Einwohnerentwicklung der Städte. Damit wird sowohl für die volkswirtschaftlich notwendige intensivere Nutzung hochproduktiver Grundfonds bestehender Industriebetriebe als auch zur Sicherung der extensiven Entwicklung einiger Industriezweige, vor allem im Zusammenhang mit dem Ausbau der einheimischen Rohstoff- und Energiebasis, über die Arbeitskräftezuführung ein weiteres Wachstum der Einwohnerzahlen vieler Städte volkswirtschaftlich erforderlich. Das bis 1990 konzipierte Wachstum der Städte basiert auf einer solchen Linie der Standortverteilung der Produktivkräfte, nach der das in diesem Zeitabschnitt bis 1990 altersstrukturbedingt zuwachsende gesellschaftliche Arbeitsvermögen zu einem überwiegenden Teil für die Besetzung der Arbeitsplätze innerhalb der Hauptstadt Berlin sowie weiterer 142 Städte verwendet werden soll.

Das bisher auf der Grundlage von regionalen Bilanzrechnungen der Bezirksplankommissionen in Abstimmung mit der Staatlichen Plankommission konzipierte Wachstum dieser als Investitionsschwerpunkte ausgewählten Städte — gegenwärtig lebt in diesen Städten nahezu die Hälfte der Bevölkerung der DDR (48,5 %) — soll sich gegenüber dem vergleichbaren Zeitabschnitt 1960—1975 im Zeitraum 1976—1990 leicht verstärken, d. h., es ist ein durchschnittliches Wachstum dieser Städte um etwas mehr als 10 % konzipiert. In Abhängigkeit vom bereits erreichten Stand der Urbanisierung und in Abhängigkeit von der Ressourcensituation treten dabei allerdings starke regionale Unterschiede auf. Dieses leicht erhöhte *Wachstumstempo* gegenüber dem Vergleichsabschnitt 1960—1975 — hier lag das Wachstum dieser Städte bei 8,4 % — soll sich *unter folgenden volkswirtschaftlichen und demographischen Rahmenbedingungen* vollziehen. Nach bisherigen Rechnungen und konzeptionellen Vorstellungen kann davon ausgegangen werden, daß

— die Abnahme der Bevölkerung im Zeitraum 1976—90 gegenüber 1960—75 etwa gleichbleibt, d. h. weiterhin eine leichte Bevölkerungsabnahme erfolgt,
— die Abnahme der Berufstätigen in der Landwirtschaft sich im Zeitraum 1976—90 gegenüber 1960—75 erheblich verringert,
— die Abnahme der Wohnbevölkerung in den Kleinstädten und ländlichen Siedlungen bisher größer konzipiert ist als im vergleichbaren Zeitabschnitt 1960—75,
— die Zunahme der Berufstätigen insgesamt größer ist gegenüber dem Zeitraum 1960 bis 1975,
— die Zunahme der Berufstätigen in der Industrie etwas darunter liegt, wobei es aber Vorstellungen gibt, das industrielle Wachstum noch etwas anzuheben,
— die Zunahme der Haushalte — altersstrukturbedingt — im Zusammenhang mit der Berufstätigenentwicklung etwas größer ist
— und auch das Wohnungsbauvolumen 1976—90 größer ist.

Bei Einschätzung dieser Wachstumsbedingungen ist festzustellen, daß die etwa gleichbleibende Tendenz der Bevölkerungsentwicklung, der höhere Zuwachs an gesellschaftlichem Arbeitsvermögen, an Haushalten sowie das wesentlich größere Wohnungsbauvolumen im Zusammenhang mit der Lösung der Wohnungsfrage (als soziales Problem) für eine leichte Verstärkung *des Konzentrationsprozesses* auf die Städte sprechen.

Demgegenüber lassen folgende Faktoren eine Verstärkung des Konzentrationsprozesses problematisch erscheinen:

— die auf die effektive Nutzung der vorhandenen Arbeitsplätze orientierende volkswirtschaftliche Linie der Intensivierung, die vorwiegend durch Rationalisierung erfolgen muß,
— die stark abnehmende Möglichkeit für die Reduzierung der Arbeitskräfte in der Landwirtschaft gegenüber dem vergleichbaren Zeitabschnitt 1960—75,
— die negativen Auswirkungen auf die Alters- und Sozialstruktur der Bevölkerung in Territorien, Städten und ländlichen Siedlungen mit langanhaltendem, starkem Wanderungsverlust, der sich gegenüber 1960—75 noch erhöhen wird.

Die Rolle der *Migration* für den Differenzierungsprozeß in der Siedlungsstruktur wird sich also noch erhöhen, sowohl hinsichtlich des Wachstums einiger Städte als auch in bezug auf die Bevölkerungsabnahme vor allem in vielen kleinen Siedlungen. Die Migration hatte unter den Bedingungen der DDR bereits in der Vergangenheit große Bedeutung und besitzt sie auch gegenwärtig für die weitere Entwicklung der Siedlungsstruktur. Dies ist nicht so sehr eine Frage der Quantität, des absoluten Volumens der Migration, sondern vielmehr des Anteils am Differenzierungsprozeß in der Siedlungsstruktur, und dieser wird sich gegenüber 1960—1975 noch erhöhen.

Hinsichtlich der *regionalen Differenzierung* dieses Prozesses sind erhebliche Unterschiede festzustellen zwischen den Entwicklungstendenzen und -möglichkeiten in den industriellen Ballungsgebieten Karl-Marx-Stadt, Leipzig, Dresden und Halle einserseits und in den stärker agrarisch strukturierten Räumen andererseits. Für die *südlichen industriellen Ballungsbezirke* bilden die bereits seit Mitte der 60er Jahre negative natürliche Bevölkerungsentwicklung sowie ständige überbezirkliche Wanderungsverluste besonders ungünstige demographische Rahmenbedingungen für die volkswirtschaftlich notwendige Sicherung der Arbeitskräfte- und Bevölkerungsentwicklung in einer Vielzahl wichtiger Industriestädte in diesem Teil der Republik. Es muß davon ausgegangen werden, daß die Wirkungsweise dieser Faktoren auch im Zeitabschnitt bis 1990 nicht entscheidend eingeschränkt werden kann. Die Wirkungsweise dieser Faktoren ist im Hinblick auf die natürliche Bevölkerungsentwicklung — altersstrukturbedingt — in hohem Maße vorgezeichnet, d. h., auf Grund der Altersstruktur wird die Bevölkerungsentwicklung im arbeits- und gebärfähigen Alter nach 1985 in diesen Gebieten rückläufig sein. Die negative Bevölkerungsentwicklung kann bezüglich der überbezirklichen Wanderungsverluste nur durch eine langfristig realisierbare, komplexe Verbesserung der Arbeits- und Lebensbedingungen in diesen Gebieten schrittweise abgebaut werden. Das Wachstum der ausgewählten Städte bis 1990 wird in diesen Bezirken — mit Ausnahme des Bezirkes Halle — entsprechend den Konzeptionen unter dem DDR-Durchschnitt liegen.

Die Städte der Ballungsbezirke hatten bereits im Zeitraum 1964—1975 ein unterdurchschnittliches Bevölkerungswachstum zu verzeichnen. In diesem Zusammenhang ergibt sich das Problem, daß die Einwohnerzahl der Kleinstädte und ländlichen Siedlungen in den südlichen Ballungsbezirken dennoch die stärkste Abnahme aufweist. Diese im Zeitraum 1960—1975 erkennbare Tendenz soll sich nach bisherigen Rechnungen in Zukunft noch verstärken. Daraus ergibt sich eine Reihe von Problemen gerade hinsichtlich der demographischen und sozialpolitischen Konsequenzen, die mit einem solchen überdurchschnittlichen Abwanderungsprozeß aus den Kleinstädten und ländlichen Siedlungen dieser Gebiete verbunden sind (vgl. hierzu auch den Beitrag von SCHOLZ u. a.).

Für die vorwiegend *agrarisch strukturierten Gebiete*, vor allem *im Norden der DDR*, wirkt sich neben der auch hier eingetretenen Verschlechterung der demographischen Situation besonders das Problem des sehr hohen Grades der Zersplitterung des Siedlungsnetzes auf die Verwirklichung der gesellschaftspolitischen Zielstellungen in Einheit von Wirtschafts- und Sozialpolitik aus. In bezug auf die demographische Situation ist für die Nordgebiete eine Annäherung der Fruchtbarkeitsraten an den Durchschnitt der Republik zu verzeichnen, was bedeutet, daß die Fruchtbarkeitsraten in diesen Gebieten überdurchschnittlich abgesunken sind. Des weiteren sind für Teile der Nordbezirke auch überdurchschnittlich hohe relative Wanderungsverluste zu verzeichnen, in bezug auf die relativen Wanderungsverluste liegt der Bezirk Neubrandenburg mit großem Abstand an der Spitze aller Bezirke der DDR (vgl. hierzu auch den Beitrag v. KÄNEL in diesem Band). Für eine allmähliche Überwindung der Zersplitterung des Siedlungsnetzes durch die schrittweise Konzentration auf die Siedlungszentren und Aufgabe von Kleinstsiedlungen mit unzureichenden Lebensbedingungen bestehen bis zum Jahre 1990 nur begrenzte volkswirtschaftliche Möglichkeiten.

Die regional differenzierten Probleme im Zusammenhang mit der Siedlungsstruktur geben Anlaß, hier weiterhin verstärkte Forschungsarbeit und konzeptionelle Arbeit zu leisten, um solche Entscheidungsvorschläge zu erarbeiten, die uns in ihrer Umsetzung in die langfristige Planung, in die 5-Jahr-Pläne und Jahresvolkswirtschaftspläne in der gesellschaftlichen Entwicklung von der territorialen Seite her weiter voranbringen.


## Резюме

Основные аспекты планомерного построения структуры расселения в ГДР

1. Планомерое построение структуры расселения в ГДР требует включения этой комплексной и относительно стабильной формы территориальной организации общества и ее воспроизводства в систему управления и планирования народного хозяйства. Для этого необходимо разработать стратегические цели и долгосрочные пути реализации для планомерного пропорционального развития структуры расселения. Межпредметное исследование территории, в котором значительную роль играет география, должно обеспечить для этого соответствующие научные предпосылки. Осуществление этих долгосрочных концепций, ориентировок и расчетов производится путем среднесрочного и краткосрочного планирования, которое проводится в единстве отраслевого и территориального принципа, а также во взаимодействии с различными сферами руководства и планирования. При увязывании аналитических и долгосрочных плановых работ по структуре расселения в центральной, региональной и локальной сфере оправдали себя в качестве методических пособий категории поселений — это группы населенных пунктов, объединяющие городские или сельские поселения с одинаковыми или похожими признаками функций, оснащения и размеров.

2. Для дополнения и совершенствования средств планирования структуры расселения следует проводить исследовательские работы, в которых большое участие принимают географы, в следующих направлениях:

— Углубленные исследования по переплетению с разделением функций и развитию населенных пунктов в рамках структуры расселений на различных территориальных плосткостях, в особенности, исследование зон поселений (примерно в смысле региональных систем расселения).

— Дальнейшие исследования к региональному дифференцированию структуры расселений с учетом по-разному действующих региональных факторов влияния.

3. Планомерная организация структуры поселения подвергается исходя из интенсивного использования имеющегося в городах и деревнях национального богатства, существенному влиянию планомерным пропорциональным ведением процесса территориальной концентрации производительных сил и условий их воспроизводства. Территориальная концентрация служит при этом повышению производительности и эффективности материального производства и всего процесса общественного воспроизводства в качестве предпосылки для повышения жизненного уровня населения при осуществлении единства экономической и социальной политики. При определении масштабов дальнейшего роста городов учитываются тенденции развития занятых на производстве людей в целом, особенно в промышленности и сельском хозяйстве, развития населения и домашнего хозяйства, а также жилищного строительства, как существенные исходные пункты и общие условия. При этом обращается внимание на регионально дифференцированные условия в промышленных зонах скопления, а также в районах с сильно выраженной аграрной структурой.

## Summary

Main aspects of planning the settlement structure in the GDR

1. If the settlement structure in the GDR is to be planned, this complex and comparatively stable regional form of social organization and its reproduction must be incorporated in the system of national economic management and planning. This calls for strategic target and long-term implementation policies to be worked out for the balanced development of the settlement structure according to plan. The scientific groundwork for this must be laid by interdisciplinary regional studies in which geography plays an important role. The resulting long-term concepts, targets and calculations are put into practice by way of medium and short-term planning using the combined approach of branch and regional principles and various levels of management and planning. Settlement categories, i. e. groups of settlements which comprise either urban or rural types having the same or similar characteristics with regard to function, infrastructure and size, have proven their worth as methodical aids in the integration of analysis, conceptional work and long-term planning with regard to the settlement structure on a national, regional and local scale.

2. In order to supplement and perfect the instruments available for settlement structure planning, research should proceed in the following directions, with massive involvement on the part of geographers:

— More detailed studies on the division of functions and cooperation of settlements within the settlement structure on various regional levels, and particularly investigations dealing with settlement regions (probably in the sense of regional settlement systems).

— Studies leading up to higher levels with regard to the regional differentiation of the settlement structure, taking into account factors which influence individual regions differently.

3. In view of the national stock ammassed in the towns and villages, the planned and balanced continuation of the regional concentration of productive forces and their conditions for reproduction greatly influences settlement structure planning. Regional concen-

tration thus serves to increase the output and efficiency of material production and the process of social reproduction as a whole. This in turn is a condition for raising the standard of living for the population. The essential starting points and framework conditions in determining the extent of furthers urban growth are the trends prevailing in the working population as a whole, and especially in industry and agriculture, in the development of the population and households in general, and in housing construction. Allowance is also made for the specific conditions in industrial agglomeration regions as well as in rural districts.

Prof. Dr. KONRAD SCHERF, Martin-Luther-Univerisät Halle, Sektion Geographie, 402 Halle (Saale), Domstr. 5

# Modellierung von Siedlungssystemen für die Territorialplanung

Von GEROLD KIND

## 1. Einführung

Die Probleme der Entwicklung der Siedlungsstruktur sind außerordentlich kompliziert, gegenläufige Tendenzen erschweren ihre Abwägung. Ohne den Einsatz von Rechenverfahren ist es deshalb nur schwer oder gar nicht möglich, optimale Entwicklungsrichtungen der Siedlungsstruktur auszuarbeiten.

In den vergangenen zehn Jahren wurde in den Institutionen der Territorialplanung und -forschung der DDR eine ganze Reihe von *Modellen* als Hilfsmittel für die Siedlungsstrukturplanung aufgestellt. Charakteristisch für alle diese Arbeiten ist ihre Orientierung auf den Einsatz als unmittelbares *Hilfsmittel für Planentscheidungen*, insbesondere für die sozialpolitische Schwerpunktaufgabe Wohnungsbauprogramm. Charakteristisch ist aber auch ihre weitgehende Trennung von der inhaltlichen, insbesondere der geographischen Siedlungsstrukturforschung. Die Ergebnisse der Modellrechnungen spielten bisher in der Diskussion um die Grundprobleme der Siedlungsstrukturentwicklung keine Rolle. Der Grund dafür war der ungenügende Reifegrad der Modelle.

Da die Modellarbeiten aber inzwischen relativ weit gediehen sind und zahlreiche Rechenergebnisse vorliegen, ist es an der Zeit, hier Brücken zu schlagen. Der vorliegende Beitrag soll ein kleiner Schritt in dieser Richtung sein. Es geht in diesem deshalb nicht in erster Linie um die Darlegung der mathematischen Struktur der Modelle, auch nicht um die Diskussion von Ergebnissen, die sich aus Voraussetzungen und Modellstruktur eindeutig ergeben, sondern insbesondere um die *inhaltlichen Voraussetzungen*, die explizit oder implizit den Modellen zugrundeliegen. Aus der Analyse und Systematisierung der theoretischen Grundlagen sollen Konsequenzen für die Weiterführung der Modellarbeiten und ihre Verknüpfung mit der inhaltlichen Forschung abgeleitet werden.

In diese Untersuchungen sind *sieben* zugängliche *Siedlungsstrukturmodelle der DDR* einbezogen worden. Es sind drei Modelle MTTKOS, PET, KÖMS der Büros für Territorialplanung, die Modelle PRW und RG der Abteilung Siedlungsstruktur der Bauakademie und die Modelle Amos 1 und 2 der Technischen Universität Dresden.

## 2. Zum Modularkonzept der Siedlungsstrukturmodelle

Ausgangspunkt des vorliegenden Beitrages ist das durch die Forschungsleitstelle für Territorialplanung der Staatlichen Plankommission ausgearbeitete Modularkonzept der Siedlungsstrukturmodelle (vgl. CLEMENS, JÄNIG, KIND und STEMPELL 1972), das entsprechend dem erreichten Erkenntnisfortschritt weiterentwickelt wurde. Die *Modelle* werden *stufenweise* so ausgearbeitet, daß *zunächst einfache*, aber praxisverwendbare Modelle aufgestellt und eingeführt werden. Hier sind die *Modelle MTTKOS, PET* und *KÖMS* einzuordnen. Liegen *verbesserte* Modelle vor, die sowohl die gleichen als auch weitergehende Fragen beantworten können, sollen sie in der Planungspraxis die bisher verwendeten ersetzen. Die Praxisüberführung dieser Stufe wird gegenwärtig vorbereitet; hierzu gehören insbesondere die *Modelle PRW* und *Amos 2.* In einer dritten Stufe sollen die Modelle zu einer so hohen Komplexität gekoppelt werden, daß sie Aussagen zu den Grundproblemen der Siedlungsstrukturentwicklung geben können. Diese Stufe wird gegenwärtig modelltheoretisch und experimentell bearbeitet.

Voraussetzung für die Realisierung dieses Modularkonzepts war und ist die Übereinstimmung der wesentlichen Annahmen aller Modelle. Als Grundlage für die dritte Stufe des Modularkonzepts soll im vorliegenden Beitrag kurz zu den theoretischen Grundlagen und inhaltlichen Annahmen der vorliegenden Modelle Stellung genommen werden.

## 3. Kurzbeschreibung der Modelle

### 3.1. Das Modell MTTKOS[1]

Das Modell MTTKOS (vgl. Autorenkollektiv 1971 a) wurde 1970 vom Büro für Territorialplanung Cottbus entwickelt und mehrfach nach einer weitgehend einheitlichen Methodik in allen Bezirken der DDR angewandt. Es baut auf der *Schwellentheorie* nach Malisz auf und beinhaltet die *Berechnung der volkswirtschaftlichen Aufwendungen in der Infrastruktur* für vorgegebene Varianten der Entwicklung der Siedlungsstruktur eines Bezirkes. Die Varianten bestehen aus

— der Einwohnerzahl nach Standorten und

— der Industrieentwicklung nach Standorten

für den ganzen Bezirk und können einen oder mehrere Zeitabschnitte umfassen. Für jede Variante n wird unter Verwendung von spezifischen Bedarfskennziffern und getrennt nach Nachhole-, Ersatz- und Erweiterungsbedarf eine Summe der Investitionskosten $S_n$ bestimmt. Durch den *Vergleich der Kostensummen* der Varianten 1 bis n wird die näherungsweise *optimale Variante* der Entwicklung der Siedlungsstruktur ermittelt.

Das Modell enthält folgende Rechenoperationen:

— Berechnung des Nachholebedarfs soziale Infrastruktur

$$N_{ijto} = B_{it_o} \cdot k_{jt} - F_{ijt_o} .$$

— Berechnung des Erweiterungsbedarfs soziale Infrastruktur

$$E_{ijt} = (B_{it} - B_{it_o}) \cdot k_{jt} = \Delta B_{it} \cdot k_{jt} .$$

— Berechnung des Nachhole-, Ersatz- und Erweiterungsbedarfs der technischen Infrastruktur

$$G_{ijt} = B_{it} \cdot k_{jt} + I_{ijt} + A_{ijt} - C_{ijt} .$$

— Berechnung der Investitionskosten der sozialen Infrastruktur

$$T^{(1)}_{ijt} = (N_{ijt_o} + E_{ijt}) m_j .$$

— Berechnung der Investitionskosten der technischen Infrastruktur

$$T^{(2)}_{ijt} = G^{*}_{ijt} \cdot m_{ij} .$$

— Berechnung der Gesamtinvestitionskosten

$$S_{nt} = i\, j\, (T^{(1)}_{ijt} + T^{(2)}_{ijt} + D_t) .$$

[1] MTTKOS = Variantenberechnungen der Kosten für die Entwicklung der materiell-technischen Territorialstruktur (materiell-technische Territorialstruktur = Infrastruktur).

Es bedeuten:

$i = 1 \ldots n$ Standorte 1 ... n.
$j = 1 \ldots m$ Wirtschaftsgruppen der Infrastruktur 1 ... m.
$t = 1 \ldots p$ Zeitabschnitte 1 ... p.
$t_0$ Ausgangszeitpunkt

$N_{ijt_0}$ Nachholebedarf soziale Infrastruktur am Standort i in der Wirtschaftsgruppe j zum Ausgangszeitpunkt $t_0$.
$B_{it}$ Bevölkerungszahl am Standort i am Ende des Zeitabschnittes t.
$k_{jt}$ Orientierungskennziffer des Bedarfes an Leistungen der Wirtschaftsgruppe j der Infrastruktur im Zeitabschnitt t.
$F_{ijt}$ Bestand an Kapazitäten je Standort, Wirtschaftsgruppe der Infrastruktur und Zeitabschnitt.
$E_{ijt}$ Erweiterungsbedarf soziale Infrastruktur, aufgegliedert nach i, j, t.
$\Delta B_{it}$ Bevölkerungszuwachs nach Standorten im Zeitabschnitt t.
$G_{ijt}$ Gesamtbedarf an neu zu errichtenden Kapazitäten der technischen Infrastruktur nach i, j, t.
$I_{ijt}$ Bedarf der Industrie an Leistungen der technischen Infrastruktur nach i, j, t.
$A_{ijt}$ Neubau von Kapazitäten der technischen Infrastruktur als Ersatz verschlissener Anlagen bis zum Ende des Zeitabschnittes t nach i, j.
$C_{ijt}$ am Beginn des Zeitabschnittes t vorhandene Kapazitäten der technischen Infrastruktur nach i, j.
$T_{ijt}^{(1)}$ Investitionskosten für Nachhole- und Erweiterungsbedarf der sozialen Infrastruktur nach i, j, t.
$m_j$ Investitionskosten für eine zu schaffende Kapazitätseinheit der sozialen Infrastruktur nach j.
$T_{ijt}^{(2)}$ Investitionskosten für Nachhole-, Ersatz- und Erweiterungsbedarf der technischen Infrastruktur nach i, j, t.
$G_{ijt}^{*}$ korrigierter Gesamtbedarf $G_{ijt}$ nach Einordnung in die auf Grund der technologischen Bedingungen gegebenen Kapazitätsschwellen.
$m_{ij}$ standortspezifische Investitionskosten für eine zu schaffende Kapazitätseinheit der technischen Infrastruktur.
$D_t$ Nachhole- und Ersatzbedarf der Infrastruktur der zusammengefaßten Standortgruppen nach t (s. u.).

Das Modell *MTTKOS* hat gegenwärtig die *größte praktische Bedeutung* aller Rechenverfahren zur Siedlungsstrukturentwicklung für die Territorialplanung der DDR erreicht. Die mehrjährige Arbeit an der Aufstellung der Orientierungskennziffern hat einen Katalog ergeben, der weit über die Modellrechnung hinaus bedeutsam ist.

Als „*Standorte*" gehen in die Berechnung ein:

- die bedeutendsten Industriestädte und alle Kreisstädte (z. B. im Bezirk Cottbus 18),
- die Summe weiterer wichtiger Industriestandorte als ein Standort (z. B. bilden im Bezirk Cottbus 36 Industriestädte und ländliche Siedlungsschwerpunkte den Standort 19),
- die Summe aller übrigen Gemeinden des Bezirkes (z. B. bilden im Bezirk Cottbus die Summe von mehr als 650 Gemeinden den Standort 20).

## 3.2. Das Modell PET[2]

Das Modell PET wurde vom Büro für Territorialplanung Potsdam ausgearbeitet (vgl. Stempell 1975). Es baut auf dem Konzept der gebietsbestimmenden, -bedienenden und -füllenden Bevölkerungsgruppen (Basic-Nonbasic-Koncept) auf.

[2] PET = Prognostische Einwohnerverteilung im Territorium — der Formelapparat des Modells ist nicht veröffentlicht.

In einem ersten Teilmodell *OEW* (*ökonomisch begründete Wohnbevölkerung*) wird für jede Gemeinde auf der Grundlage der Entwicklung der Produktionsstruktur die „*ökonomisch gebundene Arbeitskräftezahl*", getrennt nach „objektbezogenem" (insbesondere industriellem), „flächenbezogenem" (insbesondere landwirtschaftlichem) und „bevölkerungsbezogenem" (insbesondere infrastrukturellem) Arbeitskräftebedarf, bestimmt. Die Einwohnerzahl ergibt sich aus der Multiplikation der ökonomisch gebundenen Arbeitskräftezahl mit dem Familienkoeffizienten.

Im zweiten Teilmodell *WOMO* (*nutzbare Wohnmöglichkeiten*) werden auf der Grundlage der Erfassung der *Wohnsubstanz* nach Baualter, Bauzustand, Ausstattung und Zahl der Wohnräume die Anteile nutzungswürdiger Substanz je Gemeinde nach Ablauf bestimmter Zeiträume berechnet.

Im dritten Teilmodell *BVW* (*Bevölkerungsverteilung im Territorium*) werden die Ergebnisse der beiden erstgenannten Teilmodelle verglichen und aus dem *Vergleich* eine *neue Verteilung* von Bevölkerung und Wohnungen auf Städte und Gemeinden vorgenommen. Ist in einer Gemeinde WOMO < OEW, besteht ein Bedarf an Wohnungen; dieser wird im Siedlungszentrum realisiert. Ist in einer Gemeinde WOMO > OEW, besteht ein Überschuß an Wohnungen. Dieser Überschuß wird nur in den Siedlungszentren in der weiteren Berechnung berücksichtigt. In den übrigen Gemeinden werden diese Wohnungen als ungenutzt aus dem Rechengang ausgeschlossen. Am Ende der Berechnung wird für jedes Siedlungszentrum der Bedarf an Wohnungen summiert. Dieses Rechenergebnis geht als eine *Grundlage* in die Planung der *Standorte des Wohnungsbaus* ein.

Das Modell *PET* gliedert die Gemeinden eines betrachteten Territoriums in Siedlungszentren und diesen zugeordnete Gemeinden und *definiert* damit *eindeutig abgegrenzte Siedlungssysteme*. Der Modellaufbau garantiert, daß langfristige Übereinstimmung zwischen Wohn- und Arbeitsstandort für alle Arbeitskräfte herbeigeführt wird. Das Modell PET enthält in einfacher Form Berechnungen, die Bestandteil jedes Siedlungsstrukturmodells sein müssen; es kann damit Vor- oder Teilmodell *aller* anderen Siedlungsstrukturmodelle sein.

Die Anwendung im Bezirk Potsdam hat gezeigt, daß die Ergebnisse zu einer Qualifizierung der Wohnungsbaukonzeption eines Bezirkes beitragen können.

### 3.3. Das Modell KÖMS[3]

Das vom Büro für Territorialplanung Dresden ausgearbeitete Modell KÖMS (vgl. MÜLLER 1975) nimmt unter den Siedlungsstrukturmodellen insofern eine Sonderstellung ein, als es

— die optimale Gestaltung von Gebietsstrukturen insgesamt zum Ziel hat, d. h. neben den Problemen der Siedlungsstruktur auch die Probleme der Produktionsstruktur erfaßt und
— für die sofortige Anwendung auf die unmittelbar aktuellen Probleme der Territorialplanung in einem Bezirk gedacht ist.

Aus diesem Ansatz und dem Stand der Modellarbeiten ergibt sich, daß das Modell KÖMS nicht algorithmiert werden kann, d. h., daß es ein durch Berechnungen gestütztes Planungsverfahren darstellt.

[3] KÖMS = Komplexes ökonomisch-mathematisches Stufenmodellsystem.

Es besteht aus *sechs* Stufen:

Stufe 1: Ermittlung des Funktionswertes von Gebieten und Teilgebieten zur Bestimmung ihres Komplexitätsgrades.

Diese Stufe besteht aus einer modifizierten Form der traditionellen Verfahren zur Bestimmung der Zentralität von Siedlungen.

Stufe 2: Bestimmung der optimalen Funktion der Siedlungszentren und ihrer Einzugsbereiche unter Berücksichtigung der Ergebnisse der Stufe 1.

Ergänzung der quantitativen Funktionsbewertung der Stufe 1 um wesentliche qualitative Seiten, wobei stärker die Bedeutung der profilbestimmenden Funktionen herausgestellt wird.

Stufe 3: Bestimmung optimaler Entwicklungsschwellen von Gebieten und Teilgebieten.

Anwendung der Schwellentheorie nach MALISZ für einzelne Städte und Ausweitung auf Gebietsuntersuchungen.

Stufe 4: Bestimmung optimaler Größen der räumlichen Elementareinheiten der Gebietsstruktur.

Ermittlung eines hierarchisch aufgebauten Systems zentraler Orte und Festlegung der Einzugsbereiche (Hinterländer), insbesondere aus der Sicht einer optimalen Ausstattung mit Einrichtungen der sozialen Infrastruktur.

Stufe 5: Bestimmung der günstigsten zweiglichen Lokalisationsgebiete sowie der gebietsstrukturellen Funktionsteilung.

Komplexe Anwendung der Standortoptimierung im volkswirtschaftlichen und zweiglichen Rahmen und zur Bestimmung gebietlicher Makrostandorte.

Stufe 6: Ökonomische Berechnungen ausgewählter Gesamtprozesse der optimalen Gestaltung von Gebietsstrukturen.

Durchführung vielseitiger Bilanz- und Kostenberechnungen mit dem Ziel der Bestimmung optimaler langfristiger Entwicklungsrichtungen der Gebietsstrukturen.

Das nur in groben Umrissen und nicht algorithmiert vorliegende Modell *KÖMS* zeigt die Kompliziertheit der Probleme der Planung optimaler Gebietsstrukturen. In bezug auf die Planung der Siedlungsstruktur enthält es insbesondere den Versuch, Elemente der Zentralorttheorie und die Funktion der Siedlungen stärker zu betonen.

### 3.4. Das Modell PRW[4]

Das Modell PRW wurde vom Institut für Städtebau und Architektur der Bauakademie der DDR ausgearbeitet (vgl. Autorenkollektiv 1972 und GRUNDMANN 1974). Es ist das Ergebnis einer mehrjährigen Beschäftigung mit Fragen der Modellierung der Siedlungsstruktur; es besitzt einen hohen Grad theoretischer Reife und wurde mehrfach erfolgreich experimentell erprobt. Mehrere andere Modelle der gleichen Forschungsgruppe sind als Vorarbeiten zu diesem Modell aufzufassen (vgl. dazu Autorenkollektiv 1971 b).

[4] PRW = Modell zur Prozeßoptimierung der Reproduktion der baulichen Grundfonds im Wohnungsbau.

Die *Zielstellung* des Modells besteht darin, *Entscheidungsgrundlagen für* die *Steuerung des Reproduktionsprozesses der Bausubstanz* in einem Territorium über einen langen Zeitraum bereitzustellen. Das Modell geht davon aus, daß über die planmäßige Entwicklung der Bausubstanz eine ständige kontinuierliche Verbesserung der Wohnverhältnisse und die Erhöhung des Versorgungs- und Betreuungsniveaus der Menschen sowie der Abbau der Niveauunterschiede zwischen Stadt und Land erreicht werden muß, wobei das angestrebte

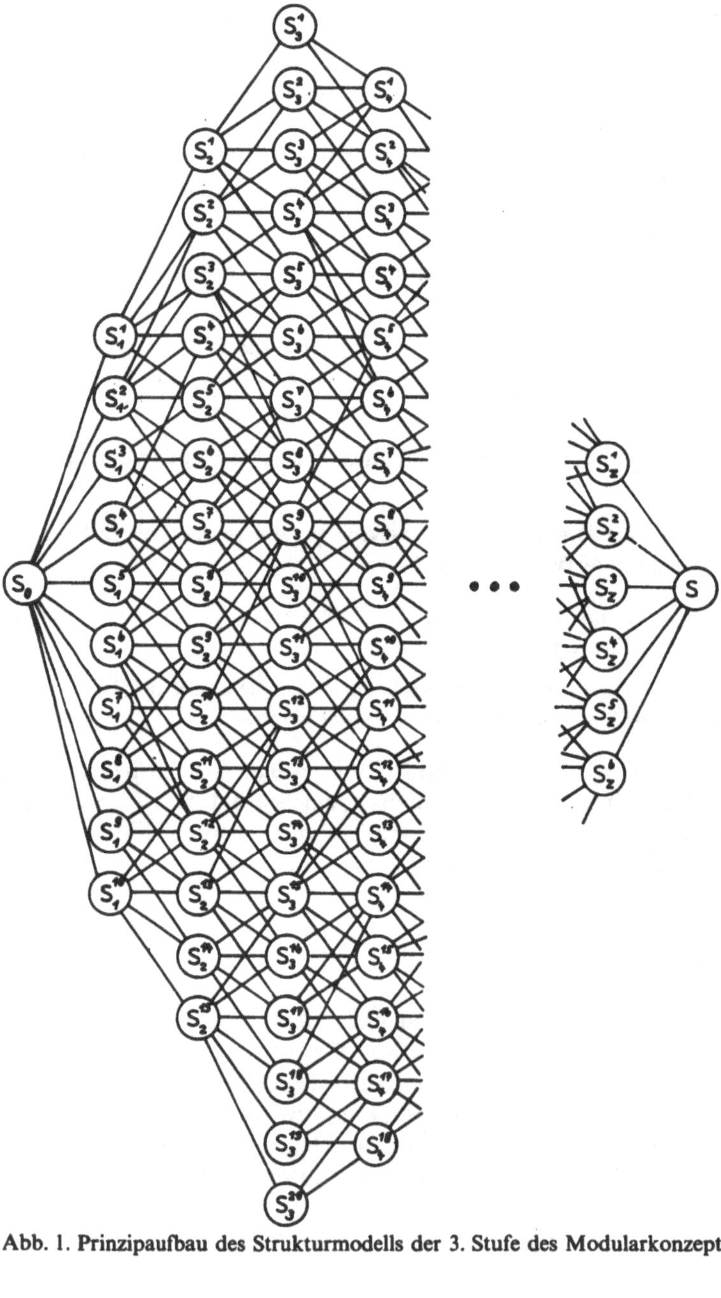

Abb. 1. Prinzipaufbau des Strukturmodells der 3. Stufe des Modularkonzepts

Entwicklungsziel für den Endzeitpunkt eines langen Zeitraumes als bekannt vorauszusetzen ist. Durch das Modell wird der optimale zeitliche Ablauf der baulichen Veränderungen durch Neubau, Werterhaltung, Modernisierung und Aussonderung bestimmt. *Optimalitätskriterium* sind die *Kosten für Baumaßnahmen* und *Pendelwege der Menschen.*

Die Lösung erfolgt mittels der *dynamischen Optimierung* (BELLMAN-Algorithmus). Dazu wird der betrachtete Gesamtzeitraum $T_0$ bis $T_r$ in r Zeitabschnitte $Z_l$ gegliedert. Für jeden Zeitpunkt $T_l$ ($l = 0\,(1)\,r$) werden Varianten $V_{ml}$ aufgestellt, die die möglichen Zustände der Wohnsubstanz in den Siedlungen beinhalten.

Eine Variante $V_{ml}$ besteht aus den Angaben

- Wohnungsneubau nach Siedlungen,
- Modernisierungsmaßnahmen nach Siedlungen und Baualtersgruppen,
- Werterhaltung nach Siedlungen und Baualtersgruppen,

wobei als Restriktionen u. a. gelten:

- Übereinstimmung der in jedem Zeitabschnitt vorhandenen Wohnungseinheiten mit dem Wohnungsbedarf der Bevölkerung,
- Kapazitätsschranken der Baukapazität für Neubau und Modernisierung,
- Einhaltung des vorgegebenen Wohnstandards.

Zur Vorbereitung der Lösung werden die Varianten kolonnenweise über einer Zeitachse angeordnet (vgl. Abb. 1). Zwischen den Varianten zweier aufeinanderfolgender Zeitabschnitte werden dann Verbindungslinien (Kanten) eingetragen, wenn ihre zeitliche Aufeinanderfolge möglich ist. Auf diese Weise entsteht ein *Graph* (Netzwerk), dessen Kanten mit den im Zeitabschnitt $Z_l$ entstehenden Gesamtkosten bewertet werden. In die Gesamtkosten gehen als Komponenten die Neubau-, Modernisierungs-, Werterhaltungs- und Abrißkosten sowie die Aufwendungen für Arbeits- und Versorgungspendelwanderung ein.

In dem so aufgestellten Netzwerk wird nach dem Lösungsprinzip der dynamischen Optimierung der kürzeste Weg berechnet. Dieser verläuft über die optimalen Varianten und ergibt das *Minimum des Gesamtaufwandes.*

## 3.5. Das Modell RG[5]

Das Modell RG, ebenfalls ausgearbeitet vom Institut für Städtebau und Architektur (vgl. GRUNDMANN 1974), trägt den Charakter eines ergänzenden Teilmodells zum Modell PRW. Mit diesem werden auf der Grundlage einer vorgegebenen Verteilung der Einwohner auf Siedlungen die zur Bedarfsdeckung erforderlichen *Kapazitäten gesellschaftlicher Einrichtungen nach Standorten* (Siedlungen) *einschließlich* der zu *ihrer Reproduktion* notwendigen Baumaßnahmen ermittelt.

Das Modell baut auf vorgegebenen Entscheidungsvarianten auf. Die Entscheidungsvarianten beinhalten Alternativen für Baumaßnahmen in den Siedlungen (Neubau, Modernisierung, Werterhaltung, Aussonderung, Umfunktionierung und Erweiterung) nach Art und Umfang. Es arbeitet nach dem Prinzip der Null-Eins-Optimierung und ermittelt für einen bestimmten Zeitraum die Kombination baulicher Maßnahmen nach Standort und Größe mit dem geringsten Bau- und Pendelaufwand.

[5] RG = Modell zur Optimierung des Reproduktionsprozesses gesellschaftlicher Einrichtungen.

In der ausgearbeiteten Form ist mit dem Modell für jede untersuchte Art (Sorte) gesellschaftlicher Einrichtungen eine abgeschlossene Berechnung durchzuführen. Das Problem der Zwischensortenbeziehungen ist zwar theoretisch bearbeitet, hat aber noch nicht zu praktisch verwendbaren Lösungen geführt.

### 3.6. Das Modell Amos 1[6]

Das Modell Amos 1, entwickelt von einem Forschungskollektiv der Technischen Universität Dresden (vgl. Kind 1975), stellt die Anpassung eines in mehreren Ländern erarbeiteten Modelltyps (Hauke-Modell und Scherschewski-Schnurow-Modell der Sowjetunion, Lowry-Modell der USA) an die Aufgaben der Siedlungsstrukturplanung in der DDR dar. Es ist ein Teilmodell, das die *Berücksichtigung des Zeitaufwandes der Bevölkerung* für die Arbeits- und Versorgungspendelwanderung *in* der *Planung und Modellierung der Siedlungsstruktur* ermöglicht. Die Ergebnisse wurden bisher benutzt

— als Basislösung für die Kopplung mit dem Modell Amos 2 in einem Iterationsverfahren,
— als „Lagegunstfaktoren" für die Bewertung der Eignung von Flächen für Wohnbebauung und Industriegebiete (neben zahlreichen anderen Faktoren),
— als Grundlage für die Ermittlung der Pendelkosten in mehreren Modellen.

Ausgangspunkt des Modells ist die nachgewiesene Tatsache, daß sich die Wohnplätze der Beschäftigten nach einer mathematisch-statistischen Gesetzmäßigkeit auf die Entfernungszonen zu den Arbeitsstätten verteilen. Die als *„Verhaltensfunktion der Werktätigen bezüglich* der *Pendelwanderung*" (in der sowjetischen Literatur als „teoretičeskoe rasselenije", bei Lowry als „work-to-home-function") bezeichnete Gesetzmäßigkeit wird als Restriktion dem Modell zugrundegelegt. Durch gezielte Veränderung der Verteilung der Bevölkerung auf Siedlungen in einem Iterationsverfahren wird diejenige Bevölkerungsverteilung bestimmt, die den geringsten Zeitaufwand der Bevölkerung für die Pendelwanderung garantiert.

### 3.7. Das Modell Amos 2

Das Modell Amos 2, ebenfalls ausgearbeitet an der Technischen Universität Dresden (vgl. Kind und Steindorf 1973), ist das Ergebnis langjähriger Arbeiten zur Modellierung der Siedlungsstruktur. Wie das Modell MTTKOS baut es auf der *Schwellentheorie* nach Malisz auf, besitzt jedoch demgegenüber eine Reihe von *Verbesserungen*:

— Die kleinste Einheit der Berechnung ist die Siedlung bzw. das städtische Teilgebiet.
— Die Berechnungen zur technischen Infrastruktur werden für die Trassennetze durchgeführt.
— Die Pendelwanderung zum Arbeitsplatz und zu den Versorgungszentren wird als Kostenfaktor berücksichtigt, wobei über das Teilmodell Amos 1 eine Minimierung des Zeitaufwandes der Bevölkerung erfolgt.
— Die Einwohnerverteilung mit den geringsten volkswirtschaftlichen Aufwendungen wird modellintern bestimmt.

[6] AMOS = Aufgabenstellungen für Modellteile zur Optimierung der Siedlungsstruktur.

— Die Struktur des Verfahrens erlaubt die Einbeziehung nicht quantifizierbarer Faktoren.
— Die Berechnung wird für eine Reihe von Varianten der Einwohnerzahl des Siedlungssystems durchgeführt. Die Ergebnisse können zu Aufwandsfunktionen des Siedlungssystems bei Änderung der Verteilung und Zunahme der Gesamtzahl der Einwohner zusammengefaßt werden (vgl. Abb. 2).

Die Zielfunktion des Modells lautet:

$$K_m = \min \sum_i \sum_j \frac{P_{ij}}{b_j} \left[ w_j(x_j) + a_{ij} + \min_q (a_{jq} + v_q) + \min_r (a_{jr} + v_r) + \sum_s (a_{js} + v_s) \right].$$

Es bedeuten

$K_m$ Gesamtkosten der Variante m der Einwohnerzahl des Siedlungssystems
$P_{ij}$ Zahl der Arbeitsplätze in der Siedlung i, die durch Arbeitskräfte aus der Siedlung j belegt werden
$b_j$ Beschäftigungsgrad in der Siedlung j
$w_j(x_j)$ Wert der Aufwandsfunktion der Siedlung j für die Einwohnerzahl x (Ergebnis der Schwellenuntersuchung der Siedlung j)
$a_{ij}$, $a_{jq}$, $a_{jr}$, $a_{js}$ Transportkosten zwischen den Siedlungen für die Arbeits-, Versorgungs- und Erholungspendelwanderung
$V_q$, $V_r$, $V_s$ Werte der Aufwandsfunktionen für gesellschaftliche Zentren (nach Hierarchiestufen) und Erholungsgebiete

*Ausgangspunkt* für die Lösung sind die *Funktionsbeziehungen der Menschen im Siedlungssystem*, die als Graph dargestellt und zu einem gerichteten Netzwerk umgeformt werden. Über die Behandlung als Optimalwegproblem kann eine gute Näherungslösung bestimmt werden.

Abb. 2 enthält ein Beispiel für die Anwendung des Modells auf einen Agrarkreis, dargestellt in Form eines Graphen. Der *Anfangsknoten* enthält die *Aufwendungen für* die *Reproduktion der Infrastruktur* und die *Pendelwanderung*, wenn die Standortverteilung der Arbeitsplätze und der Einwohner auf dem Stand von 1971 bleiben. Die *zweite Variante* geht aus von der *Standortverteilung der Arbeitsplätze* 1971 und enthält die *dazu optimale Verteilung der Einwohner*. Alle anderen Varianten bauen auf einer Verringerung der Beschäftigten in der Landwirtschaft auf. Sie schließen eine Zunahme der Industriebeschäf-

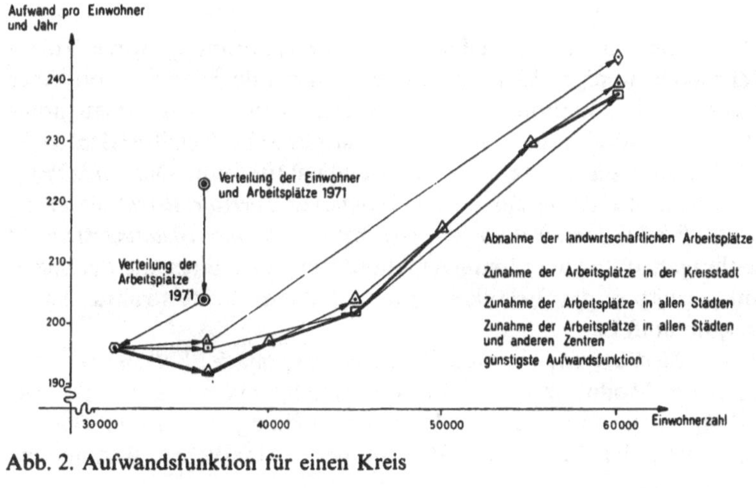


Abb. 2. Aufwandsfunktion für einen Kreis

tigten unterschiedlichen Umfangs und an unterschiedlichen Standorten ein. Auf der Grundlage aller Varianten kann eine *„günstigste“ Aufwandsfunktion* für den Kreis bestimmt werden. Diese erlaubt die Berücksichtigung der Entwicklungsbedingungen des Kreises bei der Planung der Standortverteilung der Produktivkräfte. Mit dem Modell Amos 2 wurde bereits mehrfach experimentiert.

## 4. Theoretische Grundlagen und inhaltliche Annahmen der Siedlungsstrukturmodelle

### 4.1. Dimension der modellierten Siedlungssysteme

Optimierungsrechnungen zur Siedlungsstrukturentwicklung wurden bisher für Bezirke, Teile von Bezirken, Kreise und Teilgebiete von Kreisen ohne tiefergehende Begründung der Abgrenzung durchgeführt. In den meisten Fällen fanden dabei bevölkerungsbezogene Ausstattungskennziffern Verwendung. Diese Berechnungen setzen somit voraus, daß die Befriedigung der Grundbedürfnisse der Bevölkerung, einschließlich des Bedürfnisses nach Arbeit, innerhalb der abgegrenzten Gebiete stattfindet, eine für die vorliegenden Berechnungen zweifellos sehr ungenaue Annahme.

Auf Grund der Notwendigkeit, in den höheren Stufen des Modularkonzepts mit Orientierungskennziffern der technischen und sozialen Infrastruktur sowie des Beschäftigungsgrades arbeiten zu müssen, ergibt sich die Forderung, daß *Optimierungsrechnungen der Siedlungsstruktur nur für* solche Gebiete durchgeführt werden können, deren Außenbeziehungen so gering sind, daß sie keinen Einfluß auf die Berechnungsergebnisse nehmen. Das gilt für die Aktivitätsräume des Menschen oder die *regionalen Siedlungssysteme*, andernfalls sind die Ergebnisse fehlerhaft. Beispielrechnungen für den Kreis Meißen im Ballungsgebiet Dresden haben diesen Tatbestand voll bestätigt.

Die Forschung zu regionalen Siedlungssystemen ist somit eine unabdingbare Voraussetzung für die Modellierung von Siedlungssystemen.

### 4.2. Einordnung in die Volkswirtschaftsplanung

Die wesentlichste der Annahmen in den Modellen betrifft die Einordnung in die Volkswirtschaftsplanung. Mehr oder weniger klar ausgeprägt gehen alle Modelle von einer vorgegebenen Entwicklung der Produktionsstruktur aus und berechnen die dazu unter bestimmten Annahmen und Zielfunktionen beste und harmonische Territorialentwicklung. In den meisten Fällen sind die Kosten das Optimalitätskriterium. Den *Siedlungsstrukturmodellen* liegt somit die *Auflösung des Gesamtkomplexes Territorialstruktur in* die Dualität: *zentral geplante Produktionsstruktur — territorial geplante Siedlungsstruktur* zugrunde, wobei die Siedlungsstruktur die räumliche Anordnung aller Elemente der sozialen und technischen Infrastruktur, der Bevölkerungs- und Arbeitskräftestruktur sowie der Naturressourcenstruktur umfaßt.

Für die *Einordnung der Siedlungsstrukturmodelle in* eine *optimale Volkswirtschaftsplanung* in der dritten Stufe des Modularkonzepts ist es notwendig, einen Weg zur Berücksichtigung der Aufwendungen zur Weiterentwicklung der Siedlungsstruktur in Berechnungen zur Standortverteilung der Produktivkräfte im gesamtstaatlichen Rahmen zu finden. Auf der Grundlage der o. g. Dualität ist das nur möglich, wenn *zu* einer größeren Zahl von *Varianten* in bezug auf Größe und Verteilung *der Produktionsstandorte Berechnungen optimaler Siedlungsstrukturen* erfolgen. Die Ergebnisse dieser Optimierungsrechnungen können zu Aufwandsfunktionen zusammengefaßt werden, die die Aufwendungen bei Veränderung der Einwohnerzahl des untersuchten Siedlungssystems erfassen. Jedem Punkt dieser Funktion entspricht ein optimales Siedlungssystem (Abb. 1). Diese *Aufwandsfunktionen* können eine der wesentlichsten *Grundlagen für* volkswirtschaftliche *Optimierungen* zur Standortverteilung der Produktivkräfte sein.

Damit ist eine wichtige Position der Weiterarbeit an Siedlungsstrukturmodellen erreicht. Es sind nämlich theoretisch unendlich viele solcher Varianten denkbar, von denen aber nur ein relativ geringer Teil praktisch sinnvoll ist. Für die Aufstellung sinnvoller Varianten muß der gesamte Kenntnisstand der Siedlungsstrukturforschung ausgewertet werden. Hierzu gehören beispielsweise *Leitbilder der räumlichen Ordnung* in Ballungsgebieten, wie das Knoten-Band-Konzept, das Konzept der Bandstadt, das Konzept des hierarchisch gestuften Siedlungssystems u. a. Für die dritte Stufe des Modularkonzepts ist es vorgesehen, dieses Problem über ein *Entscheidungsnetzwerk der zeitlichen Entwicklung* der Siedlungsstruktur zu bewältigen (vgl. Abb. 1). Es wird vom gegenwärtigen Zustand $S_0$ ausgegangen und der zeitliche Ablauf der Entwicklung zu alternativen Zielvorstellungen $S_z^n$ verfolgt. Erst nach Abschluß dieser Berechnung nach dem BELLMANschen Optimalprinzip wird nach geeigneten Optimalitätskriterien über die optimale Leitvorstellung entschieden. Für diese Arbeiten ist die Kenntnis der konkreten Raummodelle der Siedlungsstruktur unerläßlich.

## 4.3. Theoretische Grundlagen der Siedlungsstrukturmodelle

Die den Siedlungsstrukturmodellen in der DDR zugrundeliegenden theoretischen Ansätze können in Konzeptionen der Raumstruktur und ökonomische Konzeptionen gegliedert werden.

### *Konzeptionen der Raumstruktur*

Fast *alle Modelle* beinhalten *Elemente der Zentralorttheorie*. Siedlungen mit Zentralfunktion erhalten Präferenzen für die Erhaltung bzw. Erweiterung gesellschaftlicher Einrichtungen. Damit wird das mathematisch schwer faßbare Problem der korrelaten Gruppenbildung berücksichtigt.

Einzelne Modelle, die eine freie Standortwahl für jede Art gesellschaftlicher Einrichtungen nach dem Minimum der Bau- und Pendelwanderungskosten gestatten, können ungünstige Lösungsvorschläge erbringen. So kann beispielsweise der Standort einer Schule auf halbem Wege zwischen zwei betreuten Siedlungen auf einem Isolierstandort eine kostengünstige, aber den Prinzipien der Siedlungspolitik widersprechende Lösung sein. Die Festlegung, welche Elemente der Zentralorttheorie als Restriktionen in Siedlungsstrukturmodelle eingehen müssen, setzt die genaue Kenntnis der Variabilität der Zentralortfunktionen von Siedlungen voraus, die nur durch Kopplung von inhaltlicher Arbeit mit *das ganze Staatsterritorium erfassenden Zentralortmodellen* erreicht werden kann. Solche Zentralortmodelle wurden in der DDR bisher nicht bearbeitet.

Als weiterer theoretischer Ansatzpunkt hat das *Gravitationskonzept* in der Form der Modelle von LOWRY und SCHERSCHEWSKY/SCHNUROW einen festen Platz in den Siedlungsstrukturmodellen gewonnen.

*Ökonomische Konzeptionen*

Eine zentrale Stellung besitzt in den meisten Siedlungsstrukturmodellen die Schwellentheorie nach MALISZ. Wir vertreten die Auffassung, daß *allein* die *Schwellentheorie* die *widerspruchsfreie Verbindung* der technisch-gestalterischen und landeskulturellen Erfordernisse mit den ökonomischen Bedingungen der Siedlungsstrukturentwicklung ermöglicht. Die Einschränkungen, die insbesondere wegen der Nichtvergleichbarkeit der Aufwendungen in der sozialen Infrastruktur bei unterschiedlicher Einwohnerzahl formuliert werden, heben sich bei Anwendung auf regionale Siedlungssysteme auf. Allerdings ist die Schwellentheorie in dieser Form nicht voll algorithmierbar. Ihre Anwendung erfordert ein Arbeitsverfahren, in das auch Modelle einbezogen sind. In diesem Zusammenhang wird besonders deutlich, daß inhaltliche und Modellarbeit eng verzahnt sein müssen.

Weitere notwendige Bestandteile fast aller Siedlungsstrukturmodelle sind *Modelle des zeitlichen Ablaufs* der Reproduktion der Bausubstanz und das *Basic-Nonbasic-Koncept*, auf die in diesem Zusammenhang nicht näher eingegangen werden kann.

## Резюме

Моделирование систем расселения для территориального планирования

Исследования структуры расселения ГДР достигли такой стадии, которые требуют как углубленного содержания основания моделей, так и усиленного подкрепления результатов содержания модельными расчетами. Поэтому исследование по содержанию и модельные работы должны быть более тесно связаны между собой. Для уже имеющихся моделей, разработанных в качестве вспомогательных средств для планирования структуры расселения, в работе излагаются теоретические и содержательные предположения, не затрагивающие математическую структуру.

Модели построены по концепту модуларования, что позволяет заменить их частично или полностью улучшенными моделями. Для выведенных оптимированных расчетов по развитию структуры расселения нашли, в основном, применение показатели снабжения по населению. Критерем оптимальности, в большинстве случаев, принимаются затраты. Теоретической основой этих моделей являются элементы теории центральных мест, теории порогов по Малишу, а также концепт гравитации. При этом, модели исходят из западного развития промышленной структуры и учитывают к этому при определенных предположениях и целевых функциях наилучшее и гармоничное территориальное развитие.

В основу моделей структуры расселения заложено, кроме того, разложение общего комплекса территориальной структуры на двойственность централъно управляемой структуры производства и территориально запланированной структуры расселения.

В настоящее время ведется работа над концепцией опирающегося на модель метода оптимального планирования структуры расселения. Разработка этого метода требует участия большего количества научных дисциплин.

## Summary

The modeling of settlement systems for regional planning

Research into the structure of settlements in the GDR has reached a stage where the contents of models must be better defined and backed up with the results of model calculations. The two aspects must be more closely connected. The assumptions with regard to theory and contents underlying existing models are pointed out. These models have been used as aids for the planning of settlement structures. Their mathematical structure is neglected.

The models follow the modular concept so that they can be replaced entirely or in part with improved models. Infrastructure characteristics have mostly been used in optimization calculations conducted with regard to the development of the settlement structure. In the majority of cases costs were taken as the criterion. The theoretical foundations for these models are elements of the theory of central places, the threshold theory according to Malisz and the concept of gravitation. The models start from a predetermined development of the production structure and use specific assumptions and target functions to calculate the optimal and harmonious development of a region. They also break up the whole complex of regional structure into the dualism of national management of the production structure and regional planning for the settlement structure.

At the present time a concept is being worked out for a model-assisted technique designed to optimize settlement structure planning. The efforts call for the involvement of a greater number of scientific disciplines.

## Literatur

Autorenkollektiv: Modellierung und Arbeiten der Territorialplanung im Bezirk Cottbus. Büro für Territorialplanung bei der Bezirksplankommission Cottbus, Cottbus 1971 (a).

Autorenkollektiv: Optimierung von Siedlungssystemen. Städtebau und Architektur, **34** (1971 b).

Autorenkollektiv: Optimierung des Konzentrationsprozesses im Siedlungsnetz. Städtebau und Architektur, **39** (1972).

CLEMENS, G., JÄNIG, R., KIND, G. und D. STEMPELL: Zur gemeinsamen Konzeption der EDV-Programme AKAM, MTTKOS, AMOS 1 für die Berechnung zur Entwicklung der Infrastruktur. Informationen der Forschungsleitstelle für Territorialplanung, H. 6 (1972).

GRUNDMANN, W.: Mathematische Modelle und Methoden in der Siedlungsplanung. Diss. Hochschule f. Arch. und Bauwesen, Weimar 1974.

KIND, G.: Zur Anwendung der Modelle AMOS in der Siedlungsnetz- und Stadtplanung. DDR-Beitrag zum Internat. Seminar zu Fragen der Anwendung mathematischer Methoden bei der Planung der Siedlungsstruktur, VR Polen, 10.—15. 2. 1975.

KIND, G. und H. STEINDORF: Zur Berechnung kostengünstiger Varianten der Siedlungsnetzentwicklung in einem Landkreis. Wiss. Z. d. TU Dresden, **22** (1973) 1.

MÜLLER, D.: Ökonomisch-mathematische Methoden zur Planung optimaler sozialistischer Gebietsstrukturen. Diss. Hochschule f. Ökonomie, Berlin 1975.

STEMPELL, D.: Zum Anwendungsstand von mathematischen Modellen und EDV in der Territorialplanung der DDR. DDR-Beitrag zum Internat. Seminar zu Fragen der Anwendung mathematischer Methoden bei der Planung der Siedlungsstruktur. VR Polen, 10.—15. 2. 1975.

Dr. GEROLD KIND, Technische Universität Dresden, Sektion Geodäsie und Kartographie, 8027 Dresden, Mommsenstraße 13

# Entwicklung des nationalen Städtesystems und Migration der Bevölkerung

Von MAREK JERCZYNSKI

## 1. Vorbemerkungen

Fragen der Bevölkerungszahl und -verteilung sowie der gesellschaftlichen und wirtschaftlichen Tätigkeit der Bevölkerung gehören traditionsgemäß zum Themenspektrum von Studien zur Entwicklung von Siedlungssystemen. Das durch verschiedenartige gesellschaftliche, wirtschaftliche und politische Prozesse bewirkte Bevölkerungswachstum weist eine wesentliche räumliche Differenzierung auf. Entsprechend dieser Differenzierung ändern sich die Bevölkerungsverteilung und damit im Zusammenhang die Relation von Angebot und Nachfrage. Aus den veränderten Relationen ergeben sich wiederum Änderungen in den funktionellen Strukturen und der Attraktivität der einzelnen Gebiete und damit Änderungen der Territorialstruktur und -organisation. Hauptkatalysator dieser Umbildungen ist das historisch entstandene sowie funktionell und räumlich differenzierte Netz der städtischen Zentren unterschiedlicher Größe. Daher ist es begründet, die räumliche Verteilung des *Wachstums* und der *Lokalisierung der Bevölkerung über* eine *Analyse des städtischen Siedlungsnetzes* zu betrachten.

Bei der Analyse der Entwicklung *komplizierter räumlicher Systeme* bedient man sich gewöhnlich der wissenschaftlichen Beschreibung, die in Abhängigkeit vom Grad der Kompliziertheit der wissenschaftlichen Erfassung allgemein die folgenden Formen annimmt:

a) *Matrix der Attribute* — berücksichtigt werden die strukturellen Merkmale (Variable, Eigenschaften) der untersuchten räumlichen Objekte (Städte, städtische Regionen, Planungsregionen), wie z. B. die Größe, die Funktionen, demographische oder gesellschaftliche Merkmale, Ausstattung u. a., sowie ihren gegenseitigen Beziehungen;

b) *Matrix des Funktionierens* (des Verhaltens) — dargestellt werden die zwischen den räumlichen Objekten vorhandenen Systeme der Wechselwirkung (interaction), die als Personen-, Güter-, Informations- und Kapitalströme unterschiedlicher Intensität, Häufigkeit und Richtungen auftreten;

c) *Matrix des Wachstums und der Veränderungen* — erfaßt wird, in welcher Weise Änderungen, die in einem gegebenen Element des Systems erfolgen, Änderungen in den anderen Elementen dieses Systems hervorrufen sowie welches Modell des Wachstums für das gegebene System richtig ist (SIMMONS 1974).

Am *vollständigsten* ist der Kenntnisstand auf dem Gebiet der Analyse der untersuchten Merkmale von räumlichen Objekten sowie auf dem Gebiet ihrer Relationen. An diese Weise der Erfassung knüpft die Mehrzahl der ausgeführten empirischen Studien an. Das Endresultat dieser Art von Untersuchungen sind in der Regel Typisierung und Regionalisierung, die Gleichartigkeit (strukturelle Ähnlichkeit) und räumliche Kontinuität voraussetzen.

Weitaus *geringer entwickelt* sind die Forschungen über die Matrizen der Wechselbeziehungen. Im Verfahren der Identifizierung der Strukturen werden die Aspekte der strukturellen Ähnlichkeit und der Nachbarschaft (als Voraussetzung der räumlichen Kontinuität) ersetzt durch bestimmte Maße der Wechselwirkung zwischen den analysierten Objekten. In diesem Fall interessiert nicht die Frage, welche räumlichen Einheiten eine Ähnlichkeit der Merkmale aufweisen, sondern welche von ihnen gegenseitige Verbindungen besitzen. Die räumliche Nachbarschaft schließt zwar eine relativ intensivere Einwirkung ein, aber diese Erscheinungen sind selten eindeutig. Unter den Bedingungen der Entwicklung spezialisierter Verkehrs- und Transportsysteme, welche Kanäle der höchsten Intensität der Kontakte darstellen, verliert der Faktor Nachbarschaftslage seinen bestimmenden Einfluß auf die Gestaltung der räumlichen Strukturen.

Am *wenigsten fortgeschritten* sind schließlich Untersuchungen über die Prozesse des Wachstums und der Veränderungen komplizierter räumlicher Systeme.

Möglichkeiten des *Fortschritts* im Rahmen einzelner individueller Untersuchungen sind durchaus gegeben. Es scheint aber, daß die erfolgversprechendste Richtung der Untersuchungen in ihrer gegenseitigen *Integration* zu erwarten ist. Prädestiniert für eine Realisierung dieser Art der Forschungsorientierung sind Studien zur Entwicklung des städtischen Siedlungsnetzes in Verbindung mit der Migration der Bevölkerung. Als besonders geeignet ist dabei der Begriff des *nationalen Städtesystems* anzusehen, das als räumliche Menge wechselseitig verknüpfter und eine Ganzheit bildender Elemente, die gemeinsam bestimmte Ziele realisieren, betrachtet wird.

Den Ausgangspunkt diesbezüglicher Untersuchungen bildete die Erforschung der Rolle des natürlichen Zuwachses und der Migrationsgewinne beim Bevölkerungswachstum der Städte. Untersucht werden weiterhin die Verknüpfungen und Beziehungen des Bevölkerungszuwachses mit einigen Eigenschaften der städtischen Siedlungen, wie z. B. Größe, Funktionen oder räumlicher Lage. Bei der Entwicklung des Städtenetzes kommt der Migration der Bevölkerung besonders hohe Bedeutung zu. Daher konzentrieren sich die Untersuchungen darauf, *Zusammenhänge und Abhängigkeiten* zu erforschen, die *zwischen* bestimmten *Siedlungstypen*, ihrem *Bevölkerungswachstum* und den Richtungen, der Intensität und der räumlichen Struktur der *Bevölkerungsmigration* bestehen. Die vorliegende Arbeit bildet die experimentelle Vorstufe der Untersuchungen auf diesem Gebiet.

## 2. Komponenten und Typen der Bevölkerungsentwicklung

### 2.1. Räumliche Verteilung der Bevölkerung im Makro-Maßstab

Der Zuwachs der Stadtbevölkerung ist eine Funktion der drei Komponenten: natürlicher Zuwachs, Migrationssaldo (die innerstaatliche und internationale Migration umfassend) und Zuwachs durch administrative Veränderungen (wie durch Erteilung und Löschung von Stadtrechten, Erweiterung der Grenzen vorhandener Städte durch Eingemeindungen anliegender Dörfer).

Den Anteil dieser *Komponenten am Bevölkerungswachstum der Städte* im Zeitraum der letzten 25 Jahre illustrieren die in Tab. 1 angeführten Daten.

Den höchsten Anteil am Bevölkerungszuwachs der Städte hatte für den gesamten untersuchten Zeitraum der *natürliche Zuwachs* mit 42%. Die Anteile der übrigen Komponenten betrugen 31% (Migration) und 27% (administrative Änderungen). Die bedeutende *Rolle der administrativen Änderungen* beim Bevölkerungswachstum der Städte weist auf Faktoren der Planung in der Entwicklung des nationalen Städtenetzes hin. Das kommt unter anderem in den großen Veränderungen in der Gesamtzahl der polnischen Städte zum Ausdruck (751 — 1945; 889 — 1960, 836 — 1973, 814 — 1975, 808 — 1976). Nach dem Kriege wurden 639 Verwaltungsentscheidungen zum Stadtrecht getroffen. Davon waren 348 Neuerteilungen und 291 Verluste des Stadtrechts. Obwohl die Bilanz der Änderungen positiv ist, so ist dennoch — beginnend im Jahre 1973 — eine Tendenz zur allmählichen Reduzierung der Anzahl der Stadteinheiten zu beobachten (Liquidierung der Kategorie der „städtischen Siedlungen" im Jahre 1973 sowie Vereinigung benachbarter Städte zu Komplexen höherer Ordnung).

Tabelle 1. Komponenten des Bevölkerungswachstums der polnischen Städte, 1951—1975

| Periode | Einwohnerzahl am Anfang der Periode | Bevölkerungszuwachs | | | Zunahme durch Eingemeindungen | Einwohnerzahl am Ende der Periode |
|---|---|---|---|---|---|---|
| | | insgesamt | natürl. Zuwachs | Migrationsgewinn | | |
| | | in tausend | | | | |
| 1951—1975 | 9243 | 7161 | 4099 | 3062 | 2627 | 19031 |
| 1951—1955 | 9243 | 1587 | 1050 | 628 | 1146 | 12067 |
| 1956—1960 | 12067 | 1393 | 1055 | 338 | 941 | 14401 |
| 1961—1965 | 14401 | 1144 | 704 | 440 | 136 | 15681 |
| 1966—1970 | 15681 | 1192 | 559 | 633 | 215 | 17088 |
| 1971—1975 | 17088 | 1754 | 731 | 1023 | 189 | 19031 |

Quelle: Statystyczna charakterystyka miast (Statistische Charakteristik der Städte), in: Statystika Polski Nr. 85, GUS, Warszawa 1977.

Die Bedeutung der einzelnen *Komponenten des Bevölkerungswachstums* zeigt eine große *zeitliche Variabilität*. Zu Beginn des betrachteten Zeitraumes waren der natürliche Zuwachs und administrative Veränderungen die Hauptursachen des Wachstums der Stadtbevölkerung. Seit 1967 trat der *Migrationsgewinn* an die erste Stelle. Unter Vernachlässigung der methodologischen Schwierigkeiten, die mit der Frage der Schätzungen der einzelnen Komponenten des Wachstums der Stadtbevölkerung zusammenhängen, insbesondere der oft umstrittenen Komponente der administrativen Veränderungen, ist festzustellen, daß die Berücksichtigung der Städte-Einheiten in konstanten räumlichen Grenzen die beste Basis für die Durchführung von zeitlich vergleichenden Einschätzungen dieser Art liefert. Ausgehend von dieser Voraussetzung wurde der Versuch unternommen, die Rolle der Komponenten des *natürlichen Zuwachses* und des *Migrationsgewinns* beim tatsächlichen *Bevölkerungswachstum der Städte* im Zeitraum 1971—1975 einzuschätzen. Die Analyse erfaßte 814 Stadteinheiten in den durch die neue Verwaltungseinteilung vom 1. 6. 1975 festgelegten Grenzen. Die Analyse stützt sich auf die von Webb (1963) vorgeschlagene Methode, nach der die Relation zwischen den positiven und negativen Werten der beiden uns interessierenden Komponenten die Basis für die Unterscheidung von 8 *Typen der Bevölkerungsentwicklung* liefern (vgl. Tab. 2).

Der Erörterung der räumlichen Verteilung dieser Typen im Fall individueller Städte ist jedoch eine Bemerkung zum Thema der Bevölkerungsentwicklung im Maßstab des ganzen Landes sowie im Maßstab der räumlichen Grundeinheiten der gegenwärtig geltenden

Tabelle 2. Typen des Bevölkerungswachstums der Städte in bezug auf die Relationen des natürlichen Wachstums und der Bevölkerungsmigration

| Städtetyp | natürlicher Zuwachs | | Migrations-saldo | wirklicher Zuwachs |
|---|---|---|---|---|
| | Werte der Komponenten | | | |
| A<br>Die Bevölkerungsabwanderung ist durch den natürlichen Zuwachs kompensiert. Wirklicher Zuwachs positiv | + | | — | + |
| B<br>Überwiegen des natürlichen Zuwachses über die Migrationszugänge bei absolutem Bevölkerungszuwachs | + | > | + | + |
| C<br>Überwiegen der Migrationsgewinne über den natürlichen Zuwachs bei absolutem Bevölkerungszuwachs | + | < | + | + |
| D<br>Der Migrationszugang kompensiert den negativen natürlichen Zuwachs. Absolute Bevölkerungszunahme | — | | + | + |
| E<br>Der Migrationszugang kompensiert nicht den negativen natürlichen Zuwachs. Bevölkerungsrückgang | — | | + | — |
| F<br>Beide Komponenten negativ. Absinken der Bevölkerungszahl, hervorgerufen durch den negativen natürlichen Zuwachs, überschreitet die Bevölkerungsabwanderung | — | > | — | — |
| G<br>Beide Komponenten negativ. Die durch Abwanderung hervorgerufene Bevölkerungsabnahme übersteigt den negativen natürlichen Zuwachs | — | < | — | — |
| H<br>Der positive natürliche Zuwachs kompensiert nicht die durch Abgänge hervorgerufene Bevölkerungsabnahme | + | | — | — |

Verwaltungseinteilung voranzusetzen. Die Anwendung einer Reihe unterschiedlicher räumlicher Maßstäbe für die Analyse derselben Erscheinung läßt — ähnlich wie die gleichzeitige Ausnutzung eines Komplexes sich ergänzender Untersuchungstechniken — mit größerer Deutlichkeit ihr Wesen sowie Umwandlungstendenzen erkennen. Der Wert dieser Erfassung wird zwar durch die Tatsache abgeschwächt, daß die gegenwärtig vorhandenen Daten für die 49 neuen Wojewodschaften in der Aufteilung auf Stadt und Land (in vergleichbaren Grenzen) lediglich Informationen für den Zeitraum von 1973—1976 enthalten. Es scheint aber, daß eine Divergenz auf diesem Niveau der räumlichen Aggregation keine wesentlichen Fehler bei der Gesamteinschätzung der Hauptentwicklungsrichtungen des Urbanisierungsprozesses nach 1970 verursacht.

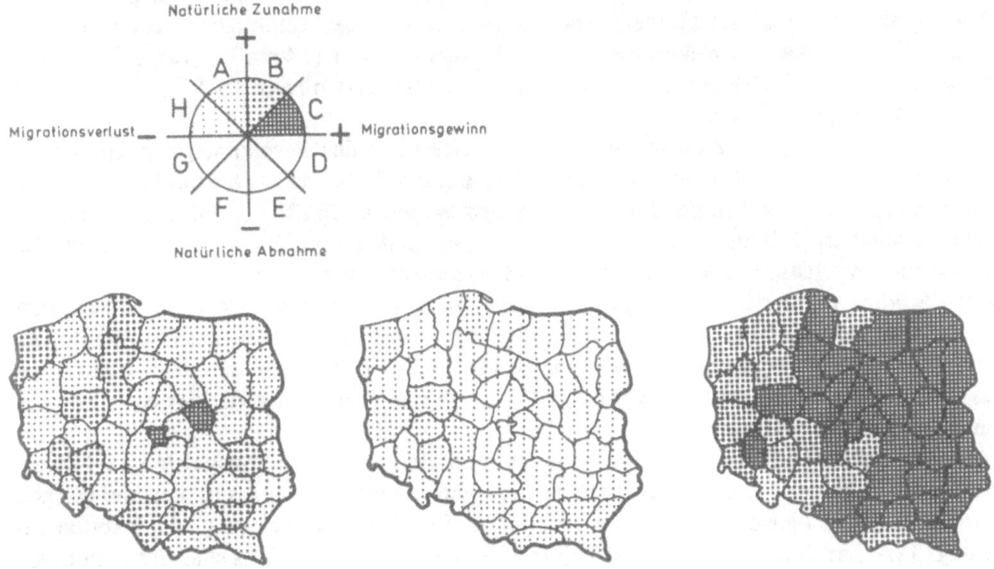


Abb. 1. Typen des Bevölkerungswachstums nach Wojewodschaften, 1973—1976
a) Bevölkerung insgesamt
b) Landbevölkerung
c) Stadtbevölkerung

Das Grundbild der *Typen des Bevölkerungswachstums nach Wojewodschaften* liefert Abb. 1a. Daraus geht hervor, daß unter den 49 Wojewodschaften nur in zwei Fällen (Wojewodschaft der Hauptstadt Warszawa und Wojewodschaft Łódź) der Bevölkerungszuwachs insgesamt im wesentlichen das Resultat hoher Zuwanderungsraten ist. 11 Wojewodschaften, die in Verbindung zu großen Ballungsgebieten stehen oder in denen hohe laufende Investitionen erfolgten, werden durch einen anderen Typ der Bevölkerungsentwicklung charakterisiert: positive Werte des natürlichen Zuwachses und Bevölkerungszuwachs durch Migration — bei Überwiegen des ersteren. Insgesamt *dominierte* in Polen bei weitem der *Typ der Wojewodschaften,* in denen der durch einen *negativen Migrationssaldo* verursachte Bevölkerungsverlust durch einen *Überschuß des natürlichen Zuwachses* kompensiert wird. Diesem Typ sind 34 Wojewodschaften zuzurechnen. Nur zwei Wojewodschaften zeigten im untersuchten Zeitraum Bevölkerungsabnahme: die Wojewodschaften Łomża und Zamość. In ihnen konnte der durch Abwanderung verursachte Bevölkerungsverlust durch den natürlichen Zuwachs nicht ausgeglichen werden. Der absolute Zuwachs im Maßstab des gesamten Landes betrug 1323000 Personen von 1973—1976.

Die *Landbevölkerung* hatte in allen Wojewodschaften ausnahmslos *negative Migrationssalden* (Abb. 1b). Nur in 14 Wojewodschaften, die außer den Wojewodschaften Gdansk und Szczecin im südlichen, südöstlichen Teil und im mittleren Westen des Landes konzentriert sind, wurde durch hohe Werte des natürlichen Zuwachses ein positiver absoluter

Zuwachs gewährleistet. In den übrigen 35 Wojewodschaften ging die Zahl der Landbevölkerung absolut zurück. Als Ergebnis der Abwanderung verlor das Dorf im betrachteten Zeitraum 861000 Personen. Dadurch ergab sich trotz hohen natürlichen Zuwachses (716000) ein absoluter Bevölkerungsrückgang um 145000 Menschen.

Die bisherigen Ausführungen zeigen sehr deutlich die zunehmende Bedeutung der städtischen Siedlungsformen als Gebiete des Wachstums und der räumlichen Konzentration der Bevölkerung. Der Bevölkerungszuwachs in den Städten (1469000) war dabei höher als das Wachstum der Bevölkerung des ganzen Landes und bildete zu 55% ein Resultat der Bevölkerungsmigration.

Im Hinblick auf die *räumliche Verteilung* der Ursachen des *Bevölkerungswachstums der Städte* zeigt sich deutlich eine Zweiteilung des Landes (Abb. 1c): Die Städte der 33 im *zentralen* und *östlichen* Teil des Landes gelegenen Wojewodschaften — mit Ausnahme der Wojewodschaften Elbląg, Piotrków, Częstochowa und Nowy Sącz — verdanken ihr Bevölkerungswachstum *überwiegend* dem *Migrationsgewinn.* Der Bevölkerungsanstieg in den Städten der *westlichen* Wojewodschaften — mit Ausnahme der Wojewodschaften Poznań und Legnica — basiert vor allem auf dem *natürlichen Zuwachs.* Die Städte der Wojewodschaft Wałbrzych hatten als einzige im Lande einen negativen Migrationssaldo. Der durch die Abwanderungen verursachte Bevölkerungsverlust wurde hier durch natürlichen Zuwachs kompensiert.

Die territoriale Differenzierung der Wojewodschaften mit Migrationsgewinn als Hauptkomponente des Bevölkerungswachstums der Städte *korreliert* eng mit der räumlichen Verteilung der Wojewodschaften mit absolutem Bevölkerungsrückgang der Landbevölkerung (Typ C im Fall der Städte und Typ H im Fall des Dorfes). Beides sind Erscheinungen der am wenigsten urbanisierten Wojewodschaften insbesondere Ost- und Zentralpolens und der dort gelegenen größten Stadtagglomerationen.

## 2.2. Bevölkerungswachstum im nationalen Städtesystem

Das Wachstum der Bevölkerung, betrachtet als Resultat der Wechselwirkung des natürlichen und Migrationswachstums, ist die Resultante vieler komplizierter Erscheinungen und Prozesse, deren Mechanismus erst wenig erforscht sind. Einen zweifellos wesentlichen Einfluß auf den Charakter der gegenwärtigen Typen des Bevölkerungswachstums der Städte hat deren *demographische Struktur.* Diese wiederum ist hauptsächlich eine Folge von Massenbewegungen der Bevölkerung — die eine *junge Altersstruktur* aufweist und in den Traditionen des Familienmodells mit vielen Kindern lebt — verbunden mit der Besiedlung der westlichen und nördlichen Gebiete Polens. Diese Merkmale begünstigten in Verknüpfung mit dem bereits hohen Grad der Urbanisierung dieser Gebiete *hohe Geburtenraten* in den Städten. Bei den bedeutend ausgeglicheneren Sterbeziffern im Maßstab des gesamten Landes ergab dies im Saldo einen natürlichen Zuwachs, der die gesamtstaatlichen Mittelwerte bedeutend überschritt.

Die Folgen dieser Prozesse finden ihre Widerspiegelung in den gegenwärtig vorhandenen Strukturen, obwohl die Entwicklung der Industrialisierungs- und Urbanisierungsprozesse sowie die mit ihnen verbundene Bevölkerungswanderung wesentliche Modifikationen hervorruft. Ein wichtiger Faktor für solche Veränderungen ist die *Investitionstätigkeit* bei der Entwicklung neuer Industriebezirke und -zentren sowie bei der Modernisierung der Industrie und der technischen Infrastruktur in den alten verstädterten Gebieten. Für den Prozeß des differenzierten Wachstums der Städte sind gleichfalls die Merkmale der städtischen Siedlungen selbst und ihre Stellung in der räumlichen und hierarchischen Struktur des gesamten Siedlungssystems von Bedeutung.

Die Untersuchung der obengenannten Beziehungen soll der nächsten Etappe der Analyse überlassen werden. An dieser Stelle ist festzustellen, daß im Zeitraum von *1971—1975* die *Städte mit* einem Übergewicht des *natürlichen Zuwachses* (315 Siedlungen) gegenüber denen mit Wanderungsgewinn *am zahlreichsten* waren (vgl. Tab. 3). In 261 Städten überwog hingegen die *Wanderungskomponente*. Da diese Komponente beim Anstieg der Stadtbevölkerung insgesamt dominierte, bedeutet das gleichzeitig, daß sie auch *für* die *größeren städtischen Zentren charakteristisch* war. Die Ergänzung dieser beiden Hauptkategorien bildet der Typ von Städten, in denen der positive natürliche Zuwachs höher ist als die Abwanderungsverluste (Typ A). Gemeinsam bilden die Typen A, B und C 94% aller Stadteinheiten. Das absolute Absinken der Bevölkerungszahl in 46 Städten war fast ausschließlich eine Folge hoher Abwanderung (Typ H).

Tabelle 3. Typen des Bevölkerungswachstums nach Größenklassen der Städte, 1971—1975

| Größenklasse der Städte (in tausend)[1] | Anzahl der Städte nach Typen des Bevölkerungswachstums[2] | | | | | | | | |
|---|---|---|---|---|---|---|---|---|---|
| | Insgesamt | A | B | C | D | E | F | G | H |
| unter 5 | 287 | 104 | 99 | 41 | 5 | — | 1 | 4 | 33 |
| 5—10 | 193 | 46 | 81 | 58 | 1 | — | — | — | 7 |
| 10—20 | 161 | 19 | 79 | 62 | — | — | — | — | 1 |
| 20—50 | 110 | 11 | 35 | 64 | — | — | — | — | — |
| 50—100 | 35 | 3 | 13 | 19 | — | — | — | — | — |
| 100—200 | 14 | 2 | 5 | 7 | — | — | — | — | — |
| über 200 | 14 | 1 | 3 | 10 | — | — | — | — | — |
| Polen | 814 | 186 | 315 | 261 | 6 | — | 1 | 4 | 41 |

[1] nach dem Stand vom 1. 6. 1975.
[2] Erläuterung im Text und Tab. 2.

Es muß darauf hingewiesen werden, daß der *natürliche Zuwachs in fast allen Städten* Polens (803 Siedlungen) eintrat und daß ein *positiver Migrationssaldo* in 582 städtischen Gebieten bestand. Ein Überwiegen der Abwanderung über die Zuwanderung wurde in 232 Zentren festgestellt (Typen A, F, G, H), und zwar in den nach ihrer Bevölkerungszahl kleinsten Städten. Der Anteil der Städte mit weniger als 10000 Einwohnern an dieser Gruppe betrug 84%; 61% der Kleinstädte hatten sogar weniger als 5000 Einwohner. Größere Städte dieser Gruppe (Typ A) — wenn auch nur in einer unbedeutenden Anzahl — finden sich vor allem in den Wojewodschaften Wałbrzych, Jelenia Góra und Katowice (Abb. 2). Im Fall der beiden erstgenannten Wojewodschaften ist die alte, monofunktionelle und modernisierungsbedürftige Industrie die Hauptursache für den negativen Migrationssaldo. Im Fall der Wojewodschaft Katowice sind die Ursachen einerseits im Standort dieser Städte im Bereich eines großen funktionell integrierten Städtekomplexes (Änderungen in der inneren räumlichen Struktur), andererseits in der hohen Abwanderung ins Ausland zu suchen.

Von *absoluten Bevölkerungsverlusten* (Typen F, G, H) sind *ausschließlich* die *kleinsten Städte* betroffen. Sie liegen in der Mehrzahl im mittleren Westen, im süd-westlichen und zentralen Teil Polens. Sie sind entweder Bestandteil größerer städtischer Agglomerationen, oder sie sind lokalisiert in Gebieten mit einem dichten und regelmäßigen, in der Periode des Mittelalters ausgebildeten Netz kleiner städtischer Zentren. Diese Siedlungen haben oft nur Arbeitsplätze in der Landwirtschaft und zeichnen sich durch einen hohen Anteil der im Sektor I beschäftigten Personen aus. Sie verlieren nach und nach ihre bisherige Position in der Hierarchie zugunsten größerer und stärkerer Konkurrenten, die in nächster Nachbarschaft gelegen sind.

Gleichzeitig mit dem Wachstum einer Stadt wächst die Rolle des *Migrationsfaktors* als Komponente des Bevölkerungswachstums. Wenn die *Typen A* und *H* besonders charakteristisch für die kleinsten Zentren sind, *Typ B* hingegen (Überwiegen des natürlichen Zuwachses) für die Städte mit 10—20000 Einwohnern, so ist *Typ C* (Übergewicht der Migration) am häufigsten in den Städten über 20000 Einwohner vertreten. Von den 28 größten städtischen Zentren mit mehr als 100000 Einwohnern weisen 17 Städte Bevölkerungswachstum vorwiegend auf Grund des Migrationsfaktors und 8 Städte eine Zunahme auf Grund des natürlichen Wachstums auf. Die letztgenannnten Städte sind mit Ausnahme von Wrocław und Szczecin im Ballungsgebiet Górnośląsk gelegen. Zabrze und Wałbrzych, in geringerem Maße auch Tybnik, wiesen im untersuchten Zeitraum negative Migrationssalden auf. Dabei ist noch einmal die Rolle der *Investitionen* als derjenige Faktor zu unterstreichen, der die Typen des Bevölkerungswachstums der Städte *differenziert*. Beispiele derartiger Städte sind Katowice, Bielsko-Biała oder Tychy (Typ C) sowie andere städtische Siedlungen dieser Größe im Górnośląsker Industriebezirk (Typ B und A), außerdem auch Kielce (Typ C) und Radom (Typ B).

Der Typ der Bevölkerungsentwicklung weist bestimmte *Abhängigkeiten zu* den *Funktionen der städtischen Zentren* auf. Die Verteilung der Städte mit ausgeprägten Arbeitsplatz- und Wohnfunktionen zeigt, daß der Anteil des Wandergewinns am Bevölkerungswachstum der Städte um so größer ist, je stärker die produktive Funktion entwickelt ist (positive Pendlersalden). Ähnliche Beziehungen gibt es zweifellos auch zur funktionellen Struktur und zum Grad ihrer Funktionsvielfalt.

Die Migrationskomponente schließlich ist ein Element, das die demographische Entwicklung der Städte vorantreibt. Das zeigen die Ergebnisse der Vergleiche der Typen der Entwicklung mit der Wachstumsdynamik der städtischen Siedlungen in den Jahren 1971 bis 1975.

## 3. Die Rolle der Migration bei der Gestaltung der Struktur des nationalen Städtesystems

Eines der wichtigsten Probleme bei der Analyse der *räumlichen Verteilung des Bevölkerungswachstums* ist die *Erfassung* der Bereiche und Gebiete, aus denen die in die Städte *zuwandernde Bevölkerung* stammt. Nach den bisherigen Ergebnissen kann man dieses Problem im regionalen Maßstab (d. h. im Maßstab der einzelnen Wojewodschaften) darstellen.

Wie aus den vorstehenden Erörterungen hervorgeht, betrug der Migrationssaldo — bezogen auf die *Abwanderung aus den Dörfern* — im Zeitraum 1973—1976 fast 900000 Personen. Den Anteil der einzelnen Wojewodschaften an dieser Abwanderung zeigt Abb. 3.

Die am Wachstum der Stadtbevölkerung beteiligte stärkste Bevölkerungszahl stammt aus den Wojewodschaften Kielce (4,1 % der gesamten vom Dorf abgewanderten Bevölkerung), Olsztyn (3,9 %) und Siedlce (3,7 %). Die räumliche Verteilung dieser Abwanderung nach Wojewodschaften — betrachtet man sie in absoluten Zahlen — zeichnet sich durch eine große Streuung aus. Der Anteil der zehn Wojewodschaften mit dem höchsten Migrationsverlust überschritt ein Drittel der Gesamtzahl der abwandernden ländlichen Bevölkerung nicht.

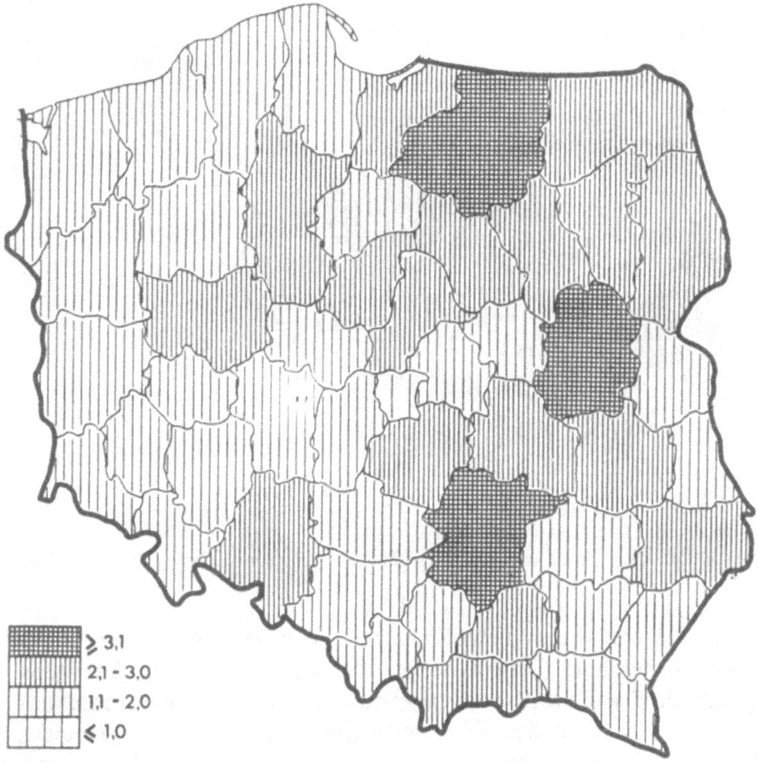


Abb. 3. Anteil der Wojewodschaften (in %) an der gesamten Bevölkerungsabwanderung vom Lande, 1973 bis 1976

Ein völlig anderes Bild zeigt die räumliche Verteilung des Anteils der einzelnen Wojewodschaften an der *Zuwanderung in die Städte* (vgl. Abb. 4). In diesem Fall ist fast ein Drittel der Zuwanderung aus dem gesamten Land auf drei Wojewodschaften konzentriert: auf die Hauptstadt *Warszawa*, *Katowice* und *Gdańsk*. Der Anteil der an erster Stelle stehenden zehn Wojewodschaften bei dieser Zuwanderung erreichte 56 %. Viel deutlicher, als auf anderen Karten zu erkennen ist, zeigen die höchsten Werte der Zuwanderung eine räumliche Verknüpfung mit den großen städtischen Ballungsgebieten sowie mit Gebieten intensiver Entwicklung der Industrie.

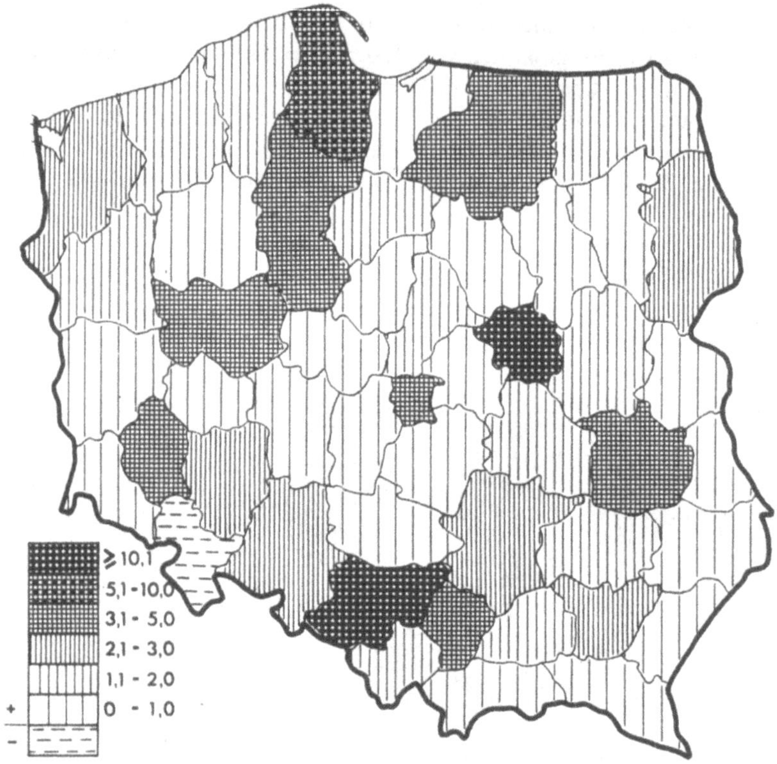


Abb. 4. Anteil der Wojewodschaften (in %) an der gesamten Bevölkerungszuwanderung in die Städte, 1973—1976

Besonders fällt in dieser Hinsicht die Wojewodschaft Legnica auf. Keine der Städte besitzt dort mehr als 100000 Einwohner. Trotzdem war der Anteil der Städte der Wojewodschaft Legnica hinsichtlich der Bevölkerungszuwanderung, im Landesdurchschnitt gesehen, höher als z. B. in den Städten der Wojewodschaften Szczecin und Wrocław. Dabei überrascht das Beispiel der Wojewodschaft Legnica nicht besonders, wohl aber das der Wojewodschaft Olsztyn, wo der hohe Zustrom mehr oder weniger den Werten, die z. B. von der Wojewodschaft Lublin oder Bydgoszcz erreicht werden, entspricht.

Das räumlich differenzierte Bevölkerungswachstum der Städte als Ergebnis der Zuwanderung aus dem Dorf wird gleichzeitig durch die immer umfangreicher werdende *Migration zwischen den Städten* selbst beeinflußt. Seit 1975 nimmt die Migration dieses Typs die zweite Stelle in den Bevölkerungsbewegungen überhaupt (vom Land zur Stadt, von Stadt zu Stadt, . . .) ein. In der Struktur der Migrationsbewegungen zwischen den Städten sind hierarchische Elemente zu finden, die mit der Größe und dem Rang der einzelnen Glieder des Siedlungsnetzes verknüpft sind. Darauf weisen beispielsweise unter anderem die Werte der Abwanderung hin, bezogen auf 100 Personen, die in die Städte verschiedener Größe einwandern, sowie die Maße der Effektivität der Migration (vgl. Tab. 4). Sie zeigen, daß *mit steigender Stadtgröße* die Abwanderungskennziffer abnimmt, die *Effektivität der Migration* dagegen *wächst*. Ein beredtes Beispiel sind die kleinsten Zentren mit weniger als 5000 Einwohnern, in denen ein fast vollständiger Austausch der wandernden Bevölkerung stattfindet (100 Personen Zuwanderung, 89 Personen Abwanderung). Die Tendenz des Anstiegs der Abwanderungskennziffern scheint sich dabei noch zu vertiefen. Die exakte Einschätzung dieser Erscheinung verlangt jedoch Daten einer längeren Zeitreihe als hier vorliegt.

Tabelle 4. Effektivität der Bevölkerungsmigration für unterschiedliche Größenklassen von Städten, 1971 bis 1975

| | Größe der Städte (in tausend) | | | | | | |
|---|---|---|---|---|---|---|---|
| | Insges. | unter 5 | 5—10 | 10—20 | 20—50 | 50—100 | über 100 |
| Zahl der zuwandernden Personen bezogen auf je 100 abwandernde | 61,9 | 88,9 | 74,7 | 70,8 | 59,8 | 60,3 | 49,4 |
| Effektivität der Migration | 23,5 | 5,9 | 14,5 | 17,1 | 25,1 | 24,8 | 33,8 |

Eine gewisse *Abweichung* von der auf diesem Gebiet beobachteten Beziehung zeigen die *Städte* der Größenklasse *20—25000 Einwohner*. Sie liefern Kennziffern, die von einer ähnlichen Effektivität der Migration zeugen wie in der Gruppe der größeren Städte mit 50—100000 Einwohnern. Das ist wahrscheinlich dadurch zu erklären, daß in den Städten dieser Größenordnung besonders sich dynamisch entwickelnde Industriezentren mit einem aufnahmefähigen Arbeitsmarkt lokalisiert sind.

Eine andere Abweichung von dieser Regel bilden Städte, deren Funktion und Entwicklung auf die gegenseitige Zusammenarbeit und Ergänzung gestützt sind und die in einem *Gebiet mit polyzentrischer räumlicher Struktur* liegen. Die Attraktivität der größten Stadtorganismen für die gezielte Migration steht jedoch außer Frage. Dafür spricht u. a. die Tatsache, daß fast 50% des gesamten Migrationszuwachses auf die Städte mit über 100000 Einwohnern entfallen.

Probleme der Verknüpfungen und Wechselbeziehungen zwischen strukturellen Merkmalen bestimmter Siedlungstypen und -formen sowie *Modellen* ihres Wachstums und den Richtungen, der Intensität und der räumlichen Struktur der Bevölkerungsmigration sind erst seit kurzem Gegenstand intensiver Forschungstätigkeit. Das Herangehen an diese Problematik soll am Beispiel der Städte von drei benachbarten Wojewodschaften vorgestellt werden (vgl. Abb. 5), die jeweils Grenztypen des Bevölkerungswachstums repräsentieren: die Städte der Wojewodschaften Wałbrzych (*Typ A*), Jelenia Góra (*Typ B*) und Legnica (*Typ C*).

Bei den gegenwärtigen Untersuchungen liegt der Akzent auf der Identifizierung der räumlichen Systeme der Migration sowie auf den redistributiven Effekten, die diese Migrationen in der funktionell-räumlichen Hierarchie der Stadtregionen bewirken.


## Резюме

Развитие национальной системы городов и миграция населения

По традиции вопросы численности и распределения населения и его деятельности принадлежат к главным предметам, исследованным в области системы расселения.

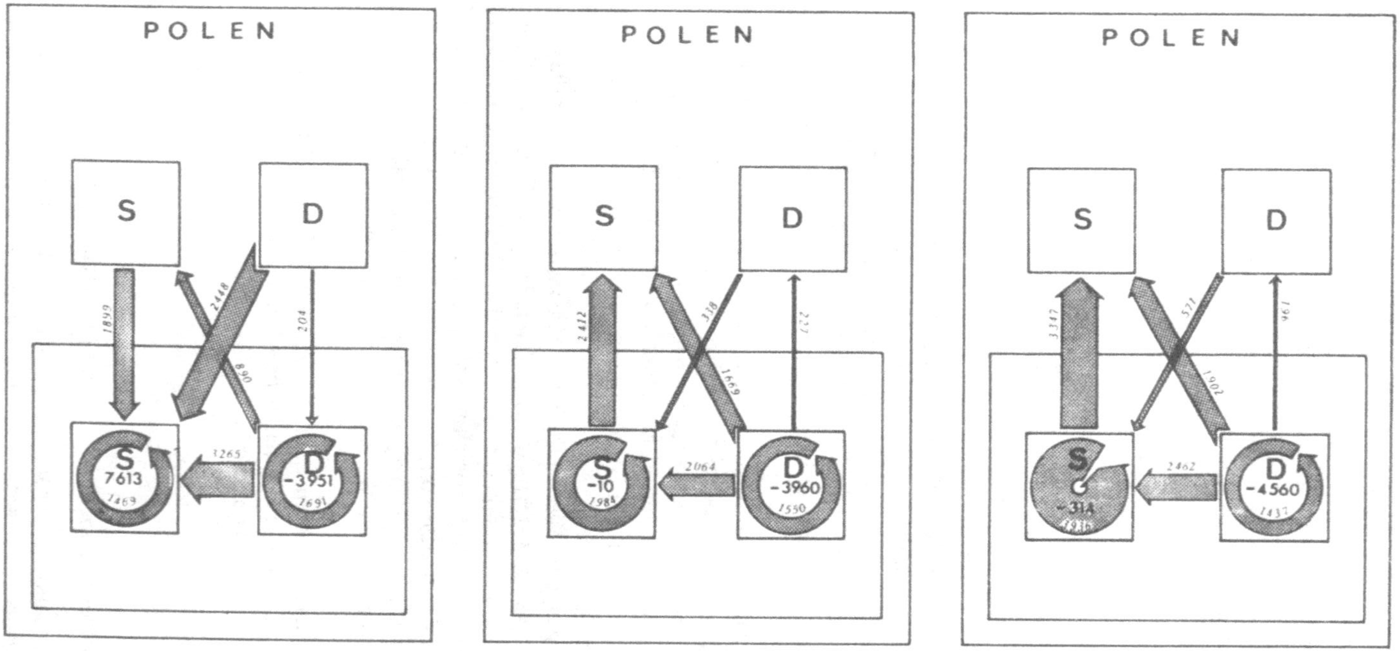


Typ C Typ B Typ A

Abb. 5. Räumliche Struktur der Migration nach den 4 Hauptrichtungen zwischen Stadt und Dorf sowie zwischen den Städten der Wojewodschaften Wałbrzych (Typ A), Jelenia Góra (Typ B) und Legnica (Typ C)

Изменения в распределении населения приводят к изменениям функциональной структуры и привлекательности отдельных районов и таким образом к изменениям в региональной структуре и организации. Основным катализатором этих изменений стала историческо развитая и функционально дифференцированная сеть городских центров различного ранга. Поэтому совсем правильно принимать за пространственное распределение и прирост населения с помощью анализа системы городских поселений.

Исходным фактором этих исследований является изучение роли компонентов прироста городского населения [1971—75], именно естественного прироста и чистой миграции [стабильные пространственные единицы]. Кроме того изучаются связи и отношения между приростом населения и некоторыми свойствами городских поселений, как например размер, функции или местоположение. Представленная работа — первая экспериментальная ступень исследований в этой области. Следующие основные тенденции относительно миграции и прироста населения можно выделить:

— Прирост городского населения в последние 25 лет произошёл по
  42% из естественного прироста,
  31% из чистой миграции,
  27% из административных изменений.
— Приблизительно с 1967 г. миграция стала преобладающим фактором роста городов, в начале изученного периода естественный прирост и административные изменения преобладали.
— Число выехавших с деревни в город людей [с 1973 до 1976 861 тыс.] нельзя компензировать естественным приростом [716 тыс.].
— Восрастающее значение городских форм поселений является особенно ясным в виде районов роста и концентрации населения. 1973 по 1976 г. прирост населения в гордах [1,469 милл.] превысил объём прироста всего населения. По 55% это было насчёт миграции. Приблизительно 50% прироста из миграции выпадают на долю городов, имеющих больше 100 тыс. жителей.
— В периоде с 1971 до 1975 г. в 804 из 814 городских поселений наблюдалось естественный прирост населения. 582 города достигли позитивное сальдо миграции, 232 города [в большинстве маленькие города] имели негативное сальдо миграции.
— Важным фактором для дufференциации типов роста городского населения является капиталовложение. Существует и зависимость от функции городских центров. В нынешнем периоде развития доля прироста из-за миграции в росте городов тем больше, чем лучше развита производственная функция [позитивное сальдо маятниковой миграции].

## Summary


Development of the national urban system and migration of the population

Traditionally problems of size, distribution of the population and its activities belong to the main topics undertaken in studies on settlement systems. Changes in the distribution of the population lead to changes in the functional structures and the attractiveness of the individual regions and thus to changes in the regional structure and organisation.

The main catalyzer in these changes is the historically formed and functionally differentiated network of urban centres of different sizes. Hence it is justified to look upon the spatial distribution and the growth of population throughout an analysis of the urban settlement system.

The starting point of the studies is the investigation of the role of the components of the urban population growth (1971—1975), namely natural increase and net migration (stable spatial units of reference). Further the links and correlations of the population growth with some characteristics of the urban settlements, as for instance size, functions or locations, are studied. The paper in hands ist the preliminary experimental stage of the research work in this field. The following main trends of migration and population growth become apparent:

— The increase in population of the towns during the past 25 years resulted from: natural increase — 42%, net migration — 31%, administrative changes — 27%.
— Since about 1967 migration has become the predominating factor in the growth of towns, while natural increase and administrative changes prevailed especially at the beginning of the period studied.
— The out-migration from the country of 861,000 people (1973—1976) could not be compensated by a natural increase of 716,000 people.
— The growing importance of urban settlement forms as regions of growth and population concentration becomes especially obvious. In the period 1973—1976 the increase in urban population of 1,469,000 people was higher than the increase in the total population. 55 per cent of it were due to migration. Almost 50 per cent of the gains by migration fall to the share of towns with more than 100,000 inhabitants.
— In the period 1971—1975 a natural increase in population could be observed in 804 of 814 urban units. A positive migration balance occured in 582 towns, 232 towns, however, (mainly small towns) had a negative migration balance.
— An important factor in the differentiation of the types of population increases of the towns was the capital investment. There is also a dependence on the function of urban centres. At the present stage of the development the share of gains by migration in the growth of towns is the bigger, the better the productive function is developed (positive commuter balances).

## Literatur

GAWRYSZEWSKI, A. und J. KSIĘŻAK: Przyrost naturalny i migracje ludności w Polsce w 1974 r. (Natürliches Wachstum und Migration der Bevölkerung in Polen im Jahre 1974). Przegląd Geograficzny **49** (1977) 3, S. 453—479.

— Problemy migracji ludności w Polsce (Probleme der Bevölkerungsmigration in Polen). GUS, Departament Badań Demograficznych i Społecznych, **86** (1977), Warszawa.

— Rozmieszczenie i migracje ludności a system osadniczy Polski Ludowej (Verteilung und Migration der Bevölkerung und Siedlungssystem der VR Polen). Prace Geograficzne IG PAN **117** (1977) — Ossolineum 343.

SIMMONS, J. W.: Canada as an urban system: A conceptual framework. Centre for Urban an Community Studies. Research Paper **62** (1974), University of Toronto 55.

— Statystyczna charakterystyka miast. Funkcje dominujace (Statistische Kennzeichnung der Städte. Dominante Funktionen). Statystyka Polski, **85** (1977), GUS Warszawa 116.

WEBB, J.: The natural and migrational components of population changes in England and Wales, 1921—1931. Economic Geography **39** (1963) 2, S. 130—148.

Dr. MAREK JERCZYNSKI, Instytut Geografii i Przestrzennogo Zagospodarowania PAN, P 00927 Warszawa, Krakowskie Przedmiescie 30

# Zur Erforschung der Städte der Grundstruktur des Siedlungssystems der DDR

Von FRANKDIETER GRIMM

Die internationalen Forschungsaktivitäten der IGU-Kommission „Nationale Siedlungssysteme“ regen dazu an, eine Bilanz des derzeitigen Kenntnisstandes zum nationalen Siedlungssystem der DDR zu ziehen und die Anwendbarkeit und Umsetzung der Hypothese von der Existenz nationaler Siedlungssysteme am konkreten Fall des eigenen Landes zu erproben. Ein solches Vorgehen führt bald dazu, Fragen aufzuwerfen, die sowohl für das Verständnis des Siedlungssystems der DDR als auch für die Erforschung nationaler Siedlungssysteme anderer Länder von Interesse sind.

Ein Kernproblem bei der Prüfung der Hypothese von der Existenz nationaler Siedlungssysteme ist der Nachweis des inneren Zusammenhaltes und der Einheitlichkeit des Siedlungssystems innerhalb des Staatsterritoriums. Die folgenden Erörterungen gelten der Frage, ob im nationalen Siedlungssystem der DDR ein *Subsystem* besteht, das die größeren Städte umfaßt und durch spezifische Funktionen dieser Städte sowie spezifische Wechselbeziehungen zwischen ihnen gekennzeichnet ist. Die Struktur dieses zunächst hypothetischen Subsystems bezeichnen wir als die *Grundstruktur des nationalen Siedlungssystems der DDR* (nachfolgend kurz als Grundstruktur bezeichnet).

Die Grundstruktur umfaßt die wichtigsten Knotenpunkte (Städte) und die wichtigsten Relationen (Wechselbeziehungen) im Siedlungssystem, wie es das folgende Schema (Abb. 1) zeigt.

Wir gehen davon aus, daß die Existenz eines solchen Subsystems der größeren Städte eine unabdingbare Voraussetzung für die Einheitlichkeit des nationalen Siedlungssystems ist. Wir gehen weiterhin davon aus, daß die Kenntnis dieses Grundstruktur-Subsystems zur Beurteilung — und davon abgeleitet zur Planung und Prognose — des gesamten Siedlungssystems unserer Republik von entscheidender Bedeutung ist.

Für die Bestimmung und Erforschung der Grundstruktur des Siedlungssystems sind folgende *Fragestellungen* sowohl *für die Weiterentwicklung der Theorie* der Siedlungsgeographie als auch für die zentrale *staatliche Planung* und *Prognose der Städte* und Siedlungen vorrangig bedeutsam:

- Worin besteht die Spezifik der Grundstruktur-Städte, besonders ihre spezifischen Funktionen und funktionalen Beziehungen im Siedlungssystem?
- Worin besteht die Spezifik des Grundstruktur-Subsystems?
- Welche innere Gliederung und Zusammenhänge bestehen in dem Grundstruktur-Subsystem?
- Welche Entwicklungstendenzen bestehen im Grundstruktur-Subsystem, und wie ist die optimale Verwirklichung der gesellschaftspolitischen und ökonomischen Zielstellungen der entwickelten sozialistischen Gesellschaft planmäßig zu gewährleisten?

Der jetzige Forschungsstand läßt eine Beantwortung dieser Fragen noch nicht zu. Es ist lediglich möglich, einige zunächst sehr schematische Vorstellungen zu entwickeln und die Richtungen anzudeuten, in denen die Lösung liegen kann.

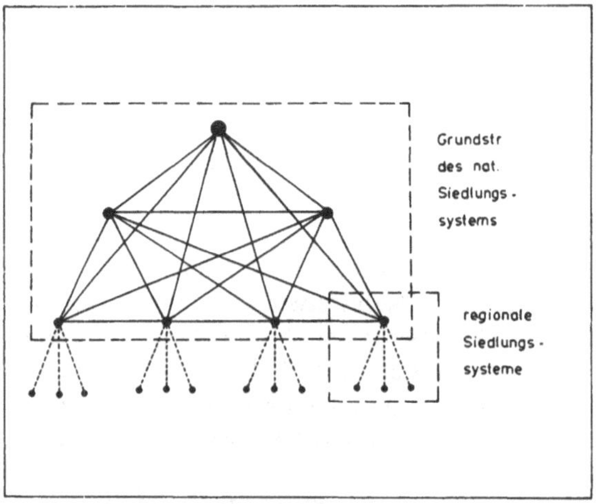


Abb. 1. Hypothetisches Schema zum nationalen Siedlungssystem und seinem Grundstruktur-Subsystem

## 1. Zur Spezifik der Grundstruktur des Siedlungssystems

Wenn unsere größeren Städte — oder alle Städte — ein eigenes Subsystem im nationalen Siedlungssystem bilden, dann müssen sie sich vor allem durch *spezifische Funktionen* und Beziehungen *innerhalb dieses Subsystems* sowie durch spezifische Funktionen und Beziehungen *zum übrigen Siedlungssystem* auszeichnen (eng verbunden mit diesen Außenfunktionen der Grundstruktur-Städte gibt es vermutlich auch spezifische Innenfunktionen). Der Stand unserer Kenntnisse und Vorstellungen zur Spezifik der Grundstruktur des Siedlungssystems soll im folgenden für die politisch-administrativen Stadt-Funktionen,

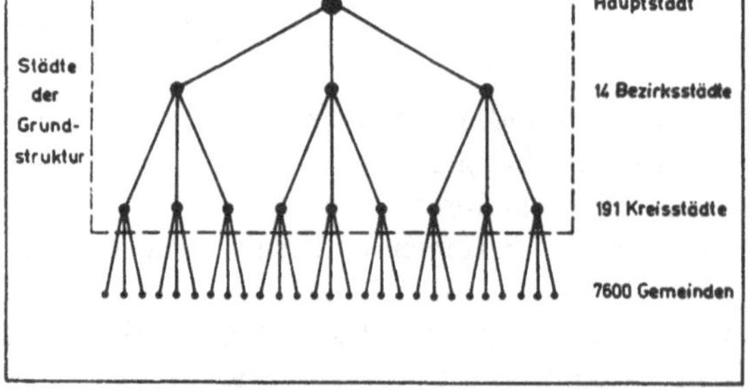


Abb. 2. Schema der politisch-administrativen Stadtfunktionen in der DDR

die sozialräumlichen Stadt-Funktionen, die Produktionsfunktionen der Städte sowie für die Verkehrsströme diskutiert werden.

Die *politisch-administrativen Funktionen* unserer Städte sind durch die administrative Gliederung eindeutig vorgegeben (vgl. Abb. 2). Die DDR ist gegliedert in 15 Bezirke (darunter Berlin als eigener Bezirk) und 219 Kreise (darunter 28 Stadtkreise). Diese Gliederung besteht nahezu unverändert seit 1952. Die Bezirksstädte und die Kreisstädte sind die politischen, gesellschaftlichen und administrativen Zentren ihrer Bezirke und Kreise. Die zentrale Stellung der Bezirks- und Kreisstädte hat sich in kontinuierlicher 25jähriger Entwicklung zunehmend gefestigt, vor allem durch die Planung und Leitung unserer Volkswirtschaft auf Bezirks- und Kreisebene, durch den Ausbau von Einrichtungen für den gesamten Bezirk bzw. Kreis in der Bezirks- bzw. Kreisstadt sowie durch die Schaffung von bezirksstadt- bzw. kreisstadtorientierten Verkehrsnetzen (GRIMM 1974).

Entsprechend den Prinzipien des demokratischen Zentralismus ist unser Staatsterritorium nach einheitlichen Grundsätzen gegliedert: politisch-administrative Funktionen für das gesamte Staatsterritorium sind auf *Berlin* konzentriert. Die politisch-administrativen Funktionen für die Bezirke werden durch die *Bezirksstädte* wahrgenommen, oft erfolgen die politisch-administrativen Beziehungen Bezirksstadt—Bezirk durch Vermittlung der Kreisstädte. Zugleich sind die Bezirksstädte die Knotenpunkte funktionaler Beziehungen zwischen den Siedlungen des Bezirkes und der Hauptstadt Berlin.

Analog dazu sind die *Kreisstädte* die politisch-administrativen Zentren ihrer Kreise und die Knotenpunkte funktionaler Beziehungen zwischen den Siedlungen des Kreises und der Bezirksstadt (GRIMM 1974). Da diese Spezifika für alle Bezirksstädte bzw. für alle Kreisstädte gleich sind, ergeben sich aus der politisch-administrativen Stellung der Städte ausschließlich Argumente für die Zuordnung *aller* 15 Bezirksstädte oder *aller* Bezirks- und Kreisstädte zur Grundstruktur des Siedlungssystems. Weitere Forschungen haben zu klären, welches Gewicht den politisch-administrativen Funktionen im Vergleich zu anderen Stadtfunktionen zukommt. Ihre Bedeutung wurde in der Vergangenheit oft unterschätzt.

Die *sozialräumlichen Funktionen* der Städte standen bisher im Mittelpunkt unserer Stadt-Umland-Forschungen, so daß hier ein guter Kenntnisstand für alle DDR-Städte erreicht werden konnte (GRIMM/HÖNSCH 1974, KÄNEL 1975, KRÖNERT 1977). Diese Stadtfunktionen umfassen vor allem das Angebot an Arbeitsplätzen, die Leistungen der Stadt im Handel, im Gesundheitswesen, in der Volksbildung, für Kultur und Freizeitgestaltung. Im Ergebnis unserer umfangreichen Stadt-Umland-Untersuchungen läßt sich eine deutliche Abstufung der Städte nach ihrer sozialräumlichen Umlandbedeutung nachweisen (GRIMM/HÖNSCH 1974), wobei diese Abstufung der Umlandbedeutung nicht nur für die Vielfalt und Qualität der Stadtfunktionen besteht, sondern auch für die Größe und Struktur des zugehörigen Umlandes (KRÖNERT 1977). Jedem Stadttyp entspricht ein zugehöriger „Umlandtyp". Nach ihrer Umlandbedeutung unterscheiden wir in der DDR folgende *Stadttypen* (vgl. Abbn. 3 und 4):

1. *Bezirkszentren und höhere Zentren*: 11 Städte, die in allen für diesen Maßstab wesentlichen sozialräumlichen Funktionen die leistungsfähigen Zentren ihrer Bezirke sind; sie verfügen über drei voll ausgebildete Umlandzonen, darunter Zone 3 (nach KRÖNERT 1977) außerhalb des eigenen Kreises; Sonderstellung der Hauptstadt Berlin sowie der Großzentren Leipzig und Dresden mit sozialräumlicher Umlandbedeutung für mehr als einen Bezirk;
2. *Kreiszentren und Gebietszentren*: 146 Städte, die in allen für diesen Maßstab wesent-

lichen sozialräumlichen Funktionen die leistungsfähigen Zentren ihrer Kreise sind; sie verfügen über 2 voll ausgebildete Umlandzonen im eigenen Kreis, Gebietszentren haben darüber hinaus Ansätze einer Umlandzone 3; die Bezirksstädte dieser Gruppe sowie einige weitere Großstädte sind Zwischenformen zu Gruppe 1;

3. *Lokalzentren und Mittelpunktsorte*, die als sozialräumliches Zentrum eines engbegrenzten Umlandes wirksam sind; sie haben nur eine einzige Umlandzone; zu dieser Gruppe gehören auch 41 Kreisstädte, die zwar in ihren politisch-administrativen Funktionen, nicht aber sozialräumlich als Zentren ihrer Kreise wirksam sind (GRIMM 1974).

Unsere Analysen ergaben, daß die Abstufung der sozialräumlichen Umlandbedeutung stark an der politisch-administrativen Stellung der Städte orientiert ist. Dabei zeichnet sich eine Festigung derjenigen Stadttypen ab, bei denen die sozialräumlichen Funktionen in Bedeutungsumfang und Reichweite mit der politisch-administrativen Stellung überein-

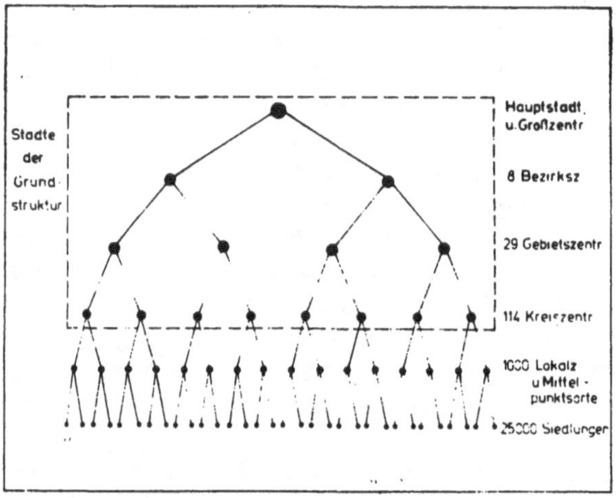


Abb. 3. Schema der sozialräumlichen Umlandfunktionen in der DDR

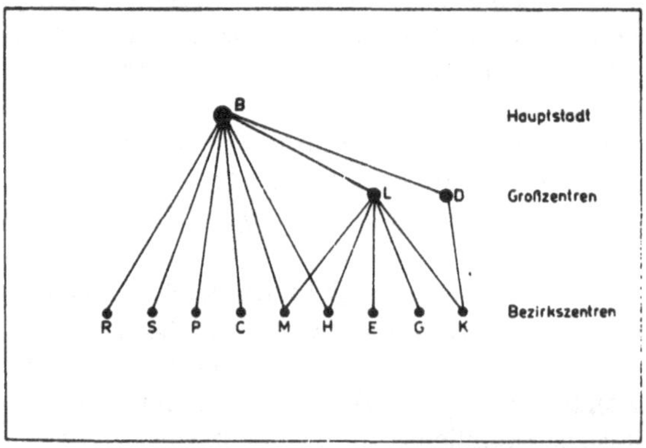


Abb. 4. Die sozialräumliche Stellung der Großzentren zwischen Hauptstadt und Bezirkszentren als ein Beispiel für die Einordnung der Zwischenstufen

stimmen, d. h. für die Hauptstadt, für die Bezirkszentren und für die Kreiszentren. Hingegen bestehen Probleme für die Planung und Entwicklung der sozialräumlichen Funktionen der dazwischenliegenden Stufen: für die Großzentren Leipzig und Dresden, die Gebietszentren und die Lokalzentren.

*Kriterien für die Bestimmung der Grundstruktur* auf Grund der sozialräumlichen Stadtfunktionen können vor allem aus der generellen gesellschafts-politischen Zielstellung der entwickelten sozialistischen Gesellschaft in der DDR abgeleitet werden, besonders aus der Zielstellung zur Angleichung der Arbeits- und Lebensbedingungen in Stadt und Land (SED-Programm 1976, S. 23). Eine Schlüsselrolle kommt hierbei denjenigen Zentren zu, die für die *täglichen* Arbeits- und Lebensbedingungen unserer Bürger unmittelbar bedeutsam sind: den sozialräumlich für ihr Kreisgebiet voll wirksamen, leistungsfähigen Kreisstädten (Kreiszentren) einschließlich der höherrangigen Zentren (GRIMM 1974). Demzufolge müßten auf Grund ihrer gesellschaftlich-sozialen Funktionen etwa 150 Städte zur Grundstruktur des Siedlungssystems der DDR gehören.

Unsere Berechnungen am Institut für Geographie und Geoökologie haben ergeben, daß 95,8 % der DDR-Bevölkerung in den Bezirks- und Kreisstädten bzw. in Gemeinden wohnen, aus denen diese Städte täglich erreichbar sind (maximal 60 min. mit öffentlichen Verkehrsmitteln). Die Mehrzahl dieser Städte sind Kreiszentren entsprechend ihrer sozialräumlichen Umlandbedeutung (einschließlich höherer Zentren). Bei Berücksichtigung der räumlichen Verteilung sowie der gegenwärtigen und möglichen Stadt-Umland-Beziehungen wird erkennbar, daß ein relativ gleichmäßiges Netz von ca. 150 Kreiszentren (einschließlich höherer Zentren) erforderlich ist, um für den überwiegenden Teil unserer Bevölkerung gleichwertige sozialräumliche Bedingungen zu schaffen, soweit diese Bedingungen durch tägliche Stadt-Umland-Kontakte beeinflußt werden.

Die *Produktionsfunktion* der Städte enthält zwei Hauptaspekte, die zur Bestimmung des Grundstruktur-Subsystems bedeutsam sind:

- die Industrie ist die wichtigste ökonomische Grundlage der Stadt und ihrer Entwicklung;
- die Industrie verursacht umfangreiche Wechselbeziehungen zu anderen Städten.

Für beide Aspekte ist zu untersuchen, ob quantitative und qualitative Spezifika der Grundstruktur-Städte existieren. Dabei gestattet der jetzige Kenntnisstand lediglich eine Formulierung der zu untersuchenden Fragen.

Die Bedeutung der Industrie als eine entscheidende ökonomische Grundlage der Stadtentwicklung ist unbestritten, sie wurde teilweise sogar fast verabsolutiert (SCHMIDT-RENNER 1964). Die *Rolle der Industrie als Spezifikum von Grundstruktur-Städten* wurde bisher noch nicht ausreichend untersucht. Diese Spezifika können nicht allein in der Größe (Beschäftigtenzahl, Nettoproduktion usw.) der Industriebetriebe liegen. Sie betreffen vor allem auch die Wechselbeziehungen zu Forschungseinrichtungen, zu Leitungs- und Verwaltungsorganen, zu anderen Industriebetrieben, zum Großhandel, außerdem die Nutzung vielfältiger Informations- und Kontaktmöglichkeiten. „Im Falle großer Betriebe und Kombinate scheint es unter Umständen zu genügen, wenn Leitung und Verwaltung ihren Sitz an einem kontakt- und kommunikationsfördernden Ort, d. h. in einer Großstadt, haben. Die Produktion kann dabei an anderen Standorten mit spezifischen produktionstechnischen, liefer- und absatzmäßigen, umweltbedingten Standortvorteilen stattfinden" (SCHERF 1975). Aus diesen Überlegungen läßt sich ableiten, daß *Kriterien zur Bestimmung* von Grundstruktur-Städten *auf Grund der Produktionsfunktion* vor allem in der industriebezogenen Leitung und Planung, Forschung und Entwicklung liegen dürften, verbunden mit einer umfangreichen Industriebasis und mit einem vielfältigen Angebot an Arbeitsplätzen. Die verfügbaren Zahlen der Industriebeschäftigten pro Stadt gestatten nur eine erste, sehr grobe Annäherung zur Erfassung grundstrukturspezifischer Aspekte der Industrie.

Analog bestehen Kenntnisgrenzen bei den räumlichen Wechselbeziehungen der Industriestandorte und den sie realisierenden Verkehrsströmen. Auch hier lassen die gegenwärtig erreichbaren Angaben zum Umfang der Verkehrsströme lediglich grob angenäherte Aussagen zu. Für die Bestimmung spezifischer Wechselbeziehungen und Verkehrsströme der Grundstruktur-Städte wird eine detaillierte, tiefergehende Fragestellung erforderlich, die den Zusammenhang der mit der Industrie bestehenden Stadtfunktionen zu den entsprechenden Wechselbeziehungen und Verkehrsströmen herstellt.

Bisher bekannte Beispielsuntersuchungen lassen für die DDR den Schluß zu, daß vermutlich die *Liefer- und Absatzbeziehungen* zwischen den Industriebetrieben *meist nicht hierarchisch geordnet* sind. Bestimmungskriterien für Grundstruktur-Städte könnten dann nur aus Umfang und/oder Vielfalt der Industrie pro Stadt abgeleitet werden. *Hierarchisch geordnete Stadtfunktionen und Wechselbeziehungen* sind dagegen am ehesten für die Leitung und Planung, Forschung und Entwicklung sowie bei den Beziehungen zum Großhandel zu erwarten, dementsprechend auch Bestimmungskriterien für spezifische Funktionen und Beziehungen der Grundstruktur.

Weitere Kriterien zur Bestimmung der Grundstruktur des Siedlungssystems sind aus der Untersuchung der *Verkehrsströme* und der sie verursachenden *Fahrtzwecke* (= *Stadtfunktionen*) zu erwarten. Im Prinzip muß es möglich sein, spezifische Personen-, Güter- und Informationsströme innerhalb des Grundstruktur-Subsystems sowie von den Grundstruktur-Städten zu den übrigen Städten/Siedlungen zu erkennen. Voraussetzung ist eine hinreichend detaillierte Aufgliederung der Verkehrsströme und ihre Zuordnung zu den einzelnen Stadtfunktionen (Fahrtzwecken). Daher konzentrieren wir unsere verkehrsgeographischen Forschungen auf die Güterströme zwischen den Produktionsstandorten (in Zusammenarbeit mit der Pädagogischen Hochschule Dresden), auf den Personenverkehr zwischen Wohn- und Arbeitsort (Pendler) und auf den dienstlichen Personenverkehr. Bei den bisherigen Untersuchungen zur Verkehrsfunktion der Städte deutet sich an, daß vor allem die *größten Zentren* eine herausragende Stellung einnehmen. Bei der Eisenbahn sind es die beiden Zentralknoten Berlin und Leipzig—Halle sowie 6 Hauptknoten erster Ordnung (DÖRSCHEL 1974). Einer zweiten Ebene können etwa 40 Städte, einer dritten Ebene ca. 100 Städte zugeordnet werden (GERICKE 1976). Diese knapp 150 Städte wären unter dem Aspekt „Verkehr" zur Grundstruktur des Siedlungssystems zu rechnen. Sie unterscheiden sich gegenüber anderen Städten/Siedlungen durch den absoluten Umfang ihres Quell- und Zielverkehrs sowie durch die Dominanz des Quell- und Zielverkehrs gegenüber dem Durchgangsverkehr.

## 2. Hypothetisches Schema der Grundstruktur des Siedlungssystems der DDR

Die Übersicht zeigt, daß man aus den bisher erörterten Stadtfunktionen, funktionalen Beziehungen und Verkehrsströmen Ansatzpunkte zur Bestimmung der Grundstruktur des Siedlungssystems erkennen kann. Daraus folgt die Frage, ob sich bereits zum jetzigen Zeitpunkt ein *erstes hypothetisches Schema des Grundstruktur-Subsystems* umreißen läßt.

Dieses Schema muß sowohl den hierarchischen, zentral-örtlichen Aufbau des Siedlungssystems (CHRISTALLER 1933) als auch die meist auf der Produktion beruhenden nichthierarchischen Zusammenhänge (KOLOSOVSKIJ 1947) enthalten. DZIEWOŃSKI und JERCZYNSKI (1976) schlagen vor, dieses Modell auf der Grundlage der hierarchischen Ordnung der Siedlungen zu entwickeln:

„In view of the fact that towns and cities represent functions of both types [regional and supraregional, central and specialized] it seems that at present the most realistic articulated model of spatial organization of the national settlement system can be obtained by integrating [a] the hierarchical model with [b] some elements of functional links of nonhierarchical character" (DZIEWOŃSKI/JERCZYNSKI 1976, S. 7/8).

Folgt man dieser Vorstellung, so sind folgende *Untersuchungsetappen* erforderlich:

1. Ermittlung der hierarchisch aufgebauten Züge der Grundstruktur des Siedlungssystems;
2. Bestimmung der Relation von hierarchisch und nichthierarchisch geordneten Funktionen/Beziehungen für die Grundstruktur;
3. Zusammenfügung der hierarchischen und nichthierarchischen Funktionen/Beziehungen zu Modellen der Grundstruktur des Siedlungssystems.

Dank der bisherigen Stadt-Umland-Forschungen ist der *hierarchische Aufbau* unseres nationalen Siedlungssystems gut bekannt. Er widerspiegelt vor allem die sozialräumlichen und die politisch-administrativen Stadtfunktionen (KRÖNERT 1977, vgl. auch vorigen Abschnitt). Dieses hierarchisch geordnete Grundgerüst ist ein entscheidender Ansatzpunkt für die Herausarbeitung von Modellen der Grundstruktur des Siedlungssystems der DDR.

*Fernfunktionen* und Fernbeziehungen sind meist *nichthierarchisch* geordnet. Hier fehlt eine gleichwertige Kenntnis. Als ersten Schritt zu ihrer analytischen Bestimmung berechneten wir 1976 für die 320 wichtigsten Städte der DDR — darunter alle Grundstruktur-Städte — den *Anteil ihrer Innen-, Umland- und Fernfunktionen* an der Gesamtheit der Stadtfunktionen. Die Berechnungen gingen von der Beschäftigtenstruktur der einzelnen Städte aus und erfolgten mit Hilfe der Minimum-requirement-Methode (ALEXANDERSSON 1956, ILLERIS 1964, DZIEWOŃSKI 1971, JERCZYNSKI 1972; weitere Erläuterungen enthält der Beitrag von GRIMM, GROSSER, MARGRAF und THOMAS). Zu den Fernbeziehungen wurden die uns zugänglichen Materialien zu den gegenwärtig existierenden Verkehrsströmen und Verkehrsknoten herangezogen. Sie geben Hinweise über Umfang und Richtung der Fernfunktionen/Fernbeziehungen.

Die Zusammenfügung der bisher bekannten hierarchischen und nichthierarchischen Stadtfunktionen und Wechselbeziehungen zu ersten *Schemata der Grundstruktur* kann nicht mehr sein als eine Arbeitshypothese. Sie dient vor allem dem Ansatz gezielter Forschungen zur Grundstruktur. Die jetzt anlaufenden mehrjährigen Forschungen zur Grundstruktur unseres Siedlungssystems werden zugleich ein ständiger Prozeß der Prüfung, Präzisierung und gegebenenfalls Veränderung dieser Arbeitshypothese sein.

Die Schemata gehen zunächst vom hierarchischen Aufbau unseres nationalen Siedlungssystems auf Grund der politisch-administrativen und sozialräumlichen Funktionen und Beziehungen der Städte aus. Es ist anzunehmen, daß diesem Aufbau auch Teile der Produktionsstruktur zuzuordnen sind. Nichthierarchisch organisierte Stadtfunktionen und Beziehungen, oft identisch mit Produktionsfunktionen, wurden in die Schemata anhand der Beschäftigtenzahlen eingefügt. Das heißt, daß eine nichthierarchisch organisierte Fernfunktion dann als gleichgewichtig mit einer Umlandfunktion angesehen wird, wenn sie die gleiche Beschäftigtenzahl aufweist. Da die hypothetischen Schemata lediglich das gedankliche Konzept verdeutlichen sollen, nicht aber eine bindende Aussage zu jeder einzelnen Stadt anstreben, erscheint diese Vereinfachung als zulässig.

Ergänzend ist darauf hinzuweisen, daß die bisher vorliegenden Analyseergebnisse fast ausschließlich Städte in ihren administrativen Grenzen betreffen. Dem hypothetischen Schema der Grundstruktur werden jedoch funktional bestimmte Städte zugrundegelegt, und diese Städte werden zugleich als Konzentrations- und Kulminationspunkt ihrer Region verstanden.

Bereits jetzt zeichnet sich ab, daß die *Grundstruktur* des Siedlungssystems *mehrere Ebenen* umfaßt und daß sie durch die heute in der Territorialplanung der DDR vorherrschenden Auffassungen von einer „Makrostruktur des Siedlungsnetzes" (KLUGE 1974; BÖNISCH, MOHS, OSTWALD 1976) nicht differenziert genug angesprochen wird.

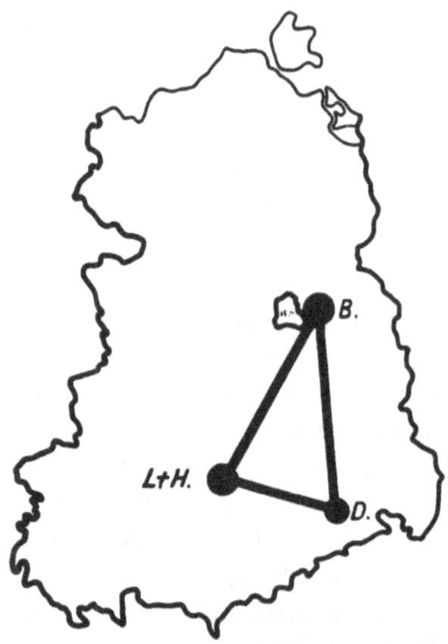


Abb. 5. Ebene 1 des Grundstruktur-Subsystems (hypothetisches Schema)

Die *oberste Ebene* der Grundstruktur des Siedlungssystems wird durch die drei *Millionen-Agglomerationen* Berlin (1,8 Mill. Ew.), Leipzig—Halle (2,1 Mill. Ew.) und Dresden (1,1 Mill. Ew.), ihre spezifischen Funktionen und funktionalen Beziehungen gebildet (vgl. Abb. 5). Die Agglomerationen kulminieren jeweils in einer dominierenden Stadt (bzw. Leipzig und Halle), in der neben einer starken Industriebasis insbesondere Leitung, Planung, Forschung, Handel und Verkehr konzentriert sind. Bevölkerungszahl und Bevölkerungsdichte bieten vielfältige Möglichkeiten zur Anpassung an neue ökonomische und gesellschaftspolitische Anforderungen. Die Spezifik der Wechselbeziehungen zwischen diesen Agglomerationen sowie die Spezifik der funktionalen Beziehungen zum übrigen Siedlungssystem wurde von uns noch nicht analytisch untersucht. Spezifische Verkehrsströme dürften neben besonders umfangreichen Güterströmen besonders bei den Personen- und Informationsströmen bestehen.

Für die Territorialplanung ergäbe sich die Forderung, jede der drei Millionen-Agglomerationen als Planungseinheit zu fassen. Ansätze in dieser Richtung wurden im Raum Berlin, der Hauptstadt der DDR, gemacht. Ein entsprechender Planungsansatz für die Millionen-

Agglomeration Leipzig—Halle steht noch aus. Geographische Forschungen zu den regionalen Siedlungssystemen unserer Millionen-Agglomerationen werden vor allem an den Universitäten Halle und Berlin durchgeführt (vgl. die Beiträge von SCHOLZ u. a. sowie KALISCH). Die Verkehrsplanung trug den spezifischen Verkehrserfordernissen zur Verbindung der Millionen-Agglomerationen besonders Rechnung durch umfangreiche Eisenbahnverbindungen sowie durch den Bau der Autobahn Leipzig—Dresden.

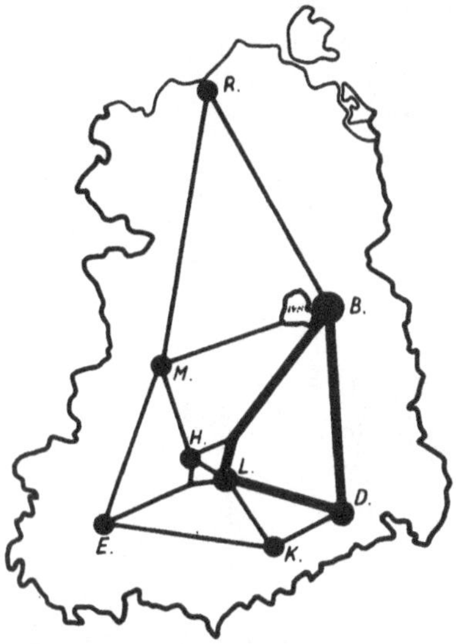


Abb. 6. Ebene 2 des Grundstruktur-Subsystems (hypothetisches Schema)

Die *zweite Ebene* der Grundstruktur umfaßt nach jetziger Kenntnis 8 *Großstadt-Agglomerationen* (vgl. Abb. 6). Sie werden gebildet von den Großstädten über 200000 Ew. (einschließlich Berlin, Leipzig, Dresden) mit ihrem eng verbundenen Umland, d. h. Halle mit Leuna und Buna, Leipzig mit Böhlen, Madgeburg mit Schönebeck usw. Dabei löst sich in dieser Betrachtungsebene die Millionen-Agglomeration Leipzig-Halle in kleinere funktionale Einheiten auf. Die 8 Großstadt-Agglomerationen sind durch Umfang und Vielfalt ihrer Funktionen deutlich gegenüber allen anderen Städten/Agglomerationen abgehoben. Sie sind die bedeutendsten Stadt-Agglomerationen sowohl in ihrer industriellen Basis als auch in Leitung, Planung und Forschung sowie Handel und Verkehr. Es ist zu erwarten, daß für sie entsprechend ihrer spezifischen Funktionen auch spezifische funktionale Beziehungen untereinander sowie zu anderen Städten nachweisbar sind. Die Untersuchung dieser spezifischen Funktionen und Beziehungen ist ein Ziel unserer weiterführenden Forschungen.

In *Ergänzung der zweiten Ebene* existiert eine *Reihe großer Stadt- und Industrieagglomerationen*, die partiell annähernd gleichgewichtige Funktionen wie diese 8 Großstadt-Agglomerationen aufweisen: für politisch-administrative und gesellschaftlich-soziale Funktionen sind es in erster Linie Agglomerationen der verbleibenden Bezirksstädte, wie beispielsweise Potsdam, für die Produktionsfunktionen die herausragenden Industriestandorte, allen voran Bitterfeld. Es ist daher vorstellbar, daß die 8 Großstadt-Agglomerationen und die etwa 16 partiellen Zentren (Agglomerationen) eine Ebene 2a der Grundstruktur des nationalen Siedlungssystems bilden (vgl. Abb. 7). Hier sind allerdings noch umfangreiche analytische Untersuchungen nötig, insbesondere präzisere Vorstellungen zum Zusammenwirken von sozialräumlichen, politisch-administrativen und Produktionsfunktionen im Siedlungssystem. Für das hypothetische Schema der Grundstruktur wurden von uns zunächst diejenigen Standorte der Produktion als gleichgewichtige Zentren eingetragen, an denen etwa gleichgroße Industrie-Beschäftigtenzahlen wie in den 8 Großstadt-Agglomerationen vorkommen.

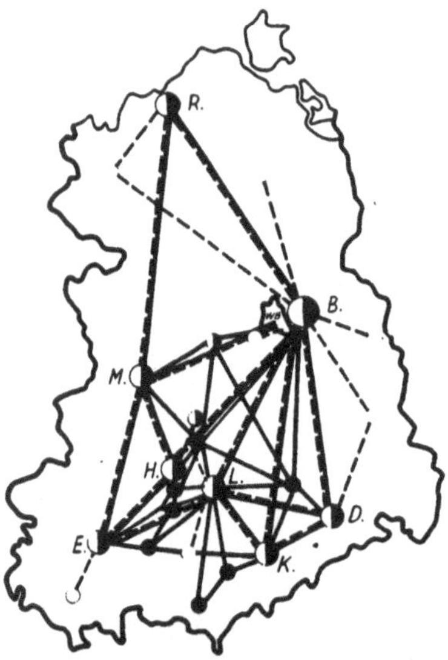


Abb. 7. Ebene 2a des Grundstruktur-Subsystems (hypothetisches Schema)

Die *dritte Ebene* der Grundstruktur des nationalen Siedlungssystems müßte analog zur zweiten Ebene aus denjenigen Stadttypen abgeleitet werden, die wir auf Grund ihrer gesellschaftlich-sozialen Stellung als *Gebietszentren* und als *Kreiszentren* ausgewiesen haben (GRIMM/HÖNSCH 1974). Über ihre Stellung zum Umland wurde von KRÖNERT (1977) gesondert berichtet. Auch bei diesen Städten (Agglomerationen) ist die Konstruktion eines Schemas vorstellbar, das für die Ebene 3a partielle Zentren ausweist.

## 3. Zusammenfassung

Der vorliegende Beitrag ist ein Versuch, den gegenwärtigen Stand unserer Kenntnisse zur Grundstruktur des nationalen Siedlungssystems zusammenzufassen. Ausgehend von den uns bekannten Funktionen der Städte der DDR, von der Hypothese der Existenz nationaler Siedlungssysteme und von den Forderungen der zentralen staatlichen Planung zur Entwicklung der „Makrostruktur des Siedlungsnetzes" wurden hypothetische Schemata zum Grundstruktur-Subsystem entworfen. Sie stellen einen Diskussionsbeitrag zur Präzisierung der Vorstellungen zum nationalen Siedlungssystem der DDR dar. Vor allem aber sollen der Beitrag und die Schemata als Leitlinie und Orientierung für unsere eigenen langfristigen Forschungen zur Grundstruktur des Siedlungssystems der DDR dienen. Sowohl theoretische als insbesondere auch umfangreiche analytische Arbeiten sind erforderlich, um diese ersten hypothetischen Schemata zu prüfen, zu präzisieren und unter Umständen abzuändern.[1]

## Резюме


К исследованию городов основной структуры системы расселения ГДР

В настоящей статье предпринимается попытка дать краткий обзор современного уровня знаний об основной структуре системы расселения ГДР. Эта основная структура охватывает важнейшие узловые пункты (города) и важнейшие отношения взаимосвязи в системе расселения. Знание положения больших и средних городов в национальной, а также их специализация по разделению труда и их взаимодействия являются решающей основой для центрального государственного планирования развития „макроструктуры сети поселений", а также для планирования всей государственной транспортной сети. Текущие исследования по основной структуре системы расселения исходят из того, что в национальной системе расселения ГДР существует сеть крупных и средних городов, для которой характерны как специфические свойства и функции, так и особо обширные и, прежде всего, специфические взаимоотношения.

Основная структура системы расселения рассматривается как подсистема национальной системы расселения ГДР (снимок 1). Будущие исследования должны проверить существование такой подсистемы и определить ее объем и структуру. На примере политико-административных функций города, социально-территориальных функций, промышленных и транспортных функций городов ставится на обсуждение предполагаемый объем и основная структура системы расселения:

Политико-административные функции наших городов ясно определяются административным делением. Так как государственная территория разделена по единым принципам, то исключительно из политико-административной роли городов вытекают аргументы для включения всех 15 окружных городов или всех окружных и районных городов в основную структуру системы расселения (снимок 2).

Социально-территориальные функции подробно изучались в наших исследованиях город-окрестность. В результате была обнаружена ясная классификация типов городов, причем каждому типу города соответствует определенный тип окресности. В основную структуру системы расселения следует включить 11 окружных центров и высших центров, а также 146 районных и областных центров. Эта классификация в ГДР в сильной мере ориентируется на политико-административную роль городов. Особенно важными являются центры, имеющие непосредственное значение для повседневных условий труда и быта населения, т. е. кроме больших городов, также районные центры, т. е. полностью действующие в своих районах районные города (около 3/4 всех районных городов могут быть классифицированы как подобные районные центры (снимки 3 и 4).

Для производственной функции как специфического признака городов основной


[1] Die weiteren Forschungen haben zur Präzisierung der Arbeitshypothese geführt; die „Grundstruktur" wird jetzt als Überlagerung von mehreren Teil-Siedlungssystemen aufgefaßt, vgl. Grimm 1979.

структуры еще не возможно предоставить в одинаковой степени точные данные. В статье обсуждаются вопросы в этом направлении. Они касаются объема и специфики промышленности в больших и средних городах, разнообразие отраслей промышленности и рабочих мест, а также роли больших и средних городов как предпочитаемые места для расположения органов руководства и планирования, научно-исследовательских и опытно-конструкторских организаций в промышленности, а также мест установления связи между промышленностью и оптовой торговлей.

Исследования транспортной функции городов привели для железной дороги к классификации выделяющихся центральных узлов Берлин и Лейпциг–Галле, затем дальнейших 6 главных узлов первого порядка, кроме того, дальнейшей группы 40 городов и одной группы из 100 городов. Эти почти 150 городов с точки зрения транспорта следует причислить к основной структуре системы расселения.

Исходя из этих положений, представляется первая гипотетическая схема основной структуры системы расселения. Она исходит из иерархического строения системы расселения, дополняется дальними функциями и отношениями городов. Эта схема является, прежде всего, лишь рабочей гипотезой. Высшая степень основной структуры системы расселения образуется предположительно тремя агломерациями с более миллиона жителей: Берлин (1,8 мил. жит.), Лейпциг–Галле (2,1 мил. жит.) и Дрезден (1,1 мил. жит.) — (снимок 5).

Вторая степень основной структуры охватывает по имеющимся сейчас сведениям 8 агломераций больших городов, включая агломерации-миллионеры. Эти агломерации 8 больших городов образуются городами, насчитывающими свыше 200000 жит., включая соответствующие тесно примыкаемые окресности (снимок 6). К второй степени приближаются другие агломерации, которые либо по своим политико-административным функциям или социально-территориальным функциям, либо благодаря своему крупному промышленному потенциалу примерно достигают агломерации больших городов (снимок 7). Примером являются Потсдам (политико-административный и социально-территориальный центр) и Биттерфельд–Вольфен (промышленная агломерация). Аналогично этим двум описанным здесь степеням следует выделить третью степень городов в основной структуре. Она образуется из таких городов, которые на основе своего политико-административного и социального положения определены как областные и районные центры.

**Summary**

Studies of cities in the macrostructure of the settlement systems in the GDR

The paper attempts to summarize the present findings on the macrostructure of the settlement system in the GDR. This macrostructure comprises the most important cores (cities) and (inter)relations which are part of the settlement system. It is decisive for central government planning to develop the „macrostructure of the settlement network“, and for planning the national traffic network, to know the position of large and mediumsized cities in the national settlement system, the division of functions between them and their interaction. The present studies dealing with the macrostructure of the settlement system are based on the existence of a network of large and medium-sized cities in the GDR, which is characterized both by specific features and functions and particularly extensive and specialized interrelations.

The macrostructure of the settlement system can be interpreted as a subsystem of the national settlement system of the GDR (Fig. 1). Future investigations should examine the existence of such a subsystem and determine its scope and organization. A discussion is encouraged of the presumed scope and organization of the macrostructure of the settlement system, on the basis of the politico-administrative, social, production and traffic functions of cities:

The politico-administrative functions of cities in the GDR are clearly predetermined by the administrative structure. Since the national territory is divided up along uniform lines, the politico-administrative position of the cities would suggest that all 15 Bezirk towns, or all Bezirk and Kreis towns be incorporated in the macrostructure of the settlement system (Fig. 2).

In the city-hinterland studies made, great attention has been given to socio-spatial functions. As a result, clear distinctions can be made between types of cities according to their importance for their hinterlands. The 11 Bezirk centers and centers of a higher order would be part of the macrostructure of the settlement system, as would the 146 Kreis and regional centers. This hierarchy largely depends on the politico-administrative status of cities in the GDR. Of special importance are those centers which exert an immediate influence on the daily working and living patterns of the population. These include, apart from the large cities, the Kreis centers, i. e. those administrative Kreis towns which provide full services for their respective areas. Some 75% of all Kreis towns would come under this description of a Kreis center (Fig. 3 and 4).

The situation is less clear with regard to the production function, another specific feature of cities in the macrostructure. The paper discusses a number of related problems, such as the scope and specialization of industries in large and mediumsized cities, the range of industries and jobs available, the role of large and medium-sized cities as preferential sites for management and planning, research and development, and the relationships between industry and the wholesale trade on a given site.

Studies made of the traffic function of cities, with regard to the railway system, have established Berlin and Leipzig—Halle as central junctions of outstanding importance. Another 6 main junctions of the first order have been identified, as well as a further group of 40 cities and another of 100 cities. These just under 150 cities would form the macrostructure of the settlement system from the viewpoint of traffic (transport).

On the basis of these considerations a first hypothetical diagram of the macrostructure of the settlement system is introduced. It proceeds from the hierarchic organization of the latter, supplemented with the remote functions and relations of the cities. For the time being this diagram must remain a working hypothesis. The highest level in the macrostructure of the settlement system is represented by the three agglomerations with populations above one million — Berlin (1.8 m.), Leipzig—Halle (2.1 m.) and Dresden (1.1 m.) — (Fig. 5). The second level, according to present findings, consists of 8 largecity agglomerations with more than 200,000 inhabitants and including the immediate hinterland (Fig. 6). Other agglomerations come close to this second group, either because of their politico-administrative and socio-spatial functions or because of their large industrial potential (Fig. 7). These would include Potsdam (as a politico-administrative and socio-spatial center) and Bitterfeld-Wolfen (an industrial agglomeration). On a third level would be those cities whose politico-administrative and social importance has made them regional or Kreis centers.

## Literatur

Alexandersson, G.: The industrial structure of American cities. Stockholm, London, Lincoln 1956.

Bönisch, R., Mohs, G. und W. Ostwald: Territorialplanung. Berlin 1976.

Chorev, B. S.: Problemy gorodov. Moskva 1975.

Christaller, W.: Die zentralen Orte in Süddeutschland. Jena 1933.

Dörschel, W.: Verkehrsberufe, Verkehrsgeographie. Berlin 1974.

Dziewoński, K.: Baza ekonomiczna i struktura funkcjonalna miast. Warszawa 1971.

Dziewoński, K. und M. Jerczynski: Theoretical concepts, methods of analysis and historical development of national settlement systems. Leningrad 1976.

Fomin, G. N.: Naučnye osnovy i puti realizacii generalnoj schemy rasselenija v SSSR. Sovremennye problemy geografii, Moskva 1976.

Gericke, M.: Das straßenseitige Quell- und Zielverkehrsaufkommen von Städten als Ausdruck ihrer Stellung innerhalb der Siedlungsstruktur der DDR. Diss. Hochschule f. Verkehrswesen, Dresden 1976.

Grimm, F.: Die Kreisstädte der DDR und ihre Rolle im Siedlungssystem. Geogr. Berichte **73** (1974) 4.

Grimm, F.: Aktuelle Ziele und Schwerpunkte siedlungsgeographischer Forschung in der DDR. Architektur der DDR, **26** (1977) 11, S. 698ff.

Grimm, F.: The Settlement System of the German Democratic Republic. The National Settlement Systems II, Warszawa 1979.

Grimm, F. und I. Hönsch: Die Typisierung der Zentren in der DDR nach ihrer Umlandbedeutung. Peterm. Geogr. Mitt. **121** (1974) 4.

Illeris, S.: The functions of Danish towns. Geografisk Tidsskrift **63** (1964).

Jerczynski, M.: The role of functional specialization of cities in the formation of a settlement network. Geographia Polonica, **24** (1972).

Junker, W.: Das Wohnungsbauprogramm der DDR für die Jahre 1976—1990. 10. Tagung des ZK der SED, Berlin 1973.

Känel, A. v.: Grundzüge der Siedlungsstruktur in den Nordbezirken der DDR. Wiss. Abh. Geogr. Ges. DDR, **12** (1975).

Kluczka, G.: Zentrale Orte und zentralörtliche Bereiche mittlerer und höherer Stufe in der BRD. Forsch. z. dt. Landeskde, **194** (1970).

Kluge, K.: Die Bedeutung der Siedlungskategorien für die Planung der Siedlungsstruktur. Peterm. Geogr. Mitt., **118** (1974) 4.

Kolosovskij, N. N.: Proizvodstvenno-territorialnoje sočetanie komplex v sovetskoj ekonomičeskoj geografii. Voprosy geografii, (1947) 6.

Krönert, R.: Stadt-Umland-Regionen von Groß- und Mittelstädten der DDR. Geogr. Berichte **79** (1977) 2.

Nekrasov, N. N.: Regionalnaja ekonomika. Moskva 1975.

Ostwald, W.: Zur Siedlungsweise im entwickelten Sozialismus. Wiss. Abh. Geogr. Ges. d. DDR, **12** (1975).

Pred, A.: The growth and development of systems of cities in advanced economies. Lund Studies in Geography, Ser. B, **10** (1975).

Rumpf, H.: Zur Bedeutung der Umlandfunktionen als ein Kriterium für die Auswahl und Entwicklung von Städten der Makrostruktur. Wiss. Z. Humboldt-Univ. Berlin, Math.-nat. Reihe, **24** (1975) 1.

Scherf, K.: Zu den Wechselbeziehungen zwischen der Siedlungsstruktur und anderen territorialen Teilstrukturen der gesellschaftlichen Reproduktion in der DDR. Wiss. Abh. Geogr. Ges. d. DDR, **12** (1975).

Schmidt-Renner, G.: Kritische und konstruktive Studien zur Theorie der Städtebildung. Wiss. Z. Hochsch. f. Ökonomie, Berlin, **9** (1964) 1.

Törnquist, G.: Contact systems and regional development. Lund Studies in Geography, Ser. B., **35** (1970).

IX. Parteitag der SED. Programm der Sozialistischen Einheitspartei Deutschlands. Berlin 1976.

IGU-Kommission Nationale Siedlungssysteme: Guidelines for the contents of individual national reports on settlement systems. Geographia Polonica, **39** (1978).

Dr. Frankdieter Grimm, Akademie der Wissenschaften der DDR, Institut für Geographie und Geoökologie, 701 Leipzig, Dimitroffplatz 1

# Die Raumstruktur der funktionellen Stadtregionen in der VR Polen

Von PIOTR KORCELLI

## 1. Zum Begriff der funktionellen Stadtregion

Der Begriff „*Stadtregion*" und die damit verwandten Begriffe treten schon seit langem in der Literatur auf und werden auf verschiedene Art und Weise definiert. Es lassen sich wenigstens sechs Aspekte dieses Begriffes unterscheiden, die mit einzelnen theoretischen Konzeptionen der Struktur des Siedlungssystems und der Gebietsstruktur zusammenhängen:

1. „die *Knotenregion*" in der Theorie der Gebietsgliederung und der Regionalanalyse (vgl. WRÓBEL 1965). Zu ihren spezifischen Eigenschaften gehören nach der Auffassung von WHITTLESEY (1954)

— die Gleichartigkeit der inneren Struktur,
— das Vorhandensein eines Mittelpunktes, meist städtischen Charakters,
— das Auftreten eines „Zirkulationssystems" mit der Bewegung von Menschen, Gütern und Informationen,
— eine deutliche innere Struktur, deren Hauptmerkmal eine Gliederung ist, und zwar in den „Kern", der den Mittelpunkt der Region umfaßt und in das „Randgebiet", das mit dem Kern verbunden ist. Die Intensität der Beziehungen wird gewöhnlich durch eine reziproke Funktion der Entfernung eines gegebenen Punktes vom Mittelpunkt der Region ausgedrückt.

2. „die *Bedienungsregion*" oder das Umland in der Theorie der zentralen Orte. Sie wird manchmal auch mit dem Terminus „funktionelle Region" bezeichnet (RAY 1968) und als ein solches Gebiet definiert, in dem die Bewegungen von Menschen und Waren die vorhandenen Siedlungen zu einer funktionellen Einheit verbinden. Die Grenze der Region wird entsprechend dieser Theorie durch den Nullwert der Nachfrage nach den im Zentrum angebotenen Erzeugnissen und Dienstleistungen bestimmt. Dieser Wert wird wiederum durch die Struktur der Transportkosten und die Lage der Konkurrenzzentren bestimmt. Je niedriger die Transportkosten pro Entfernungseinheit liegen, um so höher ist der Konzentrationsgrad der wirtschaftlichen Tätigkeit und um so größer ist die Bedienungsregion.

3. „die *Stadtregion*" in der Theorie der ökonomischen Basis und der Struktur der Städtefunktionen (DZIEWOŃSKI, 1967). Die Quelle dieses Begriffes ist die zwischen Stadt und ökonomischer Region bestehende Analogie, die an die Definition der Region als eines Subraumes des allgemeinen gesellschaftlichen Raum-Zeit-Kontinuums anknüpft. Die Ausgliederung der ökonomischen Region in dem untersuchten Raum erfordert die Bestimmung der Spezifik dieser Region im Verhältnis zu Außenregionen und der Beziehungen zwischen diesen Gebieten. Dieses Verfahren findet seine Entsprechung in der Konzeption der ökonomischen Basis der Stadt, weil die Bestimmung der exogenen Funktionen die Beziehung der Stadt zum gesellschaftlich-ökonomischen Raum determiniert, und die

Bestimmung der exogenen Funktionen erlaubt, die Stadt als einen abgesonderten Subraum zu definieren. Die Offenheit und Geschlossenheit der Stadtwirtschaft wird als Funktion der räumlichen Beweglichkeit des Menschen aufgefaßt; die Zunahme der Beweglichkeit führt zur Gleichsetzung der Stadtregion mit der alten Bedienungsregion der Stadt. Die Zentren zweiten Ranges, die in dieser Region liegen, werden zu Elementen der inneren Struktur der Stadtregion umgestaltet.

4. „die *Hauptstadtregion*" in der Theorie von der wirtschaftlichen Dominanz der Großstadt (DUNCAN u. a., 1960). Die Entwicklung der „Hauptstädte" wird hier als Folge der fortgeschrittenen wirtschaftlichen Spezialisierung und der räumlichen Arbeitsteilung betrachtet. Diese Entwicklung beruht auf der Umgestaltung des traditionellen Siedlungsnetzes (das durch die oben erwähnte Theorie der zentralen Orte bestimmt wird). Dieser Umgestaltung liegt die Konzentration der Distributionsfunktion und der Verwaltungsfunktion in der Großstadt für die Großregion zugrunde. Sie erfolgt auf Kosten der Zentren zweiten Ranges, die in der Dominanzzone (oder auch im Schatten) der Großstädte liegen. Diese Städte verlieren ihre alten Funktionen oder spezialisieren sich nur auf einige Funktionen und werden zu Nebenzentren. Die Autoren dieser Konzeption verknüpfen die Entwicklungsstufe der Großstadtwirtschaft mit der Transportentwicklung und dem Ersatz lokaler Beziehungen im Bereich der Produktion und des Austausches durch Beziehungen regionalen Ausmaßes.

5. „das *regionale Siedlungssystem*" in der Theorie des nationalen Siedlungssystems, sowohl in ihrer beschreibend-erklärenden (DZIEWOŃSKI 1971) als auch in der normativen Fassung (CHOREV 1971). In ersterer werden die regionalen Siedlungssysteme in bezug auf Agglomerationen definiert. Entsprechend dieser Konzeption werden auf fortgeschrittener Entwicklungsstufe und in fortgeschrittenem Stadium der Integration im nationalen Siedlungssystem die Verbindungen zwischen den Agglomerationen zum Hauptbestandteil der Struktur des Systems. Dagegen betreffen die Verbindungen zwischen einzelnen Agglomerationen mit den sie umgebenden Regionen (regionalen Siedlungssystemen) vor allem den Konsumtionsbereich, die Dienstleistungen und die Verwaltung. Nur in geringem Ausmaß beziehen sie sich auf spezialisierte Industriefunktionen (CHOREV 1971). In der Konzeption des einheitlichen Siedlungssystems, das sich nota bene auf einen größeren räumlichen Maßstab bezieht, kann man als eine Entsprechung dieser Stufe das Lokalsystem betrachten. Die Siedlungssysteme im regionalen Maßstab werden dagegen mit territorialen Produktionskomplexen identifiziert.

6. „das *Stadtfeld*" oder das „daily urban system" in der Theorie der räumlichen Interaktion (FRIEDMANN und MILLER 1965; BERRY 1973). Die Reichweite dieser Region, die den Kern (eine Großstadt oder den zentralen Teil einer Städteagglomeration) und das Randgebiet umfaßt, wird durch tägliche Kontakte der Bewohner bestimmt. Es ist also ein System, das die sich räumlich gegenseitig überlagernden und voneinander abhängigen Systeme der Wohnorte, Arbeitsstellen, Dienstleistungen, Wissenschaft, sozialen Kontakte und auch der Erholung umfaßt. Die Grenzen der so definierten Region werden entsprechend dem Fortschritt im Verkehrsbereich immer weiter, und die Relationen zwischen dem Kern und dem Randgebiet unterliegen gewissen Veränderungen, die auf der wachsenden Bedeutung der Randgebiete und auf der Übernahme von vorher im Zentrum der Regionen konzentrierten Funktionen in ihnen beruhen. Die Grenzen der Vergrößerung des Stadtfeldes werden gewöhnlich nicht mit technischen Beschränkungen, sondern mit ökonomischen Faktoren und mit Beschränkungen einzelner Zeitbudgets in Zusammenhang gebracht.

Die Inhalte der angeführten Begriffe sind nicht streng voneinander zu trennen, wie sich aus ihrer oben beschriebenen Charakteristik ergibt. In einigen Fällen stimmen sie fast völlig überein. Man kann diese Begriffe nach der räumlichen Dimension, auf die sie sich beziehen, oder auch nach der zeitlichen Abfolge der von ihnen beschriebenen Erscheinungen und Abhängigkeiten einordnen. Dickinson (1964) hat schon darauf aufmerksam gemacht, indem er vier Aspekte der regionalen Beziehungen der Stadt mit den ihnen entsprechenden Zonen beschrieben hat. Diese Zonen sind:
a) die Zone mit städtischem Charakter der Bodennutzung,
b) die Zone der städtischen Siedlungsweise (Zone des Pendelverkehrs),
c) die Zone der gesellschaftlich-kulturellen Verbindungen und
d) die Zone der wirtschaftlichen Verbindungen.
Diese Aufgliederung macht die Mehrdimensionalität der hier aufgezählten Fassungen des Begriffs der Stadtregion sichtbar.

Der Inhalt der Begriffe der Knotenregion, der Hauptstadtregion, des regionalen Siedlungssystems und des Stadtfeldes (des daily urban system) umfaßt sowohl wirtschaftliche und gesellschaftlich-kulturelle Beziehungen als auch den Wirkungsbereich des Pendelverkehrs. Nur die Begriffe des „Umlandes“ in der Theorie der zentralen Orte und der „Stadtregion“ in der Theorie der ökonomischen Basis beziehen sich eindeutig auf einen Typ der Wechselbeziehungen, nämlich auf wirtschaftliche Beziehungen. Die weitere, genauere Desaggregierung der funktionellen Beziehungen (z. B. der Beziehungen im Produktions- und Konsumtionsbereich) läßt verschiedene Wirkungsbereiche einzelner Funktionen innerhalb der genannten Typen von Beziehungen erkennen.

Wie kann man den Begriff der *funktionellen Stadtregion*, der im weiteren verwendet wird, definieren? Wenn man nach einer eindeutigen Abgrenzung solcher Regionen strebt, muß man ihr *diagnostisches Merkmal* bestimmen, das den wesentlichen Typ der Beziehungen der Stadt mit der sie umgebenden Region repräsentiert. Ein solches Merkmal ist, entsprechend der heutigen Fachliteratur, das Vorhandensein des Massenverkehrs von Menschen in dem entsprechenden Gebiet, insbesondere des Pendelverkehrs, aber auch von Bewegungen zur Inanspruchnahme von Schulen und Dienstleistungen. Solch ein intensiver *Personenverkehr* in einem Territorium drückt zugleich das Bestehen auch anderer Arten von Beziehungen in diesem Gebiet aus, d. h. vor allem eine fortgeschrittene funktionelle Spezialisierung und den mit ihr verbundenen Waren- und Informationsaustausch innerhalb des Lebensraumes. Auch die räumliche Differenzierung von Bevölkerungsmerkmalen, d. h. der Berufsstruktur, der demographischen Struktur und des Bildungsniveaus, weist einen hohen Grad der Übereinstimmung mit der Verteilung des Pendelverkehrs auf. Darum kann man die *funktionellen Stadtregionen*, die auf Grund der Reichweite der Massenfahrten in die Stadtzentren und zwischen diesen Zentren bestimmt werden, auch als *gesellschaftlich-ökonomische Regionen über mehrere Merkmale* auffassen (Alajev, Chorev 1976; Hansen 1976).

## 2. Stadtregionen in nationalen Siedlungssystemen

Es gibt *drei grundlegende Interpretationen* des Prozesses der Herausbildung und Entwicklung *von nationalen Siedlungssystemen*. Jeder von ihnen entspricht eine andere Forschungskonzeption oder ein Komplex von Konzeptionen.

Die erste Interpretation hängt mit der *Verteilung der Rangordnung von Städten nach ihrer Größe* (*rank-size*) zusammen. Es läßt sich feststellen, daß die Regelmäßigkeit der genannten Verteilung im Landesmaßstab mit der historischen Entwicklung wächst, und daß der Grad der Regelmäßigkeit und das Niveau der wirtschaftlichen Entwicklung Bezug zueinander haben. Auf dieser Grundlage wurde die These aufgestellt, daß die Regelmäßigkeit in der Verteilung der Stadtgrößen einen Maßstab für die Integration im nationalen Siedlungssystem abgibt (vgl. BERRY und HORTON 1970 (Kap. 3); DZIEWOŃSKI 1975) und daß sich die Herausbildung der Siedlungssysteme als Evolution der Rang-Größe-Kurven der Verteilung von Stadtgrößen beschreiben läßt. Diese Konzeption hat — im Gegensatz zu den zwei übrigen — keinen betont räumlichen Charakter.

Die zweite Interpretation der Entwicklung des Siedlungssystems hängt mit dem Begriff der Stadtregion zusammen, der eingangs vorgestellt wurde, und ergibt sich aus dem Inhalt der einzelnen Konzeptionen, die diesen Begriff verwenden. Als Ausgangspunkt dient hier ein hierarchisches System von zentralen Orten, das bestimmten Umgestaltungen unterliegt, vor allem im Zusammenhang mit der Entwicklung der Wirtschaftsstrukturen (Industrialisierung!) und der Senkung von Transportkosten. Ein Ausdruck dieser Umgestaltung ist die fortschreitende räumliche Arbeitsteilung und die Spezialisierung der Funktionen (so z. B. das räumliche Auseinanderfallen der Wohn-, Arbeits- und Erholungsorte), wie auch Konzentrations- und Dekonzentrationserscheinungen in der Verteilung der Bevölkerung und der Wirtschaftstätigkeit. Sie führen zu einer der Planwirtschaft immanenten allmählichen Verringerung der Unterschiede zwischen Stadt und Land im Hinblick auf die Lebensbedingungen und die Lebensweise. Das Vorherrschen der Konzentrationsprozesse, das unter anderem in der Konzeption der funktionellen Dominanz einer Großstadt beschrieben wurde, führt (unter den Bedingungen der Marktwirtschaft) zur Entstehung eines Komplexes von „hauptstädtischen Regionen". Als Folge des Vorherrschens der Dekonzentration im regionalen Maßstab hat man es dagegen mit der Entstehung von Regionen zu tun, die die Struktur eines „Stadtfeldes" besitzen. Entsprechend der oben dargelegten Auffassung beruht die Entwicklung des nationalen Siedlungssystems auf der *Evolution der Beziehungen zwischen den Städten* und auf der *Herausbildung funktioneller Stadtregionen.*

Die dritte Auffassung setzt ähnlich wie die vorherige ein hierarchisches Modell der zentralen Orte als Ausgangsbezugssystem voraus. Die Umgestaltung dieses Systems hängt jedoch mit Prozessen der Spezialisierung und der Entwicklung der Verbindungen im internationalen und nationalen Maßstab zusammen. Die Entwicklung des Siedlungssystems vollzieht sich also durch Erweiterung des Umfangs und der räumlichen Dimension der funktionellen Verbindungen. Auf der fortgeschrittenen Entwicklungsstufe dieses Systems werden die *wechselseitigen Verbindungen der Großstädte* und *Städteagglomerationen im Landesmaßstab bedeutsamer* und intensiver als *deren Einflüsse im regionalen Maßstab.* Solche Vorstellungen werden unter anderem durch die Modelle von PRED (1973) repräsentiert. Die Struktur des nationalen Siedlungssystems beruht nach dieser Interpretation auf räumlich unstetigen Verbindungen, wobei die Entfernungswiderstände eine zweitrangige Rolle spielen.

Der Überblick über die theoretischen Vorstellungen als auch über das empirische Material, das zur Stützung der oben genannten Konzeptionen der Entwicklung von Siedlungssystemen angeführt wird, zeigt, daß sich diese Konzeptionen gegenseitig ergänzen, auch wenn sie auf den ersten Blick gegensätzlich erscheinen (KORCELLI 1976). Sie behandeln Gruppen und Funktionen, die sich durch unterschiedliche Reichweite der Verbindungen auszeichnen. Man kann annehmen, daß jede einer gegebenen Funktion entsprechende Verbindungsart unter bestimmten Bedingungen eine für sie charakteristische Reichweite besitzt. Wenn man die einzelnen Verbindungsarten im Zusammenhang mit der Entfernung oder Reichweite betrachtet, dann kann man feststellen, daß einigen Entfernungsintervallen eine deutlich größere Zahl von Verbindungen entspricht als im Falle anderer Intervalle. Diese Gruppen von räumlichen funktionellen Verbindungen stellen die Hauptkomponenten in der Struktur des Siedlungssystems eines Landes dar.

Aus der bisherigen Diskussion und den vorhandenen Angaben (wie z. B. der Karte der räumlichen Aktivität der Bevölkerung, der Migration, der Warenströme usw.) geht hervor, daß es *zwei entscheidende Entfernungsintervalle* gibt, innerhalb deren sich eine größere Zahl von Verbindungen gruppiert. Einem dieser Intervalle entspricht die *Dimension der Stadtregion*, dem zweiten die *Dimension der Entfernung zwischen den Großstädten* (bzw. Stadtagglomerationen) des gegebenen Landes. Hier liegen die Hauptakzente des Siedlungssystems. Darüber hinaus gibt es nicht sehr zahlreiche, wenn auch z. T. intensive Verbindungen zwischen kleinen, funktionell spezialisierten Zentren oder auch Verbindungen, die sich daraus ergeben, daß einige Städte oder Regionen einmalige Funktionen (z. B. gesellschaftliche Funktionen, Heil- oder Rekreationsfunktionen) im Maßstab des gesamten Landes zu erfüllen haben.

Die oben erwähnte Hypothese zur Struktur des Siedlungssystems, die auf die vorhandene Typologie nationaler Siedlungssysteme zurückzuführen ist (DZIEWOŃSKI 1971; BOURNE 1975; ALAJEV und CHOREV 1976) bedarf noch der Erweiterung und empirischen Überprüfung. Dies läßt sich durchführen, indem man

a) eine *Analyse* des Umfangs einzelner Arten *der funktionellen Verbindungen im gesamten Siedlungssystem des Landes* und ihrer Veränderungen in der Zeit vornimmt. Die Bestimmung der Richtung dieser Änderungen würde erlauben, die Thesen über das Vorherrschen einer der Dimensionen dieser Verbindungen in der Struktur der Siedlungssysteme zu bestätigen (z. B. innerstädtische, lokale, regionale oder interregionale Dimension);
b) monographische Forschungen zu einzelnen *räumlichen Dimensionen der funktionellen Verbindungen* durchführt, also der Verbindungen, die im lokalen (also innerstädtischen) oder im regionalen und nationalen Maßstab auftreten. Diese zweite Auffassung wird beispielsweise durch die Analyse der Struktur der Stadtregionen repräsentiert. Die Ziele einer solchen Analyse und die Ausgangshypothesen lassen sich auf folgende Punkte zurückführen:

1. Bestimmung der funktionellen Verbindungen und der Zusammenhänge zwischen diesen Verbindungen (Kausalzusammenhänge und statistische Korrelationen), die für den Maßstab der Stadtregion typisch sind.
2. Ermittlung, in welchem Grad sich das funktionelle System von Stadtregionen in der räumlichen Struktur der Bevölkerung, der Infrastruktur und der Wirtschaftstätigkeit widerspiegelt, und ob die Ausprägung dieses Systems mit der Zeit wächst, d. h. Bestimmung der Entwicklungsstufen der funktionellen Stadtregionen.
3. Typologie der Stadtregionen vom Gesichtspunkt ihrer räumlichen Morphologie her als auch unter Berücksichtigung der Relationen zwischen den innerhalb dieser Regionen verlaufenden Konzentrations- und Dekonzentrationsprozessen der Bevölkerung und der Wirtschaftstätigkeit; Bestimmung der hierarchischen Komponenten der Struktur funktioneller Stadtregionen.
4. Interpretation der Bevölkerungsumverteilungen innerhalb der Stadtregionen, um diese z. B. als erklärende Variable für die Struktur der Arbeits- und Wohnbedingungen einzusetzen.

5. Erklärung der Umgestaltungen der Struktur von Stadtregionen und ihrer Rolle im nationalen Siedlungssystem als Kategorien der gesellschaftlichen und wirtschaftlichen Entwicklung.
6. Bestimmung der Zusammenhänge zwischen der Reichweite einzelner Verbindungen und den Merkmalen der Raumstruktur von Stadtregionen.

Die Aufzählung der Probleme erfolgt nur beispielhaft und nicht umfassend (vgl. z. B. die Liste der Forschungsprioritäten auf diesem Gebiet, die von LAMBOOY 1969 und GREER-WOTTEN 1972 vorgelegt wurde). Die genannten Probleme scheinen vom Gesichtspunkt der Entwicklungstheorie der nationalen Siedlungssysteme aus besonders wichtig zu sein. Sie besitzen auch zahlreiche Bezüge zur Planung. Ihre Lösung wird es erlauben, die im Zweigsystem getroffenen Planentscheidungen in ihren Auswirkungen auf die Struktur des Siedlungssystems zu erkennen und dafür vorauszusetzen. Eine genaue Kenntnis der inneren Struktur der Stadtregionen würde auch zur Bereicherung der analysierten Inhalte und der Planungsmodelle der räumlichen Interaktion führen (WILSON 1974), die sich auf allzu vereinfachte Voraussetzungen hinsichtlich der Zusammenhänge zwischen räumlichen Systemen von Wohnorten, Arbeitsorten, Dienstleistungsorten und Funktionen des Entfernungswiderstandes zwischen diesen Systemen stützen.

## 3. Bestimmung der Grenzen von funktionellen Stadtregionen

In Übereinstimmung mit den eingangs dargestellten Voraussetzungen verwendet man als *diagnostisches Merkmal* für die Bestimmung der Grenzen der funktionellen Stadtregionen gewöhnlich die *Reichweite des Pendelverkehrs* — sowohl die tatsächliche (BERRY 1973) als auch die potentielle Reichweite, die auf Grund der zeitlichen Erreichbarkeit (LÜDEMANN und HEINZMANN 1976) bestimmt wird. In der Praxis der Forschungsarbeit kann dieser einfache Grundsatz der territorialen Gliederung in Regionen unter Heranziehung nur eines Merkmals nicht konsequent befolgt werden, weil

— die Überlagerung der Verkehrsfelder (Felder des Pendelverkehrs) von einzelnen städtischen Zentren und die räumliche Diskontinuität dieser Felder,
— die Existenz solcher Gebiete, die mit diesen Feldern nicht erfaßt werden,
— die unvollständige Beachtung der Hierarchie des Verkehrs-(Pendler)Systems, wodurch ein Teil der Zielorte des Pendelverkehrs notwendigerweise unberücksichtigt bleibt bzw. wo auch andere Kriterien, wie z. B. die minimale Grenzzahl der Bevölkerung, außer acht bleiben

nicht einfach ausgeschaltet werden können.

Die Verallgemeinerung des räumlichen Systems des Pendelverkehrs erfordert die Einführung ergänzender Merkmale als Kriterien zur Bestimmung der Stadtregionen. Diese Merkmale sind andere relativ diskontinuierliche räumliche Verbindungen, und zwar Verbindungen im Dienstleistungs- und Verwaltungssektor, die unter den Bedingungen der Planwirtschaft meist voneinander abhängig sind. Die Einführung dieser zusätzlichen Kriterien erlaubt eine vollständige Gliederung des Territoriums eines Landes in Regionen auch dann, wenn ein Teil außerhalb der Pendlereinzugsbereiche großer und mittelgroßer Städte bleibt. Da die Stadtregionen als eine funktional-räumliche Grundeinheit des Siedlungssystems im Perspektivzeitraum angesehen werden, kann man annehmen, daß die heute in die Stadtregionen noch nicht einbezogenen Gebiete sich künftig innerhalb ihrer Grenzen befinden.

Die auf der Grundlage dieser Voraussetzungen bestimmten funktionellen Stadtregionen sind im Hinblick auf ihren Ausbildungsgrad differenziert. An den Polen der Skala befinden sich auf der einen Seite vollständig ausgebildete Regionen, die mit Stadtballungsgebieten identisch sind, und andererseits Regionen mit traditionellem, hierarchischem Siedlungsnetz, die nur als potentielle Stadtregionen zu bezeichnen sind.

Die Analyse der *räumlichen Wirkungsbereiche des Pendelverkehrs* wurde in Polen 1968 für alle Städte mit mehr als 50000 Einwohnern (insgesamt 49 Städte) durchgeführt, für Großstädte 1973. Außerdem wurden in diese Untersuchungen weitere sechs, wenig unter dem genannten Grenzwert liegende Städte einbezogen. Im Falle polyzentrischer Regionen hat man die Zentren der Regionen des Pendelverkehrs unter Beachtung folgender Regeln ausgewiesen:

— Städte mit gemeinsamer Grenze wurden demselben Kerngebiet zugeordnet (auch Städte, die weniger als 50000 Einwohner zählten),
— Städte ohne gemeinsame Grenze, die in geringer Entfernung voneinander liegen, hat man als ein Kerngebiet angesehen, wenn sie ein gemeinsames Feld des Pendelverkehrs hatten.

Auf dieser Grundlage wurden die 55 ursprünglich ausgewählten Städte zu 41 Kerngebieten zusammengefaßt, wobei zu diesen Gebieten entsprechend der erstgenannten Regel auch 18 kleinere Städte zugerechnet wurden. Mit dieser Analyse von 1968 wurden also die Fahrten zur Arbeitsstelle für insgesamt 73 Städte erfaßt. Die zweite Regel schließt ein, daß die Felder des Pendelverkehrs, die auf Kleinstädte gerichtet sind, völlig in die Felder des Pendelverkehrs von großen benachbarten Städten eingeschlossen sind. Menschen, die zum Beispiel vom Land in eine ziemlich kleine, aber funktionell spezialisierte (z. B. industrialisierte) Stadt fahren müssen, wohnen im Bereich der Arbeits- und Konsumtionsregion einer Stadtagglomeration, die von der Stadt einige zehn Kilometer entfernt ist. Diese Voraussetzung ist in vielen Fällen nicht real, sie kann aber zum Zweck des Studiums der Stadtregionen im Landesmaßstab angenommen werden. Sie wurde u. a. auch in den Studien von BERRY (1973) und HALL (1973), die für diesen Bereich als klassisch angesehen werden können, verwendet.

Die zweite Frage, die zu lösen ist, ist die *Bestimmung des minimalen Grenzwertes der Pendlerintensität*. In der zitierten Studie des Hauptamtes für Statistik (Einflußzonen 1973) nahm man dabei als Index den Anteil der Pendler an den Berufstätigen außerhalb der Landwirtschaft an. Der verwendete Index ist zwar völlig logisch, bereitet aber Probleme, die mit der Vergleichbarkeit bzw. Nichtvergleichbarkeit der Daten zusammenhängen. In der erwähnten Arbeit wurden die Grenzen der Stadtregionen auf der Grundlage der Isolinien mit dem Wert 20% bestimmt. Sie nehmen etwa ein Drittel des Staatsgebietes ein.

Vom Gesichtspunkt des Studiums funktioneller Stadtregionen, welche Thema der vorliegenden Erörterungen sind, erscheint es zweckmäßiger, maximale Reichweiten der Pendelwanderung zu bestimmen. Diese führen, als Grenzregionen interpretiert, zur Bestimmung räumlicher Einheiten mit einem hohen Grad innerer Geschlossenheit von Wohn- und Arbeitsorten der Bevölkerung. Dazu war es erforderlich, niedrigere Grenzwerte der Intensität der Pendelwanderung und räumliche Grundeinheiten größeren Maßstabes (d. h. Kreise statt Gemeinden) anzunehmen. Das Ergebnis dieses Verfahrens bedeutete eine Vergrößerung der Areale der Pendlerregionen auf fast das Doppelte im Vergleich zu den Ergebnissen der Studie des Hauptamtes für Statistik. Die Zuordnung einiger Kreise zu entsprechenden Regionen war nicht eindeutig möglich, weil sich auf dem Gebiet dieser

Kreise die Wirkungsbereiche des Pendelverkehrs von zwei oder sogar drei städtischen Zentren überlagerten. In diesen Fällen wurde als Ergänzungskriterium die Verwaltungsgliederung verwendet.

Die Beschränkung der Forschungen auf die mindestens 50000 Einwohner zählenden Zentren und auf die ihnen unmittelbar benachbarten Städte bewirkt, daß auf der vom Hauptamt für Statistik erarbeiteten Karte einige Regionen mit intensivem Pendelverkehr, die in der Nähe neuer Zentren und Industriegebiete lokalisiert sind, nicht ausgewiesen werden. Hierzu gehören die Regionen von Tarnobrzeg, Konin und Lubin-Głogów, wie auch von Krosno und Jasło. Die Berücksichtigung dieser Gebiete erlaubt, einige Lücken im beschriebenen räumlichen System der Pendelwanderung auszufüllen. Um ein System von funktionellen, das ganze Land umfassenden Stadtregionen zu gewinnen, bediente man sich außer dem Kriterium der *Reichweite der Pendelwanderung* noch zweier *Zusatzkriterien*. Diese beziehen sich auf:

— die Rolle einzelner Städte als Zentren mit zentralen Funktionen sowie
— die wirtschaftliche Rolle und die Rolle des Bevölkerungspotentials der Städte, wie sie die Raumordnungspläne des Landes ausweisen.

Auf dieser Grundlage wurden sechs weitere Zentren von Stadtregionen ausgewählt und zwar: Piła, Nowy Sącz, Siedlce, Zamość sowie die Doppelstädte Ełk-Suwałki und Łomża-Ostrołęka. Die hier genannten Zentren mit traditionsgemäß starken wirtschaftlichen und kulturellen Beziehungen im regionalen Maßstab nehmen einen hohen Rang im Rahmen der Entwicklung von Bedienungsregionen innerhalb der Mittelstädte Polens ein (vgl. ZAGOŻDŻON 1976; KORCELLI und POTRYKOWSKA 1976). Außerdem wurden sie im Raumordnungsplan des Landes bis 1990 in die Gruppe der 32 ländlichen Entwicklungszentren eingeordnet (FIEDOROWICZ 1976). Entsprechend der Angaben des Planes wird die Bevölkerungszahl jedes der erwähnten Zentren, die gegenwärtig (1975) etwa 40000 bis 50000 Ew beträgt, noch auf 60000—70000 anwachsen; im Falle der Stadt Piła wird sie im Planungszeitraum 100000 überschreiten.

Die Bestimmung der *45 funktionellen Stadtregionen* (vgl. Abb. 1) wurde in drei Etappen durchgeführt. In der ersten Etappe hat man die Analyse des Wirkungsbereiches des Pendelverkehrs ausgewertet, wobei die integrierten räumlichen Einheiten den Analyseergebnissen angepaßt wurden. Die zweite Etappe beruhte darauf, daß man die intensiven Beziehungen gleichen Typs in neuentstandenen Industriegebieten berücksichtigt hat. In der dritten Etappe wurden dann einige neue Regionen ausgewiesen, wobei man sich der Kriterien der Neuentwicklung von zentralen Funktionen nach den Angaben des Raumplanes des Landes bediente.

Es muß hier hervorgehoben werden, daß bei Verwendung des Kriteriums der Pendelwanderung die den maximalen Werten angenäherten Wirkungsbereiche bestimmt und dabei Gebiete hoher Intensität der Pendelwanderung weit überschritten wurden. Da in der Studie des Hauptamtes für Statistik die Pendelwanderung für Städte mit weniger als 50000 Einwohnern außer acht blieb, hat die dieser Studie beigefügte Karte der Pendelwanderung einen stark verallgemeinerten Charakter.

Die Berücksichtigung der neun zusätzlichen Zentren von Regionen erlaubt, die Lücken teilweise auszufüllen. Das war allerdings mit der Notwendigkeit verbunden, daß nicht völlig gleichartige und nicht streng formulierte Kriterien verwendet werden mußten. Dieses Verfahren scheint durch den makrodimensionalen, perspektivisch orientierten Charakter dieser Analyse gerechtfertigt zu sein. Die im Hinblick auf den räumlichen Maßstab, die Bevölkerungszahl und das Wirtschaftspotential bestimmten Einheiten entsprechen der

Abb. 1. Funktionelle Stadtregionen in der VR Polen (1968—1970)

*1* Białystok
*2* Bielsko-Biała
*3* Bydgoszcz
*4* Częstochowa
*5* Elbląg
*6* Ełk-Suwałki
*7* Gdańsk
*8* Gorzów Wlk.
*9* Grudziądz
*10* Inowrocław
*11* Jelenia Góra
*12* Kalisz-Ostrów Wlk.
*13* Katowice
*14* Kielce
*15* Konin
*16* Koszalin
*17* Kraków
*18* Krosno-Jasło
*19* Legnica
*20* Lublin
*21* Łomża-Ostrołęka
*22* Łódź
*23* Nowy Sącz
*24* Olsztyn
*25* Opole
*26* Ostrowiec Św.-Skarżysko Kam.-Starachowice
*27* Piła
*28* Piotrków Tryb.-Tomaszów Maz.
*29* Płock
*30* Poznań
*31* Przemyśl
*32* Radom
*33* Rzeszów
*34* Siedlce
*35* Słupsk
*36* Szczecin
*37* Tarnobrzeg-Stalowa Wola
*38* Tarnów
*39* Toruń
*40* Wałbrzych
*41* Warszawa
*42* Włocławek
*43* Wrocław
*44* Zamość
*45* Zielona Góra

Konzeption funktioneller Stadtregionen als Regionen mit einem hohen Grad der Ausbilanzierung von Arbeitsstellen, Wohnorten der Bevölkerung und Dienstleistungsbetrieben. Die Hälfte dieser Zentren zählt mehr als 100000 Einwohner, die Mehrzahl der übrigen Zentren erreicht diese Grenze oder ein wenig niedrigeres Niveau in den nächsten zehn Jahren. Städte dieser Größe sind in der Lage, einen fast vollständigen Komplex zentraler Funktionen und zusammen mit den sie umgebenden Zonen auch einen entsprechend großen und differenzierten Arbeitsmarkt zu sichern, der die Geschlossenheit des Tageszyklus der Tätigkeit der Menschen unter den Bedingungen einer Gesellschaft von hoher räumlicher Mobilität, Differenzierung der Qualifikationen und Interessen ermöglichen wird.

Der *Vergleich* des Systems funktioneller Stadtregionen *mit der neuen Einteilung in Wojewodschaften* führt zu der Feststellung, daß die beiden räumlichen Systeme ähnlich sind. Das überrascht nicht, weil eine der Voraussetzungen für die Reform der Verwaltungsstruktur, die 1973—1975 durchgeführt worden ist, die Schaffung von Regionen war, die hin-

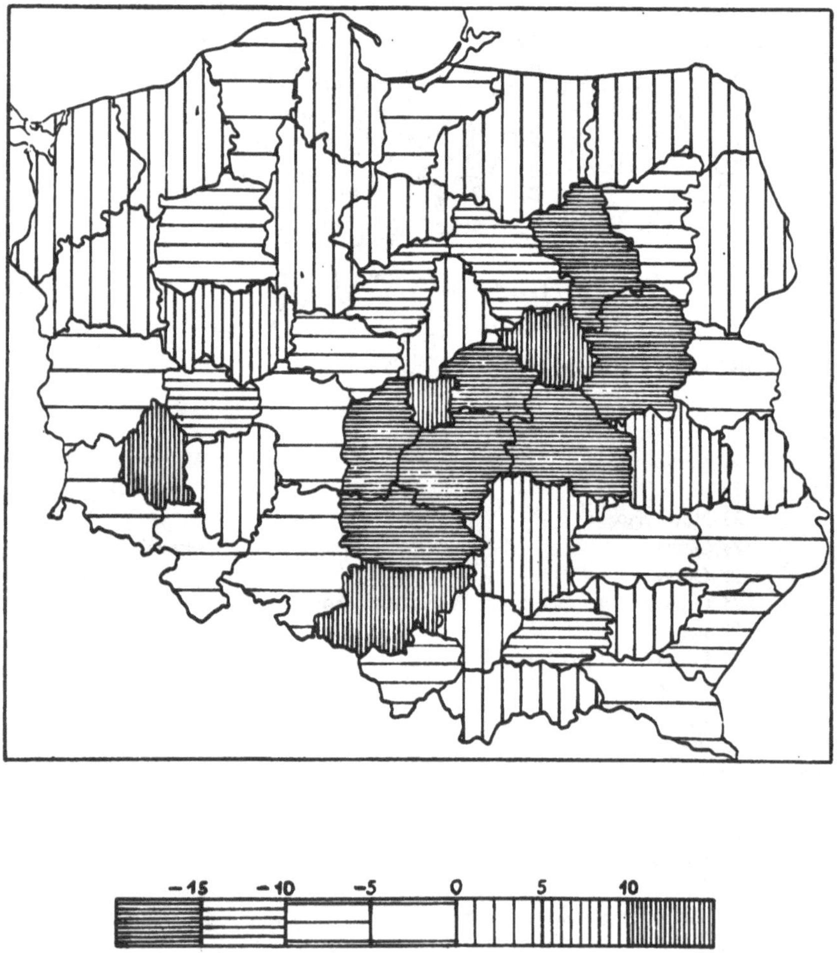


Abb. 2. Der Pendlerverkehr zwischen den Wojewodschaften (1973) — Räumliche Differenzierung des Index $S_1$

sichtlich der Struktur des Siedlungsnetzes und der gesellschaftlich-wirtschaftlichen Merkmale zusammengehören — dabei wurde die früher dreistufige Gliederung in:
Wojewodschaften (22), Kreise (391) und Landgemeinden (4300) durch eine zweistufige Gliederung in:
Wojewodschaften (49) und Gemeinden (2200)
ersetzt —.

Die größten *Unterschiede* zwischen dem System funktioneller Stadtregionen, die in der vorliegenden Arbeit ausgewiesen sind und dem System neuer Wojewodschaften entsprechen, betreffen vor allem die Regionen von Warszawa, Łódź und Krakow. In der Verwaltungsstruktur des Landes umfassen diese Regionen fast nur die Agglomerationen, während außerhalb derselben noch eine breite Zone des weniger intensiven Pendelverkehrs und der Dienstleistungen dieser Agglomerationen verbleibt.

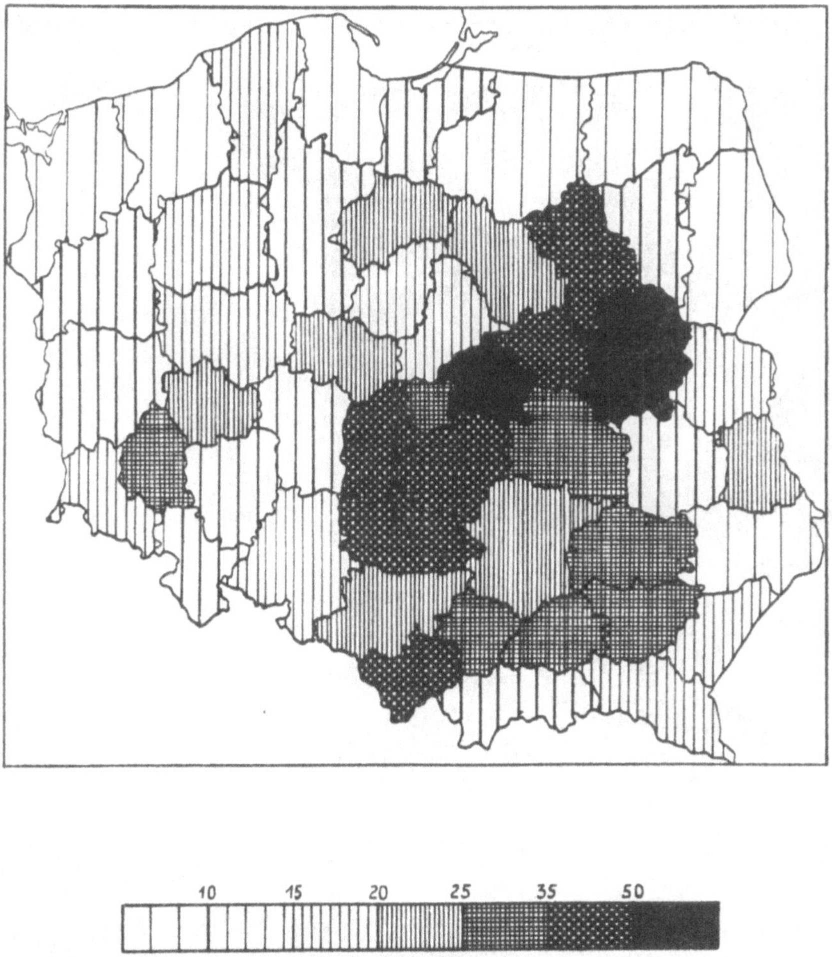


Abb. 3. Der Pendlerverkehr zwischen den Wojewodschaften (1973) — Räumliche Differenzierung des Index $S_2$

Die Interpretation der Ähnlichkeiten bzw. der Unterschiede zwischen beiden besprochenen Raumsystemen verdeutlichen die Abbildungen 2, 3 und 4, die Aussagen über den *Pendelverkehr zwischen den Wojewodschaften* enthalten. Sie zeigen die räumliche Verteilung der Indices $S_1$, $S_2$ und $S_3$, wobei die Relationen gelten:

$$S_1 = (A_w - B_w) \cdot L^{-1} \qquad \text{(vgl. Abb. 2)},$$
$$S_2 = (A_w + B_w) \cdot L^{-1} \qquad \text{(vgl. Abb. 3)},$$
$$S_3 = (A_w + B_w)(Z_g + A_w + B_w)^{-1} \qquad \text{(vgl. Abb. 4)},$$

mit

$A_w$ = Zahl der Einpendler in eine Wojewodschaft

$B_w$ = Zahl der Auspendler einer Wojewodschaft

$L$ = Gesamtzahl der Bevölkerung einer Wojewodschaft

$Z_g$ = Zahl der Pendler innerhalb einer Wojewodschaft, d. h., die Pendler überschreiten nur die Grenzen von Verwaltungseinheiten niederer Stufe wie Gemeinden oder Städten

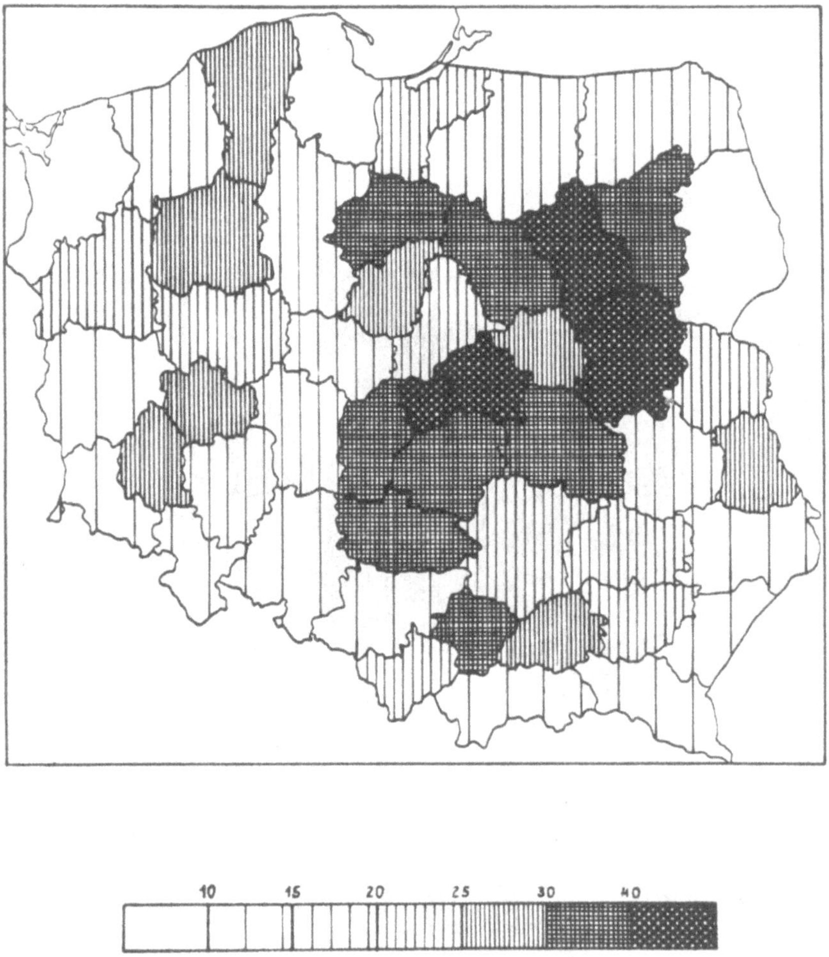


Abb. 4. Der Pendlerverkehr zwischen den Wojewodschaften (1973) — Räumliche Differenzierung des Index $S_3$

Die Verteilung der Indexwerte weist auf einen relativ niedrigen Grad der Geschlossenheit von Wojewodschaften hin, die den städtischen Wojewodschaften von Warszawa, Łódź und Kraków benachbart sind, was die früheren Feststellungen in bezug auf die Relationen zwischen dem Grenzverlauf dieser Wojewodschaften und den Grenzen der funktionellen Stadtregionen bestätigt. Fragen der Hierarchie der Stadtregionen kommen hierbei zum Vorschein. Die räumliche Verteilung des Pendelverkehrs und der Migration geben zu erkennen, daß diesbezüglich eine Abhängigkeit zwischen den einzelnen Regionen besteht. Diese Abhängigkeit macht sich deutlich am Bereich der Wirtschaftsverbindungen bemerkbar, die durch die dreistufige Struktur der alten Verwaltungsgliederung gefestigt wurden.

Bei der Erforschung der *inneren Struktur von Stadtregionen* ist es zweckmäßig, das *System der Verwaltungsregionen* und das System der *Stadtregionen parallel* zu verwenden. Das erstere kann besonders gut für die retrospektive Analyse im Hinblick auf die Zugänglichkeit der Daten und die relative Beständigkeit der Kreiseinteilungen im Zeitraum von 1950 bis 1975 verwendet werden. Das System der Wojewodschaften ist für die Analyse der gegenwärtigen Struktur des Profils der Städte und Gemeinden besser nutzbar. Es ist anzunehmen, daß das System der Wojewodschaften auf die Formung und Umgestaltung der funktionellen Stadtregionen Einfluß haben wird und daß sich eine Tendenz zur Angleichung beider Systeme in der Zukunft abzeichnen wird. Das steht eng im Zusammenhang mit den Funktionen der Verwaltungseinheiten als Planungs- und Wirtschaftsregionen unter den Bedingungen der Planwirtschaft (vgl. LESZCZYCKI 1971). Obwohl auf die weitere Erörterung zu diesem Thema, das außerhalb der Thematik dieses Beitrages liegt, nicht eingegangen wird, soll auf die *Rückkopplung* zwischen dem *System der Verwaltungsregionen* und der *räumlichen Differenzierung der Wirtschaft* aufmerksam gemacht werden.

Eine Voraussetzung für die Schaffung der Gemeinden anstelle der älteren Dorfgemeinden im Jahre 1973 war der Übergang zu räumlichen Einheiten, deren Größe wie auch das Bevölkerungs- und Wirtschaftspotential die Neuerungen in der Landwirtschaft und die moderne Organisation im Dienstleistungssektor — besonders des Schulwesens — begünstigt. Die Struktur des Schulwesens wie auch anderer Aktivitäten des tertiären Sektors wird durch die Verwaltungsgliederung des Landes bestimmt. Im regionalen Maßstab spiegelt die Gliederung in 49 Wojewodschaften die früher geformte Struktur gesellschaftlicher und ökonomischer Beziehungen wider, und zugleich wird sie zum Faktor weiterer Umgestaltungen dieser Struktur.

Es wurde oben darauf hingewiesen, daß die Analyse der inneren Struktur der Stadtregionen in Anlehnung an zwei räumliche Systeme, die unterschiedliche Zeitprofile repräsentieren und für die entsprechenden Daten zugeordnet werden können, zweckmäßig erscheint. Ein zweites Argument, das dafür spricht, ist die Spezifik jedes dieser Systeme im Hinblick auf den Charakter der interregionalen Verbindungen — des Pendelverkehrs im Maßstab der ganzen Volkswirtschaft einerseits und der Beziehungen im Bereich der Verwaltung und der zentralen Funktionen andererseits. Die Bereiche dieser Beziehungen überlagern sich, allerdings nicht völlig. Etwa die Hälfte des Pendelverkehrs (46% im Jahre 1968) entfällt auf die Industrie, also auf den Wirtschaftsbereich, in dem die regionale Struktur im Verhältnis zur Zweigstruktur eine zweitrangige Rolle spielt. Man kann also das *System der funktionellen Stadtregionen* und das *System der Verwaltungsregionen* als Systeme betrachten, die *zwei sich teilweise deckende Gebiete* repräsentieren. Die Gebiete drücken zwei Verbindungsarten aus:

— Relationen, die sich aus der gegenseitigen Trennung der Wohn- und Arbeitsorte der Bevölkerung ergeben und
— Relationen, die sich aus der Verteilung der zentralen Funktionen und aus dem räumlichen Maßstab der Verwaltungsstruktur im Bereich der Wirtschaft und im außerwirtschaftlichen Bereich ergeben.

## 4. Differenzierung der Stadtregionen und ausgewählte Merkmale ihrer inneren Struktur

In den vorangegangenen Teilen des Beitrages wurde die Aufmerksamkeit auf die *Differenzierung der funktionellen Stadtregionen* gelenkt und zwar im Hinblick auf:

a) den *Grad ihrer Ausprägung*, der in extremen Fällen die mit städtischen Ballungsgebieten identischen Regionen bzw. Regionen mit traditioneller hierarchischer Siedlungsstruktur und mäßigem Urbanisierungsindex umfaßt,
b) die *Geschlossenheit* und ihre *Veränderlichkeit*, die im Fall der Regionen des zweiten Typs (d. h. der Verwaltungseinheiten) besonders wichtig ist. Auf das Vorhandensein einer Hierarchie der Stadtregionen wurde hingewiesen.

Die genannten Differenzierungen spiegeln sich in den *Relationen* zwischen der *Innenzone* (dem Kern) und der *Außenzone* dieser Regionen wider. Besonders deutlich ist dies für die Relationen im Bereich der Verteilung der Bevölkerung, der Arbeitsplätze und des Wohnungsbestandes zu erkennen. Es ist zu vermuten, daß diese Strukturen Wandlungsprozessen unterliegen, deren Richtung durch die unter a) und b) genannten Merkmale der Regionen vorgezeichnet wird.

Eine Bestätigung dieser Hypothese ergibt sich teilweise aus den in den Tabellen 1 und 2 aufgeführten Daten. Sie beziehen sich auf die Stadtregionen des ersten Typs (d. h. auf die Einheiten, die hauptsächlich auf Grund des Wirkungsbereiches des Pendelverkehrs ausgewiesen wurden). Sie sind in den Tabellen nach der *Bevölkerungszahl* des Innengebietes (des Kerns) geordnet. Diese Zahl wird als *Maß des Ausbildungsgrades* der Stadtregionen betrachtet. Die oben angeführten Angaben weisen auf das Bestehen *abnehmender* Relationen zwischen der Bevölkerungszahl des Innengebietes und dem Anteil derselben an der gesamten Bevölkerungszahl der Region hin. Andererseits nimmt für die ersten vier Gruppen mit über 150000 Einwohnern im Zentrum die Änderung des Anteils der Bevölkerung im Zentrum zwischen 1950 und 1973 mit abnehmender Zentrengröße zu. Für diese Fälle betragen die Änderungen am Anteil der Innengebiete in Prozent für die fortlaufenden Gruppen: 1,6; 6,4; 8,1; 10,1. Für die übrigen Gruppen wurden solche unterschiedlichen Relationen nicht festgestellt. Hier waren die Indices ausgeglichen und betrugen: 4,8; 4,9; 4,7 und 4,5 Prozent.

Für die Teilperioden ist die Anteilsänderung viel weniger auffällig. Es läßt sich zusammenfassend feststellen, daß die *Konzentrationsprozesse der Bevölkerung* im Zeitraum 1950 bis 1973 in allen Gruppen von Stadtregionen zunahmen, wobei dieser Prozeß am schnellsten in denjenigen Regionen verlief, in denen das Zentrum etwa 200000—600000 Einwohner zählte, also in den die Stadtballungsgebiete umfassenden Regionen. Anders gestalten sich die Indices in den zwei zur ersten Gruppe gehörenden Regionen (Warszawa und der Städtekomplex von Gorny Sląsk). In ihrem Falle kam es zu einer Stabilisierung und im Zeitraum von 1960—1970 zu einem geringen Rückgang des Anteils der Innenregionen, also zu *Symptomen der Dekonzentration* der Bevölkerung im regionalen Ausmaß. Diese Er-

Tabelle 1. Bevölkerungsentwicklung der Innengebiete der Stadtregionen

| Gr. | Bevölkerungszahl | Anzahl der Stadtregionen | Prozentualer Zuwachs der Bevölkerung in der Region | | | in der Außenzone | | | Proz. Anteil der Innenzone (Kern) | | | |
|---|---|---|---|---|---|---|---|---|---|---|---|---|
| | | | 1950–60 | 1960–70 | 1970–73 | 1950–60 | 1960–70 | 1970–73 | 1950 | 1960 | 1970 | 1973 |
| 1. | über 1000000 | [2] | 121,1 | 112,1 | 103,7 | 117,9 | 112,3 | 103,5 | 40,0 | 41,6 | 41,5 | 41,6 |
| 2. | 500000–1000000 | [5] | 120,3 | 112,5 | 102,6 | 115,0 | 109,3 | 99,5 | 36,5 | 39,4 | 41,1 | 42,9 |
| 3. | 200000–500000 | [3] | 124,7 | 113,8 | 103,2 | 122,3 | 105,9 | 101,2 | 24,4 | 26,0 | 31,1 | 32,5 |
| 4. | 150000–200000 | [3] | 113,7 | 107,2 | 101,1 | 106,6 | 101,9 | 99,3 | 18,9 | 23,9 | 27,7 | 29,0 |
| 5. | 100000–150000 | [5] | 119,6 | 109,7 | 102,0 | 117,0 | 107,2 | 100,6 | 14,5 | 16,3 | 18,2 | 19,3 |
| 6. | 75000–100000 | [10] | 120,4 | 111,8 | 106,1 | 116,6 | 109,0 | 105,9 | 14,7 | 17,4 | 19,4 | 19,6 |
| 7. | 50000– 75000 | [8] | 119,4 | 109,5 | 102,4 | 116,1 | 107,1 | 101,6 | 11,5 | 13,7 | 15,5 | 16,2 |
| 8. | unter 50000 | [9] | 113,1 | 106,9 | 101,7 | 110,8 | 104,9 | 101,0 | 5,7 | 7,7 | 9,5 | 10,2 |

Tabelle 2

| Gr. | Bevölkerungszahl | Anzahl der Stadtregionen | Prozentindex der Zunahme der Industriebeschäftigten | | Anteil der Innengebiete an der Zahl der Industriebeschäftigten | | | Anteil der Innengebiete an den Wohnungsfonds | | | |
|---|---|---|---|---|---|---|---|---|---|---|---|
| | | | 1960—70 | 1970—73 | 1960 | 1970 | 1973 | 1950 | 1960 | 1970 | 1973 |
| 1 | über 1000000 | [2] | 123,7 | 104,7 | 49,0 | 52,8 | 51,0 | 41,2 | 43,2 | 45,5 | 45,1 |
| 2 | 500000—1000000 | [5] | 129,0 | 108,0 | 59,6 | 65,0 | 62,8 | 37,6 | 40,8 | 44,1 | 45,8 |
| 3 | 200000— 500000 | [3] | 151,8 | 117,3 | 54,8 | 56,6 | 53,9 | 24,4 | 27,3 | 31,2 | 32,2 |
| 4 | 150000— 200000 | [3] | 141,7 | 114,5 | 54,6 | 58,5 | 57,0 | 20,9 | 24,9 | 29,3 | 30,2 |
| 5 | 100000— 150000 | [5] | 136,1 | 107,8 | 22,3 | 33,9 | 34,4 | 15,1 | 17,7 | 19,7 | 20,6 |
| 6 | 75000— 100000 | [10] | 147,8 | 114,6 | 32,7 | 41,0 | 40,4 | 15,8 | 17,9 | 19,0 | 21,2 |
| 7 | 50000— 75000 | [8] | 147,5 | 117,7 | 24,9 | 31,3 | 31,3 | 12,5 | 14,3 | 16,5 | 16,9 |
| 8 | unter 50000 | [9] | 164,4 | 125,7 | 15,7 | 28,7 | 28,3 | 6,9 | 8,5 | 10,8 | 11,3 |

scheinung muß man teilweise mit der in den sechziger Jahren durchgeführten Deglomerationspolitik in Verbindung sehen. Darüber hinaus ist sie aber ein charakteristisches Merkmal der fortgeschrittenen Entwicklungsphase einer Stadtregion, in der sich das beschriebene System der Hauptstadtregion in ein System des sogenannten Stadtfeldes umwandelt.

Die Änderungen des Indexes des Anteils der Innenregionen entsprechen unter dem Aspekt der Verteilung des *Wohnungsbestandes* in allen acht Gruppen (vgl. Tab. 2) den Erwartungen, da sie *analog* der Tendenzen in der *Bevölkerungsverteilung* verlaufen. Der Anstieg des Anteils der Innengebiete der Stadtregionen ist hinsichtlich des Wohnungsbestandes durchschnittlich höher als der Anstieg des Anteils der Bevölkerungszahl, was auf eine schnellere Verbesserung der Wohnbedingungen in den Innengebieten hinweist. Die Konzentrationserscheinungen verliefen am schnellsten in den zu den Gruppen 2—4 gehörenden Regionen; ihre Intensität stellte eine reziproke Funktion der Bevölkerungszahl des Innengebietes in den Gruppen 1—4 dar. Eine solch günstige Relation wies diese dagegen in den übrigen Gruppen der Stadtregionen nicht auf. Darüber hinaus machte sich in der Gruppe 1 im Zeitraum von 1970—1973 ein geringer Rückgang des Anteils der Innengebiete bemerkbar.

Völlig *abweichend* von dem oben dargestellten Bild sind die Änderungen in der *Verteilung der Industriebeschäftigten*. Hinsichtlich dieses Aspekts machte die räumliche Konzentration im Jahrzehnt von 1960—1970 Fortschritte, besonders in den Regionen, in denen die Innengebiete durch Städte mit über 100000 Einwohnern gebildet werden. Der Zeitraum von 1970—1973 brachte einen Rückgang des Anteils der Innenzone in fast allen Gruppen von Regionen, besonders aber in den Gruppen 1—3, d. h. in den die *Stadtballungsgebiete* umfassenden Regionen. Das ist eine charakteristische Erscheinung im Prozeß der Umwandlung der räumlichen Struktur der funktionellen Stadtregionen; dennoch hat man bisher behauptet, daß sie der Dekonzentrationserscheinung in der Bevölkerungsverteilung nicht vorausgeht, sondern eine Folge davon ist. Dieses Problem bedarf noch einer Analyse, die ausführlich sowohl im räumlichen Maßstab als auch im Zweigsektor durchgeführt werden sollte. Das Ziel dieser Analyse kann formuliert werden als: Bestimmung von Relationen der Umgestaltung funktioneller Stadtregionen zu Wohngebieten, Arbeits- und Dienstleistungsbereichen.


## Резюме

### Пространственная структура функциональных городских регионов в Польше

В первой главе представляются шесть видов функциональных городских регионов, которые соответствуют теоретическим концепциям по структуре систем расселения и территории:

— „Узловой регион“ в теории регионализации и регионального анализа
— „Обслуживающий регион“ или хинтерланд в теории центральных мест
— „Городской регион“в теории экономической базы и структуры функций городов
— „Столичный регион“ в теории о экономическом преобладании крупного города
— „Региональная система расселения“ в теории национальной системы расселения
— „Городское поле“ или „дейли урбан систем“ в теории пространственного передвижения (интеракции).

Как диагностический признак для разграничения принимается пассажирский транспорт. Дальность и дифференцирование массового пассажирского движения зависят от распределения функций и специализации в регионе. Поэтому, определенные таким образом функциональные регионы, могут рассматриваться как общественно-экономические регионы по нескольким признакам.

Во второй главе городские регионы исследуются по их месту в национальной системе расселения. Концепция исходит из того, что национальная система расселения складывается из городских регионов. Наряду с этим, называются возможные начальные исследования по уточнению сведений о самих регионах или об их месте в национальной системе расселения.

В третьей главе представлены функциональные городские регионы Польской Народной Республики и методы их определения. Затем, дается сравнение с новым политико-административным подразделением в воеводствах. Делается вывод о довольно хорошем согласовании.

Заключительная четвертая глава занимается дифференцированием городских регионов и обозначением избранных структурных признаков. Указывается на тенденции развития и одновременно подчеркивается, что необходимо глубоко анализировать преобразование функциональных городских регионов в жилые, рабочие регионы и регионы бытового обслуживания.

## Summary

The spatial structure of the functional urban regions in Poland

In the first chapter six notions of urban regions are introduced, which follow theoretical concepts on the structure of settlement systems and on regional structures:

— the „nodal region“ in the theory of regionalization and regional analysis,
— the „city-hinterland“ in the theory of central places,
— the „city-region“ in the theory of the urban economic base and the structure of urban functions,
— the „metropolitan region“ in the theory of the economic dominance of the city,
— the „regional settlement system“ in the theory of the national settlement system, and
— the „urban field“ or „daily urban system“ in the theory of spatial interaction.

The diagnostic criterion chosen for demarcation is travel to work. The commuting distance and the various types of commuting depend on the division of functions and specialization in the region. This is why the functional urban regions thus determined can be interpreted also as socio-economic regions, taking several characteristics as a basis.

In the second chapter the place of urban regions in the national settlement system is studied. One concept assumes that the national settlement system consists of urban regions. Following this, possible starting points are outlined for research aimed providing better knowledge of the regions themselves and their interdependence within the national settlement system.

The third chapter introduces functional urban regions in Poland and methods of their identification, followed by a comparison with the new administrative division into voivodeships. A high degree of correlations is found to exist.

The concluding fourth chapter deals with the typology of variations between urban regions and the designation of their selected structural characteristics. Current trends are pointed out, and the necessity is emphasized of providing an extended analysis of the transformation of functional urban regions from the point of the relationsships between patterns of living, work and service utilization.

## Literatur

ALAEV, E., CHOREV, B.: Formation of a Unified Settlement System in the USSR. Soviet Geographical Studies, Social Sciences Today, Editorial Board, Moscow 1976, 169—180.

BERRY, B. J. L.: Growth Centers in the American Urban Systems. I, II, Ballinger, Cambridge 1973.

BERRY, B. J. L., HORTON, F. E., eds.: Geographic Perspectives on Urban Systems. Prentice-Hall, Englewood Cliffs, N. J. 1970.

BOURNE, L. S.: Urban Systems, Strategies for Regulation. Clarendon Press, Oxford 1975.

CHOREV, B.: Problemy gorodov. Ekonomiko-geografičeskoe isledovanie gorodskogo rasselenija v SSSR. Mysl, Moskva 1971.

DICKINSON, R.: City and Region: A Geographic Interpretation. Routledge and Kegan Paul, London 1964.

DUNCAN, O. D., SCOTT, W. R., LIEBERTON, S., DUNCAN, R., WINSBOROUGH, M. M.: Metropolis and Region. Resources for the Future. Johns Hopkins University Press, Baltimore 1960.

DZIEWOŃSKI, K.: Baza ekonomiczna i struktura funkcjonalna miast. Studium rozwoju pojęć, metod i ich zastosowań. Prace Geograficzne IG PAN, 63, Warszawa 1967.

DZIEWOŃSKI, K.: Program badań systemu osadniczego Polski. Instytut Geografii PAN, Warszawa 1971.

DZIEWOŃSKI, K.: The Role and Significance of Statistical Distributions in Studies of Settlement Systems. Papers of the Regional Science Association, 34 (1975) 145—155.

FIEDOROWICZ, K.: System osadniczy w planie przestrzennego zagospodarowania kraju do 1990 r., Miasto, 9 (1976) 1—5.

FRIEDMANN, J., MILLER, J.: The Urban Field. Journal of the American Institute of Planners, 31 (1965) 312—319.

GREER-WOOTTEN, B.: Metropolitan Regional Analysis. Progress in Geography, 4, Edward Arnold, London 1972 255—299.

HALL, P., GRACEY, H., DREWETT, R., THOMAS, R.: The Containment of Urban England. I, II, George Allen and Unwin, London 1973.

HANSEN, N. H.: Systems Approaches to Human Settlements. International Institute for Applied Systems Analysis, RM-76-3, Laxenburg 1976.

KORCELLI, P.: On Interrelations between Human Settlement Systems and Regional Socioeconomic System. International Institute for Applied Systems Analysis, Laxenburg 1976.

KORCELLI, P., POTRYKOWSKA, A.: Rozwój funkcji usługowych a hierarchia administracyjna miast w Polsce. Komitet Przestrzennego Zagospodarowania Kraju PAN, Warszawa 1976.

LAMBOOY, J. G.: City and City Region in the Perspective of Hierarchy and Complementarity. Tijdschrift voor Ekonomische en Sociale Geografia, 60 (1969) 141—154.

LESZCZYCKI, S.: Long-term Planning and Spatial Structure of Poland's National Economy. Ossolineum, Wrocław 1971.

LÜDEMANN, H., HEINZMANN, J.: On the Settlement System of the German Democratic Republic: Development Trends and Strategies. International Institute for Applied Systems Analysis, Laxenburg 1976.

PRED, A.: The Growth and Development of Systems of Cities in Advanced Economies. Systems of Cities and Information Flows: Two Essays. Lund Studies in Geography, Ser. B, 38 (1973).

RAY, M.: Urban Growth and the Concept of Functional Region. Economic Regionalization and Numerical Methods. Geographia Polonica, 15 (1968) 199—240.

Strefy wpływów dużych miast w świetle dojazdów do pracy. Statystyka Regionalna 35, Główny Urząd Statystyczny, Warszawa 1973.

Whittlesey, D.: The Regional Concept and the Regional Method. American Geography: Inventary and Prospect, Syracuse 1954.
Wilson, A. G.: Urban and Regional Models in Geography and Planning. Wiley, London 1974.
Wróbel, A.: Pojęcie regionu ekonomicznego a teoria geografii. Prace Geograficzne, 45, Warszawa 1965.
Zagożdżon, A.: Regional and Subregional Centres in Poland: A general Characterization. Geographia Polonica 33 (1976) 59—74.

Prof. Dr. Piotr Korcelli, Instytut Geografii i Przestrzennego Zagospodarowania PAN, P 00927 Warszawa, Krakowskie Przedmiescie 30

# Entwicklungstendenzen der ländlichen Siedlungen in der VR Polen

Von Andrzej Stasiak

## 1. Einführung

Probleme der Siedlungsstruktur zählen seit Jahren zu den wichtigsten Arbeitsbereichen der Geographie, aber auch angrenzender Wissenschaftsdisziplinen. Dennoch ist es zum gegenwärtigen Zeitpunkt noch nicht möglich, eine umfassende Darstellung etwa zum Thema „Entwicklung der Siedlungssysteme von Agrargebieten in der Volksrepublik Polen“ zu formulieren. Dagegen können einige wesentliche Ursachen des strukturellen und funktionalen Wandels ländlicher Siedlungen aufgezeigt und deren weitere Entwicklung skizziert werden. Verständlicherweise sind im Rahmen eines Aufsatzes keine detaillierten Aussagen möglich. Grundzüge können jedoch jetzt schon fixiert werden; sie vermitteln zumindest erste Hinweise darüber, in welchem zeitlichen und sachlichen Rahmen sich der Wandel ländlicher Siedlungen in unserem Lande vollzieht.

## 2. Historische Entwicklungsbedingungen im Überblick

Das heutige ländliche Siedlungsnetz wurde im Verlaufe eines langwierigen historischen Prozesses gestaltet, und sein derzeitiger Zustand ist in hohem Maße eine Folge dieser Entwicklung. Im Mittelalter, bis ins 16./17. Jahrhundert hinein, prägten vor allem die jeweiligen Besitzverhältnisse und die natürlichen Umweltbedingungen Grundriß und Wirtschaftskraft der Siedlungen.

Damals bestanden die Siedlungen aus verhältnismäßig kleinen Dörfern, deren Einwohner Frondienste zu leisten hatten. Ihre wirtschaftliche Grundlage war durch agrare Monofunktion gekennzeichnet, die durch Waldwirtschaft, Fischfang und eine noch auf primitiver Stufe stehende Verarbeitung der erzeugten Agrarprodukte ergänzt wurde. Es kann angenommen werden, daß 80—90% der damals lebenden Bevölkerung ihren Lebensunterhalt in der Landwirtschaft fand. Kleine, recht zahlreiche Städte fungierten als Tauschzentren für Handelsware. Jedoch auch hier war die Einwohnerschaft auf zusätzliche, außerhalb des Handels liegende Erwerbsmöglichkeiten angewiesen. Außerdem konzentrierten sich Dienstleistungsfunktionen in Pfarrdörfern und in Siedlungen mit vorwiegendem Mittel- und Großgrundbesitz, von denen besonders wirtschaftliche und planerische Impulse ausgingen.

Nachhaltig änderte sich diese Situation erst im 19. bzw. zu Beginn des 20. Jahrhunderts. Durch Aufhebung der Fronherrschaft und teilweise Parzellierung des Großgrundbesitzes tritt ein *Zerstreuungsprozeß* der ländlichen Siedlungen ein. Die Festlegung der administrativen Grenzen der Gemeinden und Kreise sowie der zunehmende Einfluß von Seiten der staatlichen Verwaltung begünstigten die Bildung von *Zentraldörfern* (Dörfer mit Sitz der

Gemeindeverwaltung). In der zweiten Hälfte des 19. Jahrhunderts etablierten sich in diesen Gemeinden auch Schulen. Das Spektrum der Dienstleistungsfunktionen erweiterte sich in jener Zeit noch durch die Gründung von Genossenschaften des Handwerks und der Kaufleute, die ihren Sitz vorwiegend in denjenigen Dörfern, welche Gemeindesitze waren, und in kleinen Städten fanden. Auf diese Weise wurde eine erste *Funktionsteilung* zwischen sog. *„reinen" Agrardörfern* und solchen mit einer mehr *polyfunktionalen*, aber nicht-industriellen Ausrichtung eingeleitet, wobei es sich bei letzteren im wesentlichen um Kleinstädte handelt. Ende des 19. und zu Beginn des 20. Jahrhunderts faßte in ländlichen Siedlungen schließlich auch die Industrie Fuß, speziell der Steinkohlen- und Erzbergbau sowie die Hüttenindustrie.

Unter dem Einfluß dieser Industriezweige vollzogen sich z. B. die Herausbildung des bekannten Industriegebietes von Gorny Sląsk, des Beckens von Dąbrowa Górnicza und von Jaworzno-Kraków. Gleichzeitig vollzog sich ein Struktur- und Funktionswandel in jenen agrarisch geprägten Regionen, die im Einflußbereich von Großstädten oder entstehender Agglomerationen lagen. Einerseits nahm hier die Anzahl der nicht in der Landwirtschaft Beschäftigten zu, zum anderen führte die intensivere Bewirtschaftung des ländlichen Raumes zur Herausbildung einer Spezialproduktionsrichtung, dem Gartenbau.[1] Bereits damals traten schon Ortschaften mit dominierender Erholungsfunktion hervor.

Einige wenige Zahlenbeispiele aus der Zeit vor dem II. Weltkrieg sollen abschließend verdeutlichen, auf welchen ungünstigen *Ausgangsbedingungen* die Siedlungsnetzplanung *nach 1945* aufzubauen hatte:

— verhältnismäßig große Bevölkerungsdichte;
— > 80% der Bevölkerung waren in der Landwirtschaft tätig;
— ca. $^3/_4$ der einzelbäuerlichen Betriebe umfaßten weniger als 5 ha landwirtschaftliche Nutzfläche;
— $^1/_4$ der landwirtschaftlichen Nutzfläche Polens wurde von Einzelbauern bewirtschaftet;
— das Siedlungsnetz bestand aus etwa 40000 Dörfern mit durchschnittlich 570 Einwohnern je Dorf;
— insgesamt existierten 3000 Gemeinden als administrative Einheiten, in denen durchschnittlich jeweils etwa 7200 Einwohner lebten.

## 3. Ländliche Siedlungen in der Volksrepublik Polen — Entwicklungstendenzen und ihre Ursachen

### 3.1. Besitzverhältnisse

Der Wiederaufbau der Landwirtschaft Volkspolens nach 1945 begann mit einem schweren Erbe. Es war vor allem durch drei Merkmale gekennzeichnet: etwa 7,5 Millionen Hektar landwirtschaftlicher Nutzfläche — das entspricht etwa 40% — lag durch die Kriegsfolgen brach; ca. 500000 Bauernhöfe waren völlig vernichtet worden; die Bevölkerung hatte Millionen-Verluste erlitten.

[1] Weitere Ausführungen zum Thema historischer Wandlungen der ländlichen Siedlungen in Polen geben: M. KIEŁCZEWSKA-ZALESKA, M. DOBROWOLSKA, J. BURSZTA, S. GOLACHOWSKI, E. KWIATKOWSKA, F. PIAŚCIK u. a. (vgl. auch Przegląd Geograficzny, XLVIII (1976) 4).

Schon 1944 wurden von Seiten des Staates erste Regelungen getroffen, die den Neubeginn einleiteten. Auf Grund des am 6. September 1944 vom Polnischen Komitee für die Nationalbefreiung verabschiedeten Dekrets konnten der Großgrundbesitz sowie alle verlassenen Ländereien — etwa 10 Millionen Hektar — dem Staat übereignet und an Einzelbauern verteilt werden. Auf diese Weise entstanden über eine Million neuer Bauernhöfe, tausende erhielten zusätzlich Boden. Die Durchschnittsgröße dieser Neugründungen betrug in Zentral- und Ostpolen etwa 5,0 ha, in den West- und Nordgebieten ca. 8,0 ha. Der Anteil der einzelbäuerlichen Betriebe ist auch heute noch sehr groß. Mehr als $^3/_4$ der Landwirtschaftlichen Nutzfläche unseres Landes wird gegenwärtig von Einzelbauern bewirtschaftet, die durchschnittliche Größe ihrer Betriebe liegt bei 5—6 ha. 1975 entfielen von den insgesamt *3,1 Millionen Betrieben* dieser Art

60% auf die Gruppe 0,5—< 5,0 ha
28% auf die Gruppe 5,0— 10,0 ha
12% auf die Gruppe > 10,0 ha[2].

Diese speziellen Besitzverhältnisse werden auch in Zukunft für das ländliche Siedlungsnetz charakteristisch bleiben (vgl. Stasiak 1968 und 1973).

Bemerkenswert sind die gegenwärtigen *regionalen Differenzierungen* hinsichtlich der durchschnittlichen Betriebsgröße und den Besatz an Arbeitskräften. In den *südlichen* Wojewodschaften beträgt die Betriebsgröße bei den Einzelbauernwirtschaften ca. 2,0 bis 3,0 ha, der Arbeitskräfte-Besatz 50 Ak pro 100 ha LN. Die *nördlichen* Wojewodschaften dagegen weisen Betriebsgrößen von etwa 10 ha und einen Arbeitskräftebesatz von ungefähr 15—20 Ak auf. Der Bestand an Arbeitskräften ist in diesen Betrieben im allgemeinen verhältnismäßig hoch[3].

Weitaus dynamischer veränderte sich das Siedlungsnetz in denjenigen Regionen, in denen der *Anteil von Staatsgütern* groß ist oder aber eine niedrige Bevölkerungsdichte vorliegt. Solche Bedingungen bestehen in den nördlichen und westlichen Wojewodschaften. Hier beläuft sich der Anteil der von Staatsgütern bewirtschafteten Fläche auf etwa 40% der gesamten Landwirtschaftlichen Nutzfläche bei einem Landesdurchschnitt von 18%. Es entstanden landwirtschaftliche Großbetriebe mit einer Wirtschaftsfläche von mehr als 10000 ha, wie zum Beispiel die Landwirtschaftliche Produktionsvereinigung Kętrzyn, die 1974 gegründet wurde und eine Bearbeitungsfläche von etwa 100000 ha besitzt (vgl. Stasiak 1975).

Die weitere Entwicklung der Besitzverhältnisse sieht vor, die von Staatsgütern bewirtschaftete Bodenfläche zu erweitern. Im Jahr 1990 werden vermutlich etwa 50—60% der Landwirtschaftlichen Nutzfläche Volkspolens in staatliches Eigentum überführt worden sein. Dadurch ist zugleich die Grundlage für einen nachhaltigen *Struktur- und Funktionswandel* der ländlichen Siedlungen — vor allem der in Agrargebieten gelegenen — gegeben. Voraussichtlich ist dort dann sowohl mit einer Reduzierung der Anzahl der Siedlungen zu rechnen als auch mit einer Konzentration der Bevölkerung in Siedlungsschwerpunkten, die sich durch besondere Funktionen in den Bereichen Dienstleistungen, Kultur usw. auszeichnen. Selbstverständlich geht mit diesen Veränderungen auch der weitere Ausbau der gesamten materiellen Produktionsbasis der Landwirtschaft, insbesondere der maschi-

[2] vgl. Statistisches Jahrbuch 1976, S. 265, Główny Urząd Statystyczny, Warszawa 1976.

[3] vgl. W. Stola und R. Szczęsny „Geographie der polnischen Landwirtschaft“, Wydawnicta Szkolne i Pedagogiczne, Warszawa 1976, S. 41f.

nellen, einher. Bereits heute schon liegt der Arbeitskräfte-Besatz in den Staatsgütern bei etwa 12 Ak pro 100 ha LN und ist damit deutlich geringer als in den einzelbäuerlichen Betrieben.

## 3.2. Berufsstruktur

In der Nachkriegszeit sind für die polnischen Agrargebiete nachhaltige *Änderungen in der Berufsstruktur* charakteristisch. Generell stieg der Anteil nichtlandwirtschaftlicher Berufe. Dieser Prozeß ist mit der Ausdehnung nichtlandwirtschaftlicher Funktionen auf ländliche Bereiche[4] wie auch mit einem Anstieg der Beschäftigten in Gesundheits- und Bildungswesen, Verwaltung, Handwerk usw. verbunden. In einem Zeitraum von rund 30 Jahren, also von 1946—1975, stabilisierte sich die Zahl der in Dörfern lebenden Bevölkerung auf etwa 15,5 Mill. Personen. Dabei erhöhte sich der Umfang der dort lebenden Einwohner mit nichtagrarischen Berufen von 1950—1974 allein um mehr als 3,6 Mill. und betrug 1974 bereits 6,7 Mill. bzw. 46%.

Deutliche *territoriale Differenzierungen* sind hierbei zu beobachten. Die Verteilung der städtischen Agglomerationen und Industriezentren einerseits wie die Arbeitspendelwanderung andererseits, an der über 2 Mill. der in den Dörfern lebenden Einwohner beteiligt sind, stellen die zwei wichtigsten Ursachen dieser Entwicklungstendenzen dar. Wie gravierend sich dies auf das gesamte ländliche Siedlungswesen auswirkt, wird deutlich, wenn man bedenkt, daß nur bei 4 von insgesamt 49 Wojewodschaften (es wurde die Einteilung nach der Verwaltungsreform vom 1. 6. 1975 zugrundegelegt) der Anteil der nicht in der Landwirtschaft Beschäftigten an den Beschäftigten insgesamt unter 30% lag, in 12 Wojewodschaften — im Süden und Westen gelegen, einschließlich derjenigen von Warszawa und Gdansk — dagegen über 50% betrug[5].

Für einen großen Teil dieses Personenkreises dürfte es kaum möglich sein, sich in Arbeitsplatznähe anzusiedeln. Die häufig gewählte Ausweglösung, der Bau neuer Häuser am Wohnort, führte zwar zur Verbesserung der meist ungenügenden Lebensbedingungen, garantiert jedoch keinesfalls eine harmonische, planmäßige Umgestaltung jener Dörfer. Vielmehr zieht sie fast eine Sprengung der bisherigen Strukturen nach sich. Gerade diese Veränderungen bedürfen gegenwärtig und in Zukunft eines stärkeren Interesses von seiten aller territorialplanerischen Organe, als das bisher der Fall war.

## 3.3. Administrative Gliederung

Es ist eine unbestrittene Tatsache, daß zwischen der administrativen Gliederung eines Landes, vor allem derjenigen auf Gemeindebasis, und allen auf die Umgestaltung der Siedlungsstruktur ausgerichteten Maßnahmen ein enger Zusammenhang besteht. Wie groß die *territoriale Zersplitterung der Dörfer* und ihre Aufteilung auf einzelne Größengruppen noch in jüngster Vergangenheit war, zeigen folgende Zahlen: 1970 existierten

[4] Einen theoretischen Abriß der Umwandlung ländlicher Gebiete in einen Mehrfunktionenraum gibt J. KOSTROWICKI in „Dorfgebiete als ein Mehrfunktionenraum", Przegląd Geograficzny, **XLVIII** (1976) 4.

[5] Datengrundlage: „Bevölkerung und Wohnraum in den Jahren 1946—1974 entsprechend der Landeseinteilung vom 1. 6. 1975", Główny Urząd Statystyczny, Warszawa 1976.

in der Volksrepublik Polen insgesamt 60000 Dörfer. Davon wurden 23000 zu 9000 zusammengelegt, so daß sich die Zahl der Dörfer auf 45000 verringerte.

In bezug auf die Einwohnerzahl der Dörfer waren im gleichen Stichjahr gravierende Unterschiede festzustellen. 16% entfielen auf die Gruppe unter 100 Einwohnern, 25% auf die Gruppe 100—199 EW, allein 41% auf die Gruppe 200—499 EW, 13% auf die Gruppe 500—999 EW und nur 5% auf die Gruppe ab 1000 EW[6]. Vom Standpunkt der Schaffung eines rationellen Dienstleistungsnetzes her dürften 1000 Einwohner an einem Standort die Untergrenze sein, optimaler wären jedoch 2000—3000 Menschen. Auf das gegenwärtige Siedlungsnetz zugeschnitten heißt dies, daß es nach der ersten Variante nur 2500 Dörfer geben würde, und nach der zweiten sogar nur 500. Aus allen diesen Angaben wird deutlich, daß eine radikale Umgestaltung des ländlichen Siedlungsnetzes nicht möglich ist; sie kann sich nur auf evolutionärem Wege vollziehen.

Ab 1973 bis Ende 1976 wurden Tausende von Gemeinden zusammengelegt. Zur Zeit bestehen etwa 2000 solcher Großgemeinden, davon sind 600 Städten angegliedert. Ihre durchschnittliche Einwohnerzahl liegt bei 7000 Personen, ihre durchschnittliche Fläche bei 150 $km^2$.[7]

In den Gemeindesitzen dieser Großgemeinden werden in zunehmendem Maße Wohnungsbau und Dienstleistungseinrichtungen lokalisiert. Da im Rahmen der Verwaltungsreform von 1975 die Kreise aufgelöst wurden, gilt heute die *Großgemeinde als unterste territoriale Bezugsebene* sämtlicher Verwaltungsorgane und wirtschaftsleitender Einrichtungen des Landes. Das bedeutet jedoch auch, daß die Planung der territorialen sozio-ökonomischen Entwicklung sowohl auf die Gemeinden als Ganzes als auch auf deren Gemeindesitze — Dörfer und kleine Städte — auszurichten ist und damit eine Konsequenz darstellt, die neue, weiterführende Überlegungen zur Entwicklung der Siedlungssysteme Volkspolens auch in theoretischer Hinsicht erfordert (vgl. Autorenkollektiv, 1974).

## 4. Forschungsansätze zum Problemkreis „Das Siedlungssystem ländlicher Gebiete in der Volksrepublik Polen"

Ausgangspunkt aller Überlegungen zur Gestaltung des ländlichen Siedlungssystems kann nur die Tatsache sein, daß dieses in engem Zusammenhang mit dem im Landesmaßstab bestehenden Siedlungssystem als Ganzes zu planen ist. Generell betrachtet die polnische Siedlungsstrukturforschung das *ländliche Siedlungssystem* bzw. das lokale Siedlungsnetz als *integrales Element* eines umfassenden Gefüges territorialer sozio-ökonomischer Verflechtungen. Auf Grund dieser Prämissen ergibt sich für die nähere Zukunft vorerst als wichtiges Arbeitsfeld: die Bestimmung der Rangordnung ländlicher Siedlungen im Vergleich zum gesamten landesweiten Siedlungssystem. Unter der Annahme, daß Funktionen, die an nach außen gerichtete Dienstleistungen gebunden sind, eine führende Rolle bei der

[6] Datengrundlage: Statystyczna charakterystyka miejscowości Polska. Główny Urząd Statystyczny, Warszawa 1971.

[7] Eine interessante statistische Analyse neugebildeter Gemeinden geben M. Chilczuk und J. Sieminski in „Osadnictwo wiejskie w Polsce", Instytut Rozwoju Wsi i Rolniciowa PAN, Warszawa 1974, sowie für ausgewählte Beispiele M. Kiełczeska-Zaleska in „Dotychczaswy rozwój lokalnej sieci osadniczej a reforma administracyjna wsi w 1973 r.", Przegląd Geograficzny, **XLVI** (1974) 2.

Festlegung der Stellung einer Siedlung in einem einheitlichen Siedlungssystem spielen, erhalten wir nachstehende *Abfolge von Siedlungen* entsprechend ihrer *funktionalen Bedeutung*:

— Städte mit Funktionen, die im Landesmaßstab Bedeutung haben;
— Städte mit überregionalen Funktionen;
— Städte mit regionalen Funktionen;
— Städte, deren Funktionen den lokalen Bereich überschreiten (das betrifft in erster Linie die ehemaligen Kreisstädte);
— Städte und Dörfer, deren Funktionen sich nur auf den lokalen Bereich beschränken (hierzu gehören Kleinstädte und ländliche Siedlungen, die als Gemeindesitze der Großgemeinden fungieren).

Ein weiterer, sich anschließender Arbeitsschritt würde die Bestimmung des Stellenwertes einzelner ländlicher Siedlungen im lokalen Siedlungsnetz sein. Einzelheiten in dieser Richtung beschrieb bereits KIEŁCZEWSKA-ZALESKA (1974). Sie unterschied verschiedene *Typen von ländlichen Siedlungseinheiten* auf der Grundlage ihrer Rolle im lokalen Siedlungsnetz. Im einzelnen handelt es sich dabei um

— Dörfer ohne Dienstleistungen;
— Dörfer mit elementaren, allgemeinen Dienstleistungen (sie bilden zahlenmäßig die größte Gruppe);
— Dörfer mit Basisdienstleistungen (nur in geringem Umfang vertreten);
— Dörfer mit Dienstleistungen umfassenderen Spektrums (sie entsprechen den Gemeindesitzen der Großgemeinden sowie der oben an letzter Stelle genannten Gruppe von Städten und Dörfern, die mit Funktionen ausgestattet sind, welche sich lediglich auf den lokalen Bereich beschränken. Sie werden sich besonders rasch entwickeln, unter anderem auch durch die sich in Vorbereitung befindende Schulreform)..

Ein zweites, inhaltlich äußerst komplexes Arbeitsfeld wird sich mit den ländlichen Siedlungen im Sinne eines „*Mehrfunktions-Raumes*" aus landesweiter, regionaler und lokaler Sicht zu befassen haben. Beispielsweise konnte schon früher ermittelt werden, daß die Entwicklungstendenzen der Siedlungsstruktur von Agrargebieten sich dann grundsätzlich voneinander unterscheiden, wenn entweder die *einzelbäuerliche Wirtschaftsform* oder aber der *volkseigene Sektor* überwiegt. Im erstgenannten Fall weist das ländliche Siedlungsnetz eine relativ große Stabilität auf, im zweiten dagegen vollzieht sich eine deutliche Konzentration des Wohnungsbaus und der Dienstleistungseinrichtungen der Landwirtschaft an den Standorten (Dörfern), an denen sich Verwaltungssitze staatlicher und genossenschaftlicher Agrar-Betriebe befinden. Völlig anders geartete Probleme der Entwicklung der Territorialstruktur treten in ländlichen Regionen zweifellos dort auf, wo entweder direkte Lagekontakte zu städtischen Agglomerationen und Industriezentren oder aber Sonderfunktionen — wie etwa die der Erholung — bestehen.

In Anbetracht aller dieser hier skizzierten und noch darüber hinaus bestehenden Wesenszüge des Wandels ländlicher Siedlungen in der Volksrepublik Polen sollten die Arbeiten zu Fragen der Siedlungssystemforschung fortgeführt werden. Vielversprechend für detaillierte Studien dürften als Untersuchungsgegenstand *ausgewählte Gemeindetypen* sein, wie etwa

— Gemeinden oder Gemeindekomplexe, in denen die Bewirtschaftung durch Staatsgüter dominiert;
— Gemeinden mit gemischten Eigentumsformen bei Gleichrangigkeit von volkseigenem, genossenschaftlichem und privatem Sektor;

- Gemeinden mit überwiegendem privatem Anteil an Grund und Boden und mit durchschnittlicher Betriebsgröße von 9—10 ha;
- Gemeinden ebenfalls mit überwiegendem privatem Anteil an Grund und Boden, aber einer unterdurchschnittlichen Betriebsgröße von 4—5 ha;
- Gemeinden mit überwiegend nicht in der Landwirtschaft berufstätiger Bevölkerung sowie mit einer Betriebsgröße einzelbäuerlicher Wirtschaften von nur etwa 3 ha;
- Gemeinden, in denen das Erholungswesen herausragende Bedeutung besitzt und die Tätigkeit in der Landwirtschaft nur als Zweitberuf ausgeübt wird.

Die Mehrzahl der genannten Forschungsansätze wurde bereits in Angriff genommen, einige Einzelergebnisse konnten schon in die praktische Siedlungsnetzplanung überführt werden. Die abschließende Wertung aller dieser Untersuchungen dürfte in den Jahren 1977—1980 erfolgen.

## Резюме

### Преобразования сельских поселений Польской Народной Республики

Структурные и функциональные изменения сельских поселений Польской Народной Республики исходят из специфических исторических условий развития и нашли свое выражение после окончания второй мировой войны, прежде всего, в смене собственности, в профессиональной структуре и в административном подразделении. До 16—17 столетия характерными были маленькие деревни, отличающиеся барщинным господством, примитивным земледелием, зачатками лесного хозяйства, рыбной ловлей и находящейся на низшей ступени переработкой сельскохозяйственных продуктов. Также маленькие, но довольно многочисленные города выполняли роль обменных центров для торговых товаров. Продолжительные перемены утвердились лишь в 19ом столетии. Было введено первое функциональное разделение между аграрными деревнями и таковыми, которые носили смешанно-функциональный характер, но не промышленного уклона.

Весомые изменения после 1944/45 года были вызваны земельной реформой. Более 10 миллионов гектар земли было передано крестьянам-единоличникам, размер хозяйств которых составлял около 5—8 га. В регионах с преобладанием единоличных хозяйств эти размеры сохранились до сегодняшнего дня. В северных и западных воеводствах возникли крупные хозяйства, обслуживающие до 100000 га. Структура занятости изменилась в пользу системы здравоохранения и образования, администрации и ремесла. В 1974 году уже 46% сельского населения было занято в отраслях, не связанных с сельским хозяйством. Очень раздробленное, затрудняющее административное деление современного планирования сети населенных пунктов страны привело в 1973 и 1975 гг. к необходимости проведения реформ государственного управления. В результате этого возникли крупные общины (гмины) как низовая территориальная исходная единица всех органов управления и организаций хозяйственного руководства народной Польши. Из этого вытекают новые задачи для планирования страны.

Перед географами в будущем стоят на переднем плане, прежде всего, два круга проблем: определение порядка ранга сельских поселений по отношению к национальной системе расселения и рассмотрение населенного пункта в смысле „многофункционального пространства“ по национальному, региональному и местному значению.

## Summary

The transformation of rural settlements in Poland

The structural and functional transformation of rural settlements in Poland can be attributed to specific historical conditions and has become evident, since the end of World War II, particularly in the relations of ownership, job structure and administrative structure. Up until the 16th and 17th century the characteristic feature in the countryside were small villages where peasants did soccage-service. There were primitive forms of crop farming and forestry, fishing and the processing of agricultural products on a low level. There were also a considerable number of small towns which served as centers for the barter of merchandise. Thorough changes did not come until the 19th century, when a first division of functions occurred between agricultural villages and other with a more polyfunctional but non-industrial orientation.

Fundamental changes were introduced after 1944/45 with the land reform. More than 10 million hectares were then given to smallholders whose farms as a result increased in size to between 5 and 8 hectares. In regions where private farming has been traditional these sizes prevail up to the present. On the other hand, in the northern and western voivodeships there emerged large farms having areas to 100,000 hectares. More people have been employed in the public health service, education, administration and the small industries. By 1974, 46% of the population in the countryside were employed in industries and services outside farming. As a result of the extremely fragment administrative structure of the country which stood in the way of modern settlement network planning, administrative reforms were necessary in 1973 and 1975. These resulted in Gminy (compound communities) which have since been the smallest units for political and economic administration. From this situation new challenges arise for national planning.

Geographers will be faced primarily with two sets of problems — determining the order of precedence of rural settlements with regard to the national network of settlements, and considering settlements as „multifunctional entities“ from a national, regional and local point of view.

## Literatur

Autorenkollektiv: Rola ośrodków gminnych i związana z tym problematyka inwestycji i organizascji słuzb planowania przestrzennego. Towarzystwo Urbanistów w Polsce, Materiały, H. **54** (1974) Warszawa.

Kiełczewska-Zaleska, M.: Dotychczaswy rozwój lokalnej sieci osadniczej a reforma administracyjna wsi w 1973 r. Przegląd Geograficzny **XLVI** (1974) 2.

Stasiak, A.: Strategie bei der Planung des polnischen Dorfes. Miasto 1968, H. 5.

Stasiak, A.: Zur rationellen Gestaltung des polnischen Dorfes. Miasto 1973, H. 4.

STASIAK, A.: Landwirtschaftliche Produktionsvereinigung Kętrzyn — ein neues Modell landwirtschaftlicher Raumorganisation. Miasto 1975, H. 10/11.
STOLA, W. und R. SZCZĘSNY: Geographie der polnischen Landwirtschaft. Wydawnicta Szkolne i Pedagogiczne, Warszawa 1976.

Prof. Dr. ANDRZEJ STASIAK, Instytut Geografii i Przestrzennego Zagospodarowania PAN, P 00927 Warszawa, Krakowskie Przedmiescie 30

# Regionale Siedlungssysteme und einige Probleme der Steuerung ihrer Entwicklung

Von Antoni Zagożdżon

## 1. Einleitung

Die Problematik der Siedlungssysteme als Gegenstand zahlreicher Studien und Forschungen hat in einer Reihe von Publikationen Ausdruck gefunden. Eine besondere Rolle spielen dabei die Forschungsarbeiten von Geographen an den Universitäten und im Geographischen Institut der Polnischen Akademie der Wissenschaften. Hervorzuheben ist die Arbeit einiger Arbeitsgruppen der Polnischen Akademie der Wissenschaften, nämlich des Komitees zur Erforschung von Industrierayons, das bei seinen Untersuchungen der Faktoren einer sozialistischen Industrialisierungstheorie vor allem Rayons mit dynamischen Entwicklungsprozessen berücksichtigt, und des Komitees für Raumordnung, unter dessen Leitung sowohl unter wissenschaftlicher Fragestellung als auch entsprechend den Bedürfnissen der Planungspraxis Untersuchungen des nationalen und regionalen Siedlungsnetzes sowie zur Bewertung der einzelnen Netzglieder durchgeführt werden.

Eine wichtige Rolle spielt auch die gesamte Forschungsplanung, in der vorrangig Gesichtspunkte der gesellschaftlich-ökonomischen Entwicklung berücksichtigt werden. In den *staatlichen Forschungsplan* wurde das *Problem des Siedlungsnetzes* insbesondere unter dem Aspekt seiner bisherigen und zukünftigen Entwicklungstendenzen aufgenommen. Besonders bedeutungsvoll scheinen hier die Versuche zu sein, Modellösungen zu finden, sowohl in bezug auf das räumlich-funktionale System der einzelnen Netzglieder als auch in bezug auf Gruppensiedlungen, d. h. durch starke Wechselbeziehungen integrierte Siedlungsgruppen, und schließlich auch in bezug auf umfangreichere Systeme, wie z. B. das regionale und nationale Siedlungssystem.

Da die heute diskutierte und vorgeschlagene Siedlungsstruktur jahrzehntelang weiterbestehen wird, besitzen derartige Fragestellungen besondere Bedeutung. Die künftige Gestaltung der Siedlungen und Städte, ihre räumliche und funktionale Struktur, die von den Vertretern der Planung und der Wissenschaft bestimmt wird, ist von der Qualität, der Wirksamkeit und der Durchsetzung des Planes abhängig. Im folgenden sollen einige ausgewählte und nach Meinung des Autors wichtige Probleme der regionalen Siedlungssysteme dargestellt werden.

## 2. Zum Begriff des regionalen Siedlungssystems

Unter dem regionalen Siedlungssystem verstehen wir eine auf einem entsprechend großen, unbedingt *zusammenhängenden* Gebiet verteilte *Gruppe von Siedlungen*. Offensichtlich bedarf dieser ganz allgemeine Definitionsversuch einer Präzisierung und Erweiterung. Es kann ergänzend festgestellt werden, daß das regionale Siedlungssystem aus nach Rang und Größe unterschiedlichen Einheiten besteht — es reicht von sehr kleinen Siedlungen bis zur Großstadtagglomeration. Sie unterscheiden sich durch ihre Funktionen, indem sich hier mehrere, mit ihren adäquaten Relationen verbundene Systeme verflechten — z. B. das Dienstleistungs- und Produktionssystem, wobei die Systeme eine größere hierarchische Ordnung aufweisen als die entsprechenden Verbindungen. Diese Tatsache zieht räumliche Folgen nach sich.

Wenn man das *Siedlungsnetz* unter Systemaspekt betrachtet, nämlich als *Teilsystem* einer größeren Ganzheit, wird seine „Offenheit", d. h. die Beziehungen mit anderen Teilsystemen und mit der *Region als übergeordnetes System*, hervorgehoben. Das wiederum hat bestimmte Wechselbeziehungen Netz—Region zur Folge. Es handelt sich hier um eine ökonomische Grenzregion, die ein entsprechend hohes gesellschaftlich-ökonomisches Entwicklungsniveau erreicht hat.

Im Hinblick auf die Entwicklungsrichtungen einer Region und eines regionalen Siedlungssystems machen sich zwei unterschiedliche Tendenzen bemerkbar:

- die erste ist durch einen „unkontrollierten" Verlauf gekennzeichnet und für die früheren Perioden der Gesellschaftsforderungen typisch,
- die zweite hat einen planmäßigen und kontrollierten, meistens dynamischen Verlauf und ist für die gegenwärtigen Perioden charakteristisch.

Diese beiden Entwicklungswege oder -richtungen üben einen wesentlichen Einfluß auf eine Reihe von Fragen und Wechselbeziehungen aus. Sie beeinflussen unter anderem die gesellschaftliche Entwicklung, die gegenwärtige und endgültige Gestaltung des Systems, seine Struktur und schließlich auch seine Funktion.

## 3. Das Niveau der gesellschaftlich-ökonomischen Entwicklung der Region und das Problem des Siedlungssystems

Mit Hilfe einer mathematisch-statistischen Analyse der Wojewodschafts- und Städtegruppen kann die Hypothese bestätigt werden, daß ein bestimmter Zusammenhang zwischen der Region und dem darin eingeschlossenen Siedlungssystem besteht. Bei den Untersuchungen wurde die *Faktorenanalyse* nach HOTELLING (vgl. PIASECKI 1969) angewendet und die Wojewodschaften nach dem *Faktor* $F_1$ geordnet, der das *Niveau der gesellschaftlich-ökonomischen Entwicklung* ausdrückt.[1] Diese Methode, die eine Klassifikation ermöglicht, wird auch bei der Analyse der Städtegruppen (152 Städte mit einer Einwohnerzahl von 15 bis 500 Tausend) zugrundegelegt. Dabei werden zwei Hauptgruppen von Städten ausgegliedert:

- in der ersten Gruppe spielen zentrale Funktionen (Faktor $F_1$) die entscheidende Rolle,
- für die zweite Gruppe ist die Entwicklungsdynamik (Faktor $F_2$) charakteristisch.

[1] Zur Charakterisierung der Wojewodschaftsgruppen wurden 37 Merkmale analysiert, bei den Städtegruppen waren es 30. Die Merkmale wurden reduziert, und es konnten zuletzt einige Hauptfaktoren herausgestellt werden. Die wichtigsten unter ihnen (die zwei bzw. drei ersten) erklären etwa 70% der gemeinsamen Varianz (engl. common variation) und sind zur Erklärung der aufgestellten Hypothese ausreichend. Darüber hinaus können weitere Schlußfolgerungen abgeleitet werden, die den Charakter beider Gruppen betreffen.

Tabelle 1. Siedlungssystemelemente auf der Grundlage der gesellschaftlich-ökonomischen Entwicklung der Wojewodschaften

| Reihenfolge der Wojewodschaften nach dem Faktor $F_1$ (der gesellschaftl.-ökonomischen Entwicklung) | Zahl der Siedlungssystemelemente eingeteilt in: | | | | | | | |
|---|---|---|---|---|---|---|---|---|
| | Über-regionale | Regionale | Sub-regionale | Beinahe Sub-regionale | Lokale | VI | VII | Zusammen |
| Warszawa | 1a | — | — | 2 | 3 | 5 | 7 | 18 |
| Katowice | | | 3 | 2 | 4 | 14 | 11 | 47 |
| | | 13 | | | | | | |
| Łódź | | 1 | | 1 | 1 | 4 | 1 | 8 |
| Kraków | 1 | | | | 0 | 3 | 6 | 10 |
| Wrocław | 1 | | | | 2 | 2 | 11 | 16 |
| Gdańsk | 1a | 2 | | | 4 | 4 | 8 | 19 |
| Poznań | | 1a | | | 4 | 2 | 26 | 33 |
| Szczecin | | 1 | | | 3 | 2 | 23 | 29 |
| Opole | | | 1 | 2 | 4 | 5 | 20 | 32 |
| Wałbrzych | | | 1 | 3 | 1 | 5 | 21 | 31 |
| Bydgoszcz | | 1 | | 1 | 2 | 2 | 21 | 27 |
| Jelenia Góra | | | 1 | | 4 | 3 | 18 | 26 |
| Legnica | | | | 2 | 2 | 2 | 5 | 11 |
| Lublin | | 1 | | 1 | 1 | 3 | 11 | 17 |
| Toruń | | | 1 | 1 | 2 | 2 | 7 | 13 |
| Zielona Góra | | | 1 | | 4 | 4 | 17 | 26 |
| Bielsko-Biała | | 1 | | 2 | 1 | 3 | 11 | 18 |
| Gorzów | | | | 1 | 1 | 3 | 16 | 21 |
| Koszalin | | | | 1 | 3 | 3 | 10 | 17 |
| Częstochowa | | 1 | | | 2 | | 14 | 17 |
| Olsztyn | | | 1 | | 5 | 2 | 13 | 21 |
| Kielce | | 1 | | | 2 | 4 | 10 | 17 |
| Leszno | | | | | 2 | 3 | 14 | 19 |
| Elblag | | | | 1 | 2 | 1 | 11 | 15 |
| Kalisz | | | | 1 | 3 | 2 | 14 | 20 |
| Słupsk | | | | 1 | 1 | 2 | 7 | 11 |
| Płock | | | 1 | | 1 | 3 | 4 | 9 |
| Rzeszów | | | 1 | 1 | 0 | 1 | 10 | 13 |
| Białystok | | | 1 | | 1 | 2 | 13 | 17 |
| Piła | | | | | 3 | 3 | 18 | 24 |
| Skierniewice | | | | 1 | 3 | | 5 | 9 |
| Radom | | | | 1 | | 2 | 12 | 15 |
| Włocławek | | | | 1 | | 2 | 11 | 14 |
| Przemyśl | | | | | 2 | | 7 | 9 |
| Tarnów | | | | 1 | 2 | | 6 | 9 |
| Piotrków | | | 1 | | 1 | 2 | 6 | 10 |
| Tarnobrzeg | | | | | 3 | | 10 | 13 |

Tabelle 1. (Fortsetzung).

| Reihenfolge der Wojewodschaften nach dem Faktor $F_1$ (der gesellschaftl.-ökonomischen Entwicklung) | Zahl der Siedlungssystemelemente eingeteilt in: | | | | | | | |
|---|---|---|---|---|---|---|---|---|
| | Über-regionale | Regionale | Sub-regionale | Beinahe Sub-regionale | Lokale | VI | VII | Zu-sammen |
| Sieradz | | | | 1 | 1 | 1 | 6 | 9 |
| Konin | | | | 1 | 1 | 1 | 15 | 18 |
| Suwałki | | | | | 4 | 1 | 9 | 14 |
| Nowy Sącz | | | | 2 | 1 | 2 | 9 | 14 |
| Krosno | | | | | 3 | | 8 | 11 |
| Ciechanów | | | | | 2 | 4 | 3 | 9 |
| Siedlce | | | | | 3 | | 9 | 12 |
| Zamość | | | | | 2 | 2 | 1 | 5 |
| Chełm | | | | | 1 | 1 | 2 | 4 |
| Biała Podlaska | | | | | 1 | 1 | 4 | 6 |
| Ostrołęka | | | | | 2 | 2 | 5 | 9 |
| Łomża | | | | | 1 | 2 | 9 | 12 |
| | 4 | 8 | 14 | 30 | 101 | 121 | 521 | 814 |

Eine gewisse Bestätigung dieser These ist aus Tabelle 1 ersichtlich. Hier werden die *Wojewodschaften nach* dem ersten *Faktor* $F_1$ (Niveau der gesellschaftlich-ökonomischen Entwicklung) und gleichzeitig die *Städte nach* dem *Zentralitätsprinzip* geordnet. Die Gruppierung der Städte, ebenfalls mittels Faktorenanalyse, erfolgt in 4 Gruppen: regionale, stärker oder schwächer ausgeprägte subregionale Zentren (in Tab. 1 als subregionale und beinahe subregionale bezeichnet) und Zentren lokaler Bedeutung. Diese Anordnung wurde noch ergänzt, indem die höchste Stufe, also die überregionalen Zentren, und die tatsächlich niedrigsten hierarchischen Stufen mit aufgenommen wurden, die in der Tabelle 1 mit den Ziffern VI und VII gekennzeichnet sind.

In der nach dem gesellschaftlich-ökonomischen Entwicklungsniveau geordneten Wojewodschaftsreihe stellt sich die Anordnung der Städtetypen in der Form eines Dreiecks dar, dessen Basis sich im oberen Teil der Tab. 1 befindet. Daraus geht hervor, daß ein *hohes gesellschaftlich-ökonomisches Entwicklungsniveau einer Region* (Wojewodschaft) *von hoch- bzw. höchstrangigen Zentren* sowie einer Vielfalt von Städtetypen *begleitet* wird. Und umgekehrt kommen in einer Wojewodschaft mit einem niedrigeren Entwicklungsniveau ein oder mehrere gleichstehende Zentren von niedrigerem oder niedrigstem Rang vor.

Die Tabelle veranschaulicht, daß sich hauptsächlich die höchstrangigen Zentren „gegenseitig ausschließen". Wenn also beispielsweise in der betreffenden Wojewodschaft ein regionales Zentrum auftritt, kommt hier gleichzeitig kein um eine Stufe niedrigeres, d. h. kein subregionales Zentrum vor. Das ist im wesentlichen eine Folge des Einteilungsprinzips früher vorhandener Verwaltungseinheiten und Siedlungssysteme sowie der Auswahl neuer Wojewodschaften.

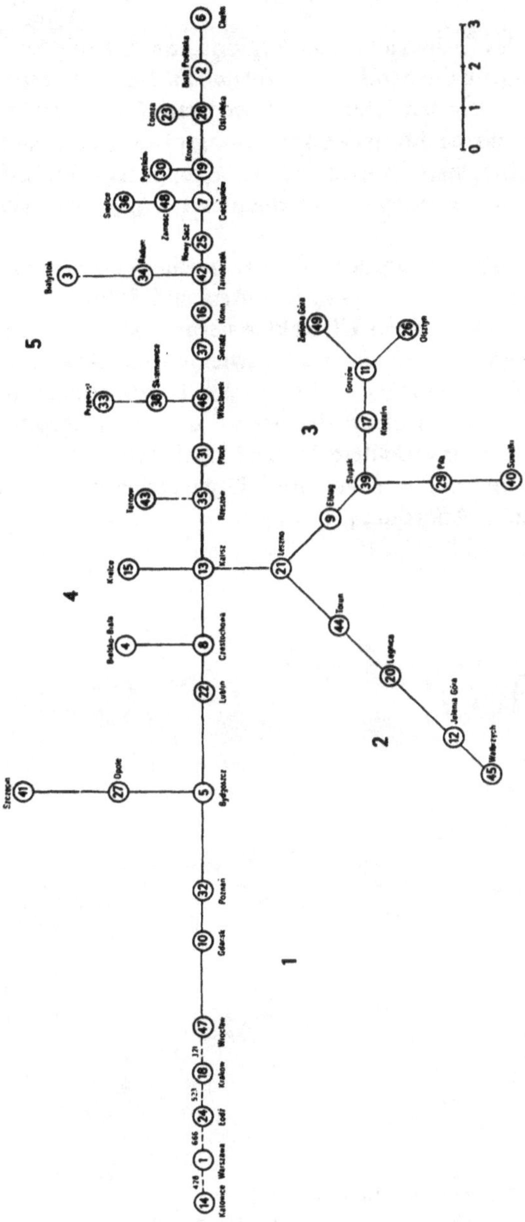

Abb. 1. Nichtlineare Anordnung der Wojewodschaften mit Hilfe des kürzesten Dendrits (1—5 Subdendrite)

## 4. Einige Bemerkungen zum Problem der geographischen Verteilung der Netztypen auf der Grundlage der Struktur der Region

Die Erörterung der Netztypen und des Charakters einer Region kann zu zweierlei Lösungen führen. In der engeren Bedeutung dürfte die *Struktur der Region mit* dem sie bestimmenden *Faktor* $F_1$ *identifiziert* werden, der auch den höchsten Prozentsatz (42%) zur Ansprache der gemeinsamen Varianz aufweist und sie mit dem Entwicklungsniveau der Region gleichsetzt. In der weiteren Bedeutung ordnet man die Elemente der Gruppe (der Stadt, der Wojewodschaft) — mit größerer Präzision vorgehend — in einen zwei-, drei- und mehrdimensionalen Faktor.

In den durchgeführten Untersuchungen wurde nach der zweiten Lösungsmöglichkeit vorgegangen, indem zur Klassifizierung der Wojewodschaften und Städte die *Dendritenanordnung* benutzt wurde. Bei der allgemeinen Charakterisierung der auf diesem Wege erreichten Klassifikation muß bemerkt werden, daß die Entwicklungsstruktur am stärksten von dem ersten Faktor ($F_1$) beeinflußt wird, da er die meisten Informationen beinhaltet. Durch die breite Skala der Faktorenwerte bleibt die lineare und die mehrdimensionale Anordnung der extremen Gruppen fast unverändert, in den Mittelwerten dagegen kommen manchmal wesentliche Unterschiede vor, was zu einer Umgruppierung der Elemente gegenüber der ersten und der zweiten Anordnung führt.

Die folgenden drei Abbildungen (Abb. 1—3):

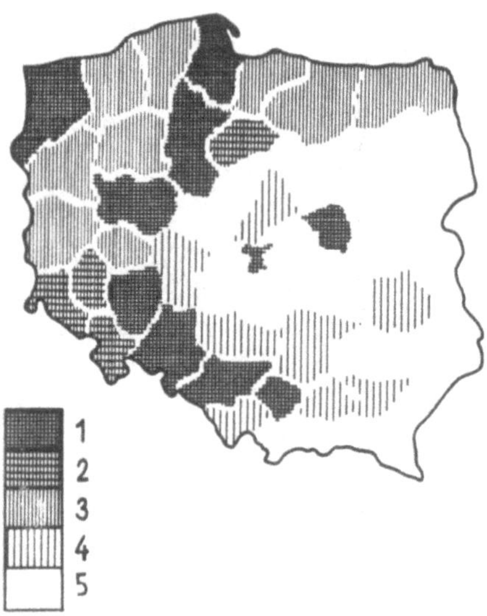


Abb. 2. Wojewodschaftstypen nach der Dendriten-Anordnung

Legende: Grad der gesellschaftlich-ökonomischen Entwicklung und Urbanisation

1 — höchstes Niveau

2 — hohes Niveau

3, 4 — durchschnittliches Niveau

5 — niedriges Niveau

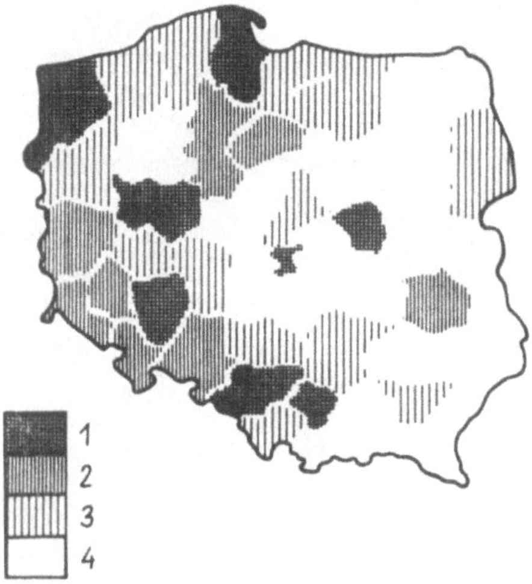


Abb. 3. Wojewodschaftstypen nach ihrem gesellschaftlich-ökonomischen Entwicklungsgrad (Faktor $F_1$)
Legende: Wert des Faktors $F_1$
1 — $F \geqq 7$
2 — $1 < F < 7$
3 — $-4 < F \leqq 1$
4 — $F \leqq -4$

1. die nichtlineare, mittels des kürzesten Dendriten durchgeführte Anordnung der Wojewodschaften,
2. Wojewodschaftstypen nach den Dendritenanordnungen (der vier ersten Hauptfaktoren: $F_1$, $F_2$, $F_3$, $F_4$),
3. ähnlich bestimmte Wojewodschaften nach ihrem gesellschaftlich-ökonomischen Entwicklungsniveau (Faktor $F_1$)

dienen zur Veranschaulichung dieser Erscheinung.

Die *Übereinstimmung des Faktors* $F_1$ *mit* den Ergebnissen des *Dendritenverfahrens* findet eine geographische Erklärung. Das räumliche Bild der Ein-Faktor-Klassifikation ist gewissermaßen in dem „summarischen" Faktor „enthalten". Ein konkretes Bild der gesellschaftlich-ökonomischen Entwicklung des Landes wurde in einem bestimmten Grade intuitiv erfaßt. Durch die Entstehung neuer Wojewodschaften wurden die wesentlichen Unterschiede im Wirtschaftsniveau und in der räumlichen Entwicklung nicht beseitigt. Weiterhin wird sichtbar, daß sich der Charakter Zentral- und Ostpolens deutlich von dem der nördlichen, westlichen und südwestlichen Wojewodschaften unterscheidet, wobei diese Unterschiede — die Grenzlinien der Gebiete lassen es klar erkennen — noch auf das vorige Jahrhundert zurückzuführen sind.

Die Entwicklung der *territorialen Verteilung der „Netztypen"*, hauptsächlich unter dem Gesichtspunkt der Regionalisierung nach ähnlichen Strukturen, wird in den folgenden beiden Kartogrammen dargestellt:

4. Typen der Siedlungssysteme in bezug auf den Rang des Hauptzentrums (Abb. 4)
5. Typen der Siedlungssysteme in bezug auf den Entwicklungsgrad der Netze (Abb. 5).

Obwohl es sich um unterschiedliche Probleme handelt — das erste berücksichtigt das ranghöchste Zentrum der Wojewodschaft, das zweite dagegen eine vereinfachte Klassi-

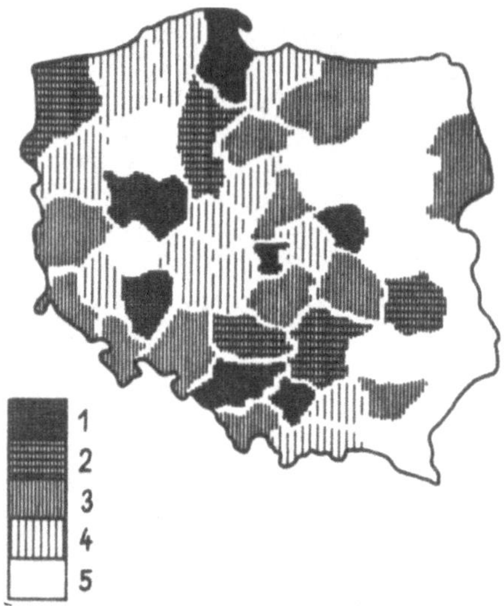


Abb. 4. Typen der Siedlungssysteme in bezug auf den Rang des Hauptzentrums
Legende: 1 — überregionale
2 — regionale
3 — subregionale
4 — mit einigen Eigenschaften eines subregionalen Zentrums
5 — übrige

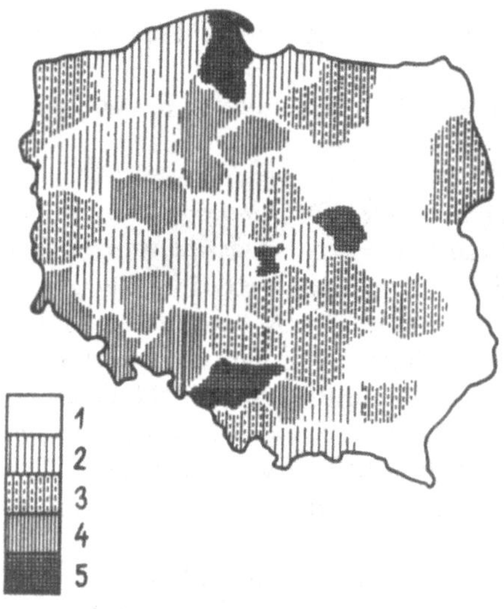


Abb. 5. Typen der Siedlungssysteme in bezug auf den Entwicklungsgrad der Netze
Legende: 1 — einfache Strukturen
2 — komplizierte Strukturen mit dem Zentrum niedrigeren Grades
3 — komplizierte Strukturen mit dem Zentrum höheren Grades
4 — mehrfach komplizierte Strukturen
5 — Agglomerationen und polyzentrische Systeme

fikation der Netze —, fallen jedoch gewisse *Analogien im System des gesamten Landes* auf. In beiden Abbildungen (Abb. 4 und 5) ist zum Beispiel die unzulängliche Entwicklung der Siedlungssysteme in Ost- und Mittelpolen zu erkennen. Für die anderen Teile des Landes, besonders für den südwestlichen, ist ein zu niedriger Rang des ranghöchsten Zentrums im Vergleich zu dem Entwicklungsgrad des Netzes kennzeichnend.

Die *Unterentwicklung* des Netzes von Zentren *in Ostpolen* beruht auf einer unzulänglichen Ausprägung der Wojewodschaftszentren als Hauptzentren der Regionen. Die Hauptzentren fast aller Wojewodschaften dieses Landesteiles erreichten im Ergebnis der durchgeführten Klassifikation nur die geringsten Ränge.

Eine Reihe anderer Wojewodschaften, die infolge der früheren Regionalstrukturen entstanden sind, weisen gegenwärtig Lücken im Bereich der Hierarchie des Städtenetzes auf. Es ist jedoch bezeichnend, daß die Bedienungsfunktionen in diesen Wojewodschaften nicht in einem mono-, sondern einem *polyzentrischen System* realisiert werden können, da die übrigen Netzelemente inzwischen einen höheren Entwicklungsgrad erreicht haben. Es handelt sich hier um eine gewisse Aufgliederung der zentralen Funktionen auf eine bestimmte Zahl von Zentren, die sich auf der hierarchischen Mittelstufe befinden.

## 5. Regionale Siedlungssysteme — Versuch einer Abgrenzung nach dem Einflußbereich von Regionalzentren

Obwohl der durchgeführte Versuch einer Abgrenzung die eigentlichen Funktionsanalysen in Form der Bestimmung von Knoten und Netzen, die auf gegenseitigen Interaktionen beruhen, nicht ersetzen kann, scheint es doch, daß er für die allgemeine Erkenntnis der Raumstruktur der Netze eine bestimmte Bedeutung besitzt.

Der Versuch fußt einerseits auf einer Bestimmung derjenigen Gebiete, auf welche die Zentren nach dem Gravitationsmodell einwirken, und andererseits auf einer Gleichsetzung der städtischen Netze im Bereich dieser mit Hilfe des Dendrits bestimmten Gebiete. Die Konstruktionstechnik eines Dendrits beruht auf der Verbindung einzelner Elemente mit dem nächsten Zentrum höheren Ranges.

Die *Einflußbereiche von Zentren* eines bestimmten Ranges sind *proportional der Bedeutung des entsprechenden Zentrums* und sind weitgehend von der *Lage* der übrigen *Städte gleichen Ranges abhängig*, deren Nachbarschaft eine gewisse „Raumkonkurrenz" hervorruft. Die Größe des Regionalzentrums wirkt direkt auf das Gebiet, d. h. also zugleich auf das darin eingeschlossene Netz von Zentren verschiedenen Ranges.

Es seien einige Versuche angeführt, *Netzsysteme auszusondern*, wobei als Abgrenzungsprinzip das Vorhandensein hierarchisch gestufter Zentren vorausgesetzt wird. Im ersten Beispiel bilden die Grundlagen zur Abgrenzung des Gebietes 13 regionale und überregionale Zentren sowie ihnen zugeordnete Bereiche unterschiedlicher Struktur und Größe, unterschiedlicher Ausbildung der Netze und unterschiedlichen Entwicklungsniveaus. Dem zweiten und dritten Beispiel liegen subregionale Zentren höheren oder niederen Ranges zugrunde, die hier als „A" und „B" bezeichnet werden.

Im Verlauf der *Abgrenzung* des Gebietes *durch subregionale Zentren* hat man die vorher festgelegten Grenzen der regionalen und überregionalen Zentren nicht berücksichtigt, wobei von dem Grundsatz ausgegangen wird, daß die Wirkungsfelder von Zentren niedrigeren Ranges nicht völlig vom Feld eines Zentrums höheren Grades überlagert werden müssen oder, anders ausgedrückt, gelten auch alle Zentren höheren Grades als übergeordnete Zentren. Diese Tatsache findet ihren Ausdruck in spezifischer Unterdrückung des Potentials des Zentrums eines höheren Ranges.

In den Beispiels-Varianten wurden 13 Zentren (im 1. Beispiel), 27 (im 2. Beispiel) und 57 (im 3. Beispiel) ausgesondert. Die Zahlen zeigen, daß es proportionale Größen sind, nämlich 1:2:4,4. Zur Charakteristik des Netzes wird der genannte Dendrit verwendet. Das *Netzbild* auf der Abb. 6, das nur für die 1. Variante, also für die regionalen und überregionalen Zentren gilt, bestätigt den hohen Grad der allgemeinen *Asymmetrie* des Netzes. Das ist als eine Folge der unterschiedlichen Größe der Felder — die außerdem einen unterschiedlichen Rauminhalt aufweisen — anzusehen, aber es ist auch von der Zahl der Zentren in dem untersuchten Gebiet selbst abhängig. Dabei ist es charakteristisch, daß die *Verbindungsstruktur* ebenfalls *von* der Anwesenheit bestimmter *hierarchischer Stufen abhängt.*

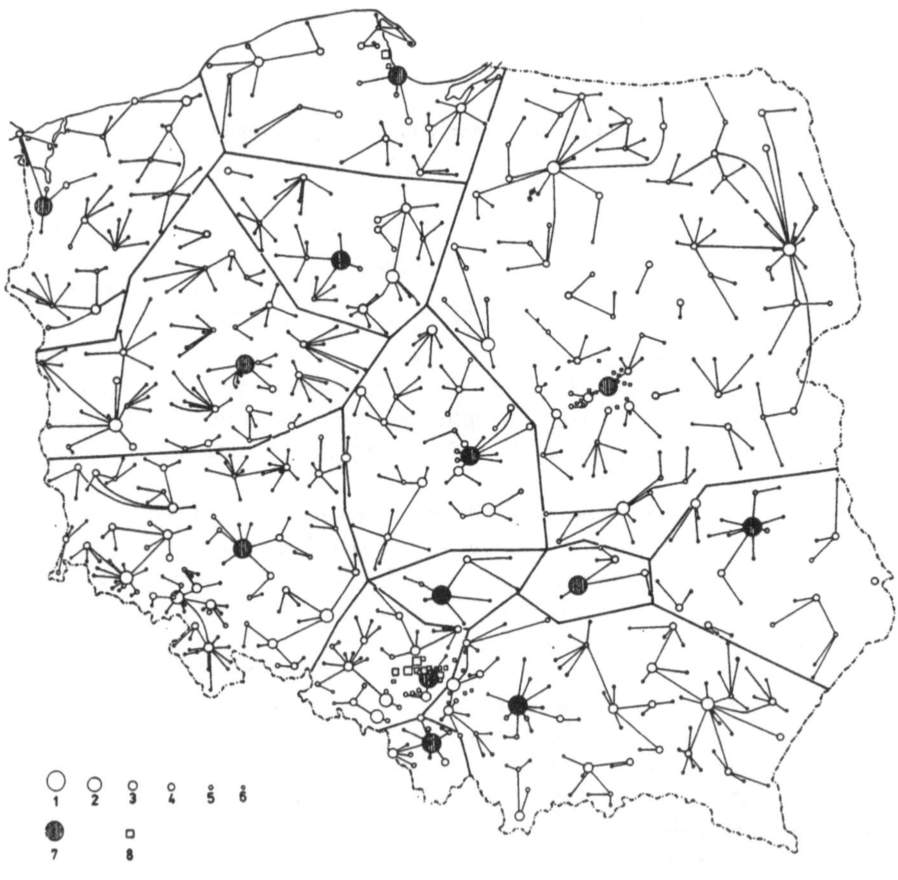


Abb. 6. Geschlossene städtische Siedlungssysteme der regionalen und überregionalen Zentren
Legende: 1—6 — regionale Zentren Stufe 1—6
7 — überregionale Zentren
8 — Städteagglomerationen und Siedlungskomplexe

Im Hinblick auf die bessere Übersicht und Klarheit wurde auf die Darstellung der Verbindungen zwischen den Regionalzentren verzichtet, da das Hauptzentrum eines jeden Feldes mit dem direkt untergeordneten Zentrum verbunden ist, das nicht immer nur um einen Rang niedriger zu sein braucht.

Es ist bemerkenswert, daß keine enge Verbindung zwischen der Feldgröße und dem „Inhalt" des Städtenetzes besteht. Die Zahl der auf eine räumliche Einheit bezogenen Städte unterscheidet sich grundsätzlich, zum Beispiel zwischen dem östlichen, nordöstlichen und südwestlichen Teil der Volksrepublik Polen. Daher werden auch die entsprechenden Koeffizienten verschieden sein.

Recht unterschiedlich ist auch die Netzstruktur, die anhand der Dendrogramme dargestellt wird. Bereits wenige Beispiele zeigen, daß sogar dann, wenn der allgemeine „Inhalt" des Dendrogramms ähnlich ist, seine Struktur doch unterschiedlich sein kann. So zum Beispiel sind die „regionalen" Systeme des westlichen Teils Polens durch das Auftreten eigentlich aller Hierarchiestufen und eine bestimmte Proportion der Größe einzelner „Netzbüschel" charakterisiert. Das ist auch dann der Fall, wenn die Zentren außer Betracht gelassen werden, die nicht die Funktion zentraler Orte haben (und in Abb. 6 mit Vierecken bezeichnet worden sind).

## 6. Einige Probleme der Entwicklungssteuerung von Siedlungssystemen

Es sollen hier nur einige Probleme der Entwicklungssteuerung von Siedlungssystemen dargestellt werden. Besonders ist dabei die *steuernde Rolle des Raumordnungsplanes* hervorzuheben. Es geht in diesem Falle um den Plan sensu stricte, der nicht nur die Vorhaben (im entsprechenden Raum- und Zeitsystem usw.), sondern auch alle Bedingungen einschließt, die seine Verwirklichung gewährleisten. Eine *wichtige Rolle* scheint im Plan selbst die *Konzeption der Bewirtschaftung des Gebietes* (der Region, der Wojewodschaft) sowie die angenommene praktische Verfahrensweise zu spielen. Sie bestimmen schließlich die Bedeutung der Steuerungselemente, die man als Entwicklungsstimuli und -regulatoren bezeichnen kann.

Man könnte die These aufstellen, daß der Plan bei stabilen Strukturen, die eine bestimmte Entwicklungsphase erreicht haben, eine andere Rolle spielen wird als in den sich entwickelnden dynamischen Systemen. Bei *stabilen Regionalstrukturen*, die die Phase der gemäßigten Entwicklung erreichten, spielt der *Plan* eher die Rolle eines *Regulators* als die des Stimulus. Diese Rolle beruht auf der Erhaltung der „räumlich-funktionellen Ordnung", also eines gewissen status quo aller Veränderungen und Prozesse, die sich in Form von Evolution bzw. Involution entwickeln.

Anders verhalten sich *dynamische Strukturen*, wo der *Plan* eine *große Rolle* spielt. Die schneller ablaufenden Prozesse verlangen geradezu die Herausbildung entsprechender Regulatoren, die sie in zulässigen Grenzen halten und unkontrollierte Erscheinungen verhindern. Das letztere ist oft in neuen Industriegebieten der Fall, die durch große Dynamik und hohes Entwicklungstempo sowie eine breite Skala von Veränderungen, auch im Bereich des Siedlungssystems, gekennzeichnet sind.

Der *konkrete Regionalplan* setzt die Realisierung einer Reihe von Forderungen in bezug auf ein übergeordnetes Ziel voraus, das mit dem Plan für das ganze Land und den Möglichkeiten der Region verbunden ist. Darin sind die Verfahrensweise, die Rolle der zweitrangigen Ziele und die Realisierungsbedingungen für die anstehenden Aufgaben festgelegt.

Im *Steuerungssystem* kann man mindestens zwei Formen unterscheiden:

— die erste beruht auf der unabhängigen Steuerung jedes regionalen Subsystems,

— die zweite beruht auf der Herausbildung von Mechanismen der indirekten Steuerung, d. h. der Beeinflussung des Subsystems durch gezielte Steuerung eines der Subsysteme, vorwiegend eines übergeordneten.

Die so *über* die vorhandenen *Subsysteme* Industrie, Transport, Dienstleistungen usw. angelegte *regionale Entwicklungssteuerung* erfordert die Abstimmung von unterschiedlichen Interessen.

Wenn man zum Beispiel die *steuernde Rolle der Industrie* anerkennt, so wird sie die Entwicklungstendenzen und -formen anderer Subsysteme beeinflussen, die z. T. dem Plan widersprechen. Es soll versucht werden, einige mögliche *Widersprüche* in dieser Hinsicht zusammenzustellen:

1. Die Industrie tendiert zur *Konzentration der Betriebe*. Als Argument dafür werden die Minimierung der Kosten und des Risikos angeführt, die aus dem sogenannten Konzentrationsvorteil entstehen.
2. Die Konzentration der Industrie ist mit einer *Konzentration der Arbeitskräfte* in ausgewählten Siedlungszentren verbunden. Die Begründung dafür ist: die Verwaltung kann operativer gestaltet werden, die Kosten für die soziale und technische Infrastruktur werden geringer, da sie oft vom Betrieb als direkte Investitionskosten mit einbezogen werden, für die Bevölkerung kann ein höheres Versorgungsniveau erreicht werden u. a. m.
3. Die Industrie versucht, die *Wohnorte den Arbeitsplätzen näherzubringen*, was zu einer Verminderung der Pendelwanderung, also der Minimierung von Transportkosten und den negativen Auswirkungen auf die Pendler führt.

Es erweist sich jedoch, daß:

— große Industriekonzentrationen (mit entsprechender Technologie) „Skalaeffekte" erreichen können, die mit Produktionsindexzahlen dargestellt werden. Wird aber die *ökologische Belastbarkeitsgrenze* überschritten, verursacht man unersetzliche Schäden, die in der ökonomischen Rechnung überhaupt nicht berücksichtigt werden.

— ein großes städtisches Zentrum zugleich *wachsende Bau- und „Reproduktionskosten"* für die Stadt bedeuten, die nicht linear, sondern stufenweise verlaufen, sowie weitere gesellschaftliche Kosten und teilweise damit eine ökonomische Barriere darstellen.

— jedes Siedlungssystem eine *Schutzzone* verlangt. Schon allein diese Tatsache trennt die Sphären Industrie und Siedlung. Wenn man von der Feststellung ausgeht, daß viele Produktionssysteme in einer räumlich dekonzentrierten Form auftreten, müßten sich daraus auch ähnliche Erscheinungen im Bereich der Siedlungssysteme ergeben.

Man muß jedoch auf die *stimulierende Rolle der Industrie* in bezug *auf* die *Migration* hinweisen, da dieser Faktor ja direkt das Arbeitskräftepotential sowie die Nachfolgeinvestitionen im Bereich der Infrastruktur beeinflußt.

Abschließend soll besonders noch einmal die *Rolle der Konzeption*, der *Theorie* und der *Modelle* betont werden, deren Einsatz für die Entwicklung einer konkreten Region und ihres Siedlungssystems genutzt werden kann, ebenso wie die Bedeutung der Wissenschaft bei der Herausbildung neuer und der Festigung schon bekannter Theorien hervorgehoben werden muß.

In einigen kapitalistischen Ländern legt man die *Theorie der Wachstumspole und ihrer polarisierenden Wirkung* auf die umliegenden Gebiete zugrunde. Es scheint jedoch, daß man weitere Versuche im Adaptionsprozeß dieser Theorie an die Bedingungen verschiedener geographischer Räume vornehmen muß. Offensichtlich bedarf diese Theorie in stärkerem Grade der Formalisierung, vielleicht im Zusammenhang und auf der Basis der Modelle der Innovationsdiffusion, wodurch größere Möglichkeiten ihrer Anwendung nicht nur bei der Aufdeckung ihrer räumlichen Verifikation gegeben wären, sondern auch ihrer einzelnen Elemente bei der Planung und Entwicklung regionaler Siedlungssysteme.

Im Zusammenhang damit ist auch die *sowjetische Konzeption der territorialen Produktionskomplexe* zu nennen, die man am Beispiel der regionalen Entwicklung von Zentralsibirien und Ostsibirien erprobt hat. Ihr Wesen gründet sich auf die Anwendung mathematischer Modelle bei der Programmierung der regionalen Entwicklung und berücksichtigt auch die harmonische Entwicklung der Subsysteme in einem bestimmten Komplex. Es wäre zweifellos von Nutzen, weitere Versuche zu unternehmen, um diese Konzeption schöpferisch bei der Entwicklung der sogenannten neuen Industriegebiete in unserem Land einzusetzen, gewissermaßen als eine Art „Reindustrialisierung" bzw. fortgesetzte Industrialisierung. Dazu muß jedoch eine Bedingung erfüllt sein, nämlich das einheitliche Vorgehen der Planungs- und Steuerungsorgane, oder anders ausgedrückt: Der Begründer des Planes müßte ihn auch selbst realisieren.

Zur Erweiterung bzw. Rekonstruktion des Siedlungssystems könnte auch die in der Praxis der Städteplanung angewandte *Schwellenwerttheorie* herangezogen werden. Ihr praktischer Einsatz wäre durchaus erweiterungsfähig, wenn man ihre Anwendungsmöglichkeit in Systemen allgemein erforscht. Durch eine Erweiterung der Kostenrechnung scheint besonders in bezug auf die gesellschaftlichen Kosten ein präziseres Ergebnis möglich.

Sowohl bei der Fixierung als auch bei der Wahl der Modellkonzeption für die Entwicklung von Siedlungssystemen und ihrer Untersuchung im Verlaufe dieser Entwicklung (z. B. unter dem Einfluß der Industrialisierung) werden *Prognosen und Simulationsmethoden* angewandt. Dabei sollte man die Bedeutung dieser Methoden im Gestaltungsprozeß der Siedlungssysteme nicht übersehen, weil sie die Möglichkeit und räumliche Wahrscheinlichkeit der Befriedigung gesellschaftlicher Bedürfnisse berücksichtigen. Unter den Simulationsmodellen muß man das Modell *„intervening opportunities"* erwähnen, das den Verkehrsaustausch zwischen den einzelnen Gebieten bestimmt. Es erwägt die Wahrscheinlichkeit „der zufälligen Gelegenheiten" oder „der indirekten Chancen" im Falle zunehmender bzw. abnehmender Selektivität der Bedürfnisse einer bestimmten Gruppe der Gesellschaft.

Diese Modelle können nach entsprechend notwendiger Adaption sowohl bei der Planung und Kontrolle als auch bei der Steuerung der Gestaltung eines Siedlungssystems angewendet werden.

Unter den Forschungen, die von anderen Wissenschaftsdisziplinen betrieben werden, ist vor allem das Suchen nach *juristisch-organisatorischen Optimalstrukturen* zu nennen, insbesondere in bezug auf die gesellschaftlichen Bedürfnisse und wirtschaftspolitischen Ziele der einzelnen Regionen und des gesamten Landes. Dieses Suchen hat nichts an Aktualität eingebüßt ungeachtet der unlängst durchgeführten Reform der Verwaltungsstruktur in der VR Polen, nach der sich die Einheit der funktionalen sowie der Verwaltungsstrukturen weitgehend vollzogen hat.

Abschließend soll noch das Problem der *Verbesserung der Methoden und Techniken der Planbearbeitung* angesprochen werden. Es ist selbstverständlich, daß sich eine Wechselwirkung zwischen Planmethodik und den mit ihr verwandten wissenschaftlichen Disziplinen abzeichnet, so daß die Vervollkommnung der Planung also in engem Zusammenhang steht mit der Entwicklung der Ökonomie, Soziologie, Jura und Verwaltung, mit der Geographie wie auch der Information und der vorhandenen statistischen Basis, mit deren Hilfe man wissenschaftliche Untersuchungen durchführt und entsprechende Beschlüsse faßt.


## Резюме

Региональные системы расселения и некоторые проблемы управления их развития

В целях планирования сети населенных пунктов разрабатываются модельные решения для пространственно-функциональных систем отдельных звеньев сети, для определенных интегрированных функциональными решениями групп населенных пунктов, а также для более крупных систем как, например, региональная система расселения. Специально для региональной системы расселения представляются результаты, полученные с помощью математико-статистического метода и выясняющие существенные связи между функциями и динамикой развития региона и входящей в его системы расселения. В основу их заложены исследования для классификации воеводств по уровню их общественно-экономического развития и классификации городов по признакам центральности.

На примерах нескольких центров регионального и сверхрегионального значения предпринимается попытка разграничить региональные системы населенных пунктов по сферам влияния центров, т. е. по дальности связей отдельных элементов с окружающими их населенными пунктами. Предпосылкой при этом является наличие иерархически установленных центров.



## Summary

Regional settlement systems and some aspects of controlling their development

As a contribution to planning the settlement network, model approaches are developed for spatial functional systems of individual links, as well as for certain groups of settlements integrated through functional relations, and for larger systems, e. g. the regional settlement system. Particularly for the latter results are introduced which have been obtained with the help of mathematical and statistical procedures and which illustrate essential connections between the functions and development dynamics of a region and the related settlement system. The basis is provided by studies into the classification of voivodeships according to the level of socio-economic development, and by investigations into the classification of cities according to centrality criteria.

Using the example of several centers of regional and national importance an attempt is made to demarcate regional settlement systems by identifying the spheres of influence of their centers, i. e. the distance to which connections exist with surrounding settlements. This approach presupposes the existence of a hierarchy of centers.

## Literatur

CHRISTALLER, W.: Die zentralen Orte in Süddeutschland. Jena 1933.

CZYŻ, T.: Zastosowanie metody analizy czynnikowej do badań ekonomicznej struktury regionalnej Polski. Prace Geogr. IG PAN, **92** (1971).

CZYŻ, T.: Wyznaczanie regionów jednolitych metodą analizy czynników wielorakich. Przegl. Geogr., **39** (1967).

DOMAŃSKI, R.: Syntetyczna charakterystyka obszaru na przykładzie okręgu przemysłowego Konin — Leczyca—Inowrocław. Warszawa, 1970.

DZIEWOŃSKI, K.: Baza ekonomiczna i struktura funkcjonowania miast. Studium rozwoju pojęć, metod i ich zastosowanie. Prace Geogr. IG PAN, **63** (1967).

DZIEWOŃSKI, K.: Elementy teorii regionu ekonomicznego. Przegl. Geogr., 33 (1961).

DZIEWOŃSKI, K.: Zagadnienie typologii morfologicznej miast polskich. Czas. Geogr., **XXXIII**, (1962) 4.

DZIEWOŃSKI, K.: Procesy urbanistyczne w współczesnej Polsce. Stopnie poznania, próba syntezy. Przegl. Geogr., 34 (1962).

GOLACHOWSKI, S., KOSTRUBIEC, B. i A. ZAGOŻDŻON: Metody badań geograficzno-osadniczych. PWN Warszawa, 1974.

JERCZYŃSKI, M.: Zagadnienie specjalizacji bazy ekonomicznej większych miast w Polsce. Prace Geogr. IG PAN, **97** (1973).

JOKIEL, B. i A. ZAGOŻDŻON: Zastosowanie analizy składowych głównych Hotellinga w charakterystyce ośrodków regionalnych i subregionalnych Polski. Referat na konferencję na temat „Gospodarka przestrzenna i metody analizy regionalnej" zorganizowaną przez Komisję Międzynarodowych Tendencji Rozwoju i Planowania Regionalnego oraz Komisję Modeli. Regionalnych KPZK PAN, Jabłonna, **XII** (1975).

PIASECKI, Z.: Analiza czynnikowa. Metoda Hotellinga. PWN Warszawa, 1969.

SŁUŻEWSKI, J.: Końcowy etap reformy rad narodowych i terenowych organów administracji państwowej. Nowe Prawo, 1975, nr. 7—8.

Statystyka województw 1975: Statystyka Polski, GUS, Warszawa 1975.

WÓJCIK, T.: Zarys teorii klasyfikacji. Zagadnienia formalne. PWN Warszawa 1965.

WRÓBEL, A.: Pojęcie regionu ekonomicznego a teoria geografii. Prace Geogr. IG PAN, 48 (1965).

ZAGOŻDŻON, A.: System regionalnych centrów i ośrodków wzrostu. Raport końcowy Problemu Węzłowego 11.2.1. realizowanego w latach 1970—75. Maszynopis, Wrocław 1975.

Dr. ANTONI ZAGOŻDŻON, Uniwersytet Wrocławski, Badan Regionalnych, 50-145 Wrocław, ul. Uniwersytecka 19/20

# Untersuchungen zur Siedlungsstruktur der Ballungsgebiete der DDR unter besonderer Berücksichtigung des Ballungsgebietes Halle—Leipzig

Von Dieter Scholz, Helga Schmidt, Joachim Leykauf und Hartmut Kowalke

## 1. Gesellschaftliche und wissenschaftliche Aufgabenstellungen

Im Zusammenhang mit der allgemeinen gesellschaftspolitischen Zielstellung, die entwickelte sozialistische Gesellschaft in der DDR weiter auszugestalten, wird den Prozessen der Urbanisierung und Siedlungsnetzgestaltung durch die Wissenschaft und Planungspraxis in jüngerer Zeit besondere Bedeutung zugemessen. Dies ergibt sich wesentlich aus der vom IX. Parteitag der SED erneut betonten Aufgabe, die noch vorhandenen Unterschiede zwischen Stadt und Land weiter zu verringern und allmählich zu überwinden.[1]

Für die Ballungsgebiete der DDR mit ihrem großen ökonomischen Potential und ihrer starken territorialen Bevölkerungskonzentration (auf etwa 13% des DDR-Territoriums wohnen nahezu 40% der Bevölkerung und werden über 50% der Industriewaren erzeugt), erlangt die *planmäßige Gestaltung des Urbanisierungsprozesses* besonderes Gewicht. Dabei bieten die Ballungsgebiete als große Räume mit einem bereits heute flächenhaft hohen Grad der Urbanisierung für die Lösung dieser Aufgabe gute Voraussetzungen, aber auch spezifische Probleme. Letztere werden im Gegensatz zu vielen anderen Ländern — und darunter auch im Gegensatz zur Situation in der VR Polen — von zwei Randbedingungen beeinflußt, deren Kenntnis für das Verständnis der *spezifischen Verhältnisse der Ballungsgebiete* in der DDR notwendig ist:

1. Die Ballungsgebiete der DDR bestehen nicht nur aus großstädtischen Agglomerationen (etwa in der Form von Conurbationen oder Stadtregionen), sondern sie sind flächenhaft ausgedehnte Gebiete von 2—4000 km² Fläche, in denen die Siedlungsstruktur außer von Groß- und Mittelstädten von einer größeren Zahl Kleinstädte und urbanisierter Dörfer bestimmt wird. Der Urbanisierungsgrad ist insgesamt sehr hoch und liegt zwischen 75 und 95%.
2. Die Bevölkerungsstruktur der Ballungsgebiete zeigt die negativen demographischen Proportionen der DDR-Bevölkerung in besonderem Maße. Dem Bevölkerungswachstum vereinzelter Städte, vor allem der Ballungskerne, steht seit Jahren eine Bevölkerungsabnahme der Ballungsgebiete als Ganzes gegenüber, die sowohl durch negative natürliche Salden wie auch durch Migrationsverluste bedingt ist.

Angesichts dieser Sachlage bieten internationale Erfahrungen wohl wertvolles Vergleichsmaterial, können aber für die planerische Bewältigung der Entwicklungsprobleme in der Siedlungsstruktur der Ballungsgebiete der DDR nicht ohne weiteres übernommen werden.

[1] vgl. Programm der SED, Dietz-Verlag 1976, S. 20/21.

Aufbauend auf bisher vorliegenden Ergebnissen zur Industrie- und Bevölkerungsstruktur und im Anschluß an ältere siedlungsgeographische Studien ist daher die Arbeit für die kommenden Jahre konzeptionell so angelegt, daß zunächst die wichtigsten Siedlungstypen der Ballungsgebiete analysiert und in einer späteren Etappe die Siedlungsstruktur in ihrer Gesamtheit untersucht wird. Gegenwärtig sind die Einzeluntersuchungen unterschiedlich weit gediehen. Die folgenden Ausführungen wollen über die theoretisch-methodischen Ansätze sowie über einige der bisher erzielten Ergebnisse informieren.

## 2. Die Struktur des Siedlungsnetzes in den Ballungsgebieten

Eines der hervorstechenden Merkmale der Siedlungen in den Ballungsgebieten ist ihr *hoher Urbanisierungsgrad*. Er drückt sich keineswegs nur in der relativ zahlreichen Existenz von Groß- und Mittelstädten in den Ballungsgebieten aus (von den 1975 insgesamt 114 Groß- und Mittelstädten der DDR über 20000 EW lagen 39, d. h. 34%, im Bereich der Ballungsgebiete). Typisch ist vor allem die große Zahl der Kleinstädte, Arbeiterwohnsiedlungen und Industriegemeinden, die häufig mehrere Tausend Einwohner besitzen und in ihrer wirtschaftlichen und sozialen Struktur, aber auch in ihrer Bausubstanz, viele städtische Züge aufweisen.

Betrachtet man die *Größenverhältnisse* im einzelnen, so wird die beherrschende Stellung der *großstädtischen Ballungskerne* deutlich. Im Ballungsgebiet Halle—Leipzig vereinigen die drei Ballungskerne Leipzig (ca. 710 TEW), Halle (ca. 312 TEW) und Dessau (ca. 116 TEW) rund 56% der Gesamtbevölkerung auf sich, im Ballungsgebiet Karl-Marx-Stadt—Zwickau sind 32% und im Ballungsgebiet Dresden sogar 65% der Bevölkerung in den Ballungskernen konzentriert.

Die in der Rangfolge nach den großstädtischen Ballungskernen folgenden Zentren sind ausnahmslos *Mittelstädte*, wobei die kleineren unter ihnen (zwischen 20 und 50 TEW) zahlenmäßig dominieren. Im Ballungsgebiet Halle—Leipzig steht einer Gruppe von 6 „*typischen*" Mittelstädten (durchschnittlich 50 TEW) eine Gruppe von 5 „*kleinen*" Mittelstädten mit durchschnittlich 21 TEW gegenüber.

Ähnliche Hierarchie-Ebenen der größeren Städte lassen sich — allerdings weniger deutlich ausgebildet — auch im Ballungsgebiet Dresden (mit durchschnittlich 45 TEW und 20 TEW) wiederfinden. Im Ballungsgebiet Karl-Marx-Stadt—Zwickau dagegen fehlt das mittlere Niveau, und von 33 TEW an abwärts ist eine fast lückenlose Abfolge der einzelnen Städte zu den Kleinstädten hin zu beobachten. Allerdings existieren hier lokale Agglomerationen von Kleinstädten und kleinen Mittelstädten, die nach ihrer Einwohnerzahl sogar das Gewicht von Großstädten und großen Mittelstädten erreichen können (wie im Raum Schneeberg—Aue—Schwarzenberg mit 130 TEW, Crimmitzschau—Werdau mit 74 TEW, Glauchau—Meerane mit 56 TEW u. a.; vgl. HECKER 1972, S. 85).

Eine bedeutende Teilmenge in der Siedlungsstruktur der Ballungsgebiete bilden *Kleinstädte* und *große, urbanisierte Dörfer*. Speziellere Untersuchungen über deren Größenproportionen liegen dazu bisher noch nicht vor, eine überschlägliche Analyse des Ballungsgebietes Halle—Leipzig erbrachte für das Jahr 1971 folgende Ergebnisse:

| Gemeindegrößengruppe (EW-Zahl) | Anzahl der Gemeinden | | Einwohner 1971 | |
|---|---|---|---|---|
| | absolut | % | Personen | % |
| über 20000 (Ballungskerne mit Stadtrandzone) | 15 | 3,2 | 1569000 | 76 |
| 10–20000 | 5 | 1,1 | 64000 | 3 |
| 5–10000 | 24 | 5,2 | 156000 | 7 |
| 3– 5000 | 17 | 3,6 | 66000 | 3 |
| Gemeinden über 3000 | 61 | 13,1 | 1855000 | 89 |
| Gemeinden unter 3000 | 405 | 86,9 | 233000 | 11 |
| Gemeinden insgesamt | 466 | 100 | 2088000 | 100 |

Aus diesen Mengenverhältnissen läßt sich erkennen, daß Kleinstädte mit Einwohnerzahlen zwischen 5 und 10 TEW sowohl nach der Zahl wie nach dem Gewicht ihrer Einwohner für die Gesamtstruktur des Siedlungsnetzes im Ballungsgebiet von Bedeutung sind. Andererseits aber wird auch im Ballungsgebiet die Masse der Gemeinden (rund 87%) von kleinen und kleinsten Siedlungen gebildet, deren Bevölkerungsanteil zwar gering ist, die aber die eigentliche Grundschicht der Siedlungen darstellen. Ähnliche Proportionen ermittelte MEYER (1971) für Teile des Ballungsgebietes Karl-Marx-Stadt–Zwickau:

| Gemeindegrößengruppe | Anteil der Gemeinden (%) | Anteil der Bevölkerung (%) |
|---|---|---|
| unter 500 EW | 22,6 | 1,3 |
| 500–2000 EW | 35,3 | 8,0 |
| 2000–5000 EW | 21,3 | 12,2 |
| über 5000 EW | 20,8 | 78,5 |

Für die Beurteilung der *wirtschaftlichen Grundlagen* der einzelnen Siedlungen bzw. Gemeinden nach einheitlichen Gesichtspunkten stehen gegenwärtig drei verschiedene Quellen (v. KÄNEL 1971, GRIMM und HÖNSCH 1974, NEUMEISTER und SÜSS 1971) zur Verfügung.

Der Vergleich dieser Quellen für das *Ballungsgebiet Halle–Leipzig* läßt zusammenfassend folgende Aussagen zu:

1. Die wirtschaftliche Struktur der berufstätigen Wohnbevölkerung in den städtischen Gemeinden bis herab zu den Städten um 20000 Einwohner wird von v. KÄNEL mit einem Strukturtyp beschrieben, dessen drei wesentliche Beschäftigungsbereiche innerhalb der folgenden Schwellenwerte liegen:
   Land- und Forstwirtschaft unter 20%
   Industrie und Handwerk 50–70%
   Handel und Verkehr, nichtmaterielle Bereiche 30–50%
   Diese Beschäftigtenstruktur ist für Städte in Industriegebieten typisch. Nur zweimal

(von insgesamt 17 Fällen) kommt ein Typ vor, der durch einen noch höheren Anteil des nichtmateriellen Bereiches gekennzeichnet ist (Halle und Delitzsch). Bei den kleineren Städten (unter 10 TEW) taucht bereits ein Typ mit einem Industriebeschäftigtenanteil von über 70% auf (s. u. unter Punkt 3).

2. Mit diesen Strukturverhältnissen korrespondierend, werden die größeren Städte von Grimm und Hönsch als Zentren A—D typisiert (A: Großzentrum, nur Leipzig; B: großes Bezirkszentrum, nur Halle; C: großes Gebietszentrum, Dessau, Wittenberg, Eisleben; D: großes Kreiszentrum). Die C-Zentren und die Übergangstypen CD gehören überwiegend der Gruppe der „typischen“ Mittelstädte um 50 TEW an. Die D-Zentren sind in der Regel „kleine“ Mittelstädte um 20—30 TEW, während die Kleinstädte vorzugsweise dem Typ E (Lokalzentrum) zugeordnet werden.
3. Unter den Gemeinden im kleinstädtischen Bereich (2—5 TEW) sowie unter den Landgemeinden dominieren Strukturtypen, die Industrie- bzw. Industriearbeiterwohnsiedlungen repräsentieren. Ihre berufstätige Wohnbevölkerung wird zu über 50% bzw. sogar zu über 70% von Industriebeschäftigten bestimmt. Diese Typen treten gehäuft längs einiger Hauptverkehrslinien (z. B. Halle—Naumburg, Leipzig—Zeitz, Leipzig—Altenburg und Bitterfeld—Dessau) sowie in der Umgebung großer Industriestandorte auf. Eine letzte Typengruppe, die Gemeinden mit weniger als 50% Industriebeschäftigten bei gleichzeitig relativ hohem landwirtschaftlichem Anteil (über 30%) repräsentiert, ist identisch mit den kleineren Landgemeinden (unter 1000 EW). Sie tritt in den Teilen des Ballungsfeldes gehäuft auf, die keine größeren Industriestandorte besitzen und zwischen den Hauptverkehrstrassen liegen.

   Soweit in den eben charakterisierten Räumen überhaupt städtische Zentren liegen, handelt es sich um Lokalzentren und Zentralgemeinden mit kleinen Einzugsbereichen. Daneben treten in einigen Teilen des Ballungsfeldes noch Gemeinden mit mehr als 5000 EW auf, die nahezu keine Umlandbedeutung haben. Bei ihnen handelt es sich vorwiegend um große Arbeiterwohnsiedlungen.
4. Die in den Punkten 1—3 knapp charakterisierte wirtschaftliche Struktur des Siedlungsnetzes im Ballungsgebiet Halle—Leipzig wird eindrucksvoll durch eine Typisierung der Gemeinden dieses Gebietes nach der Struktur ihrer Flächennutzung (Basis: Wirtschaftskataster) unterstrichen. Auf der Grundlage einer Faktorenanalyse gliederten Neumeister und Süss (1971) acht Gemeindetypen aus, die sich zu drei Hauptformen zusammenfassen lassen:

a. Landwirtschaftsgemeinden (2 Typen)
b. städtische Gemeinden (3 Typen)
c. Bergbaugemeinden (3 Typen)

Das räumliche Mosaik dieser acht Typen zeichnet die dargestellte strukturelle Differenzierung des Siedlungsnetzes weitgehend nach.

Betrachtet man abschließend die *Lage der Städte im Ballungsgebiet* und ihre gegenseitigen *Lagebeziehungen*, dann zeigt sich, daß sie als Knoten unterschiedlichen Ranges im gesamten Siedlungsnetz und jeweils als Zentren von Teilsystemen bzw. Subsystemen verstanden werden können. Dieses Netz von Zentren, historisch einmal als relativ ausgeglichenes Zentralortsystem in Christallerschem Sinne entstanden (s. a. Arnhold 1951), wurde durch die industrielle Agglomeration umgeformt. Diese Umformung betrifft

— die relative Verdichtung höherrangiger Zentren bei gleichzeitiger Verminderung der Größe ihrer Umlandbereiche und bei Zunahme des Gewichtes ihrer Eigenbevölkerung, d. h. ihrer Wohnfunktion. Diese höherrangigen Zentren — gegenwärtig vorwiegend

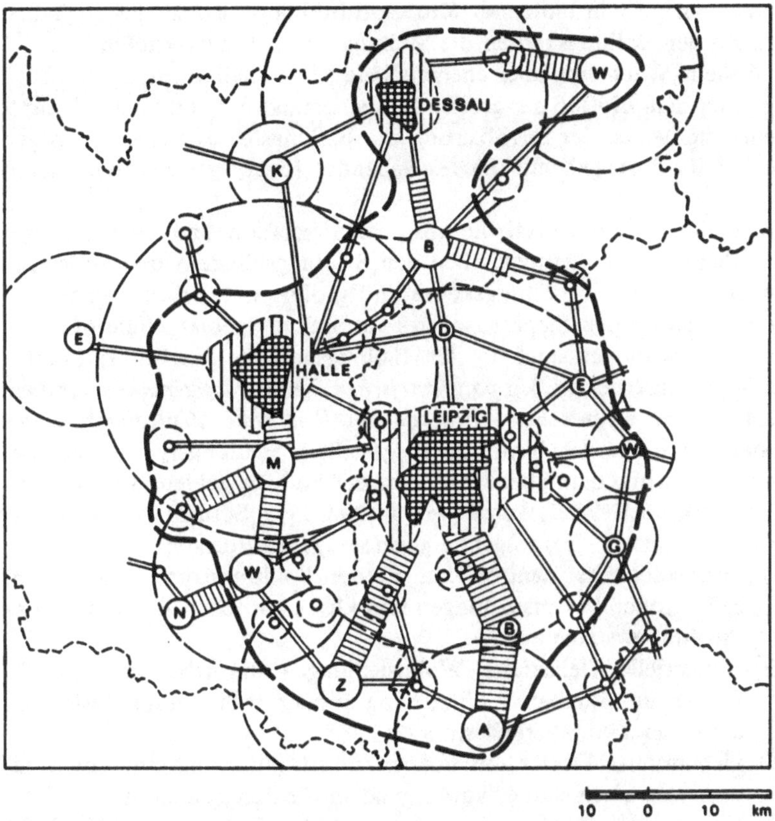


Abb. 1. Schema „Siedlungsstruktur des Ballungsgebietes Halle—Leipzig“

Kernstadt

Stadtrandzone der Ballungskerne

Sekundärknoten des Siedlungsnetzes, „typische“ Mittelstädte

Tertiärknoten des Siedlungsnetzes, „kleine“ Mittelstädte

Kleinstädte mit schematisch dargestelltem, auf sie bezogenem Siedlungssystem

Siedlungsbänder unterschiedlichen Entwicklungsgrades mit Tendenz zu bandstadtartiger Entwicklung

Siedlungszeilen mit Ansätzen zu bandartiger Entwicklung

schematische Begrenzung der Umlandbereiche der Ballungskerne, Sekundär- und Tertiärknoten

strukturelle Außengrenze des Ballungsgebietes

Bezirksgrenze

als Mittelstädte und große Kleinstädte mit Kreisstadtfunktion ausgebildet — haben im Siedlungsnetz nach den Ballungskernen die Stellung von Sekundärknoten.

— das überdurchschnittliche Wachstum aller ehemals ländlichen Siedlungen, die im Zuge der Urbanisierung unter dem Einfluß der großen Industriestandorte und an den Haupttrassen des Verkehrs die Masse der Bevölkerung des Ballungsfeldes auf sich gezogen haben und heute bereits durchgehende Siedlungsbänder (oder -gassen oder -korridore) bilden.

— das relative Zurückbleiben, ja zum Teil die absolute Stagnation und Bevölkerungsabnahme vieler ländlicher Siedlungen zwischen den Siedlungsbändern und außerhalb der unmittelbaren Umgebung der Ballungskerne und großen Industriestandorte.

Damit läßt sich die Struktur des Siedlungsnetzes im Ballungsgebiet Halle—Leipzig — und mit gewissen Modifikationen auch in den Ballungsgebieten Karl-Marx-Stadt—Zwickau und Dresden — als die eines großen *polyzentrischen Siedlungssystems* beschreiben, in dem sich Grundzüge einer *Knoten-Band-Struktur mit ländlichen Zentralortsystemen* verbinden. Dabei besteht zwischen den bisher herausgestellten Siedlungstypen und ihrer territorialen Struktur einerseits und dem Strukturschema der Ballungsgebiete (vgl. Abb. 1), wie es durch die Arbeitsgruppe entwickelt wurde (vgl. SCHOLZ 1972, SCHMIDT/ROSENKRANZ 1972 und MOHS/SCHMIDT/SCHOLZ 1976), folgende gegenseitige Zuordnung:

| Ballungskerne | Großstädtische Zentren mit in der Stadtrandzone zahlreichen, z. T. großen Wohnsiedlungen und kleinstädtischen Zentren lokaler Siedlungssysteme |
|---|---|
| Ballungsfeld, Typ FG[2] | Industrielle Kleinstädte, Wohnsiedlungen und urbanisierte Dörfer in der unmittelbaren Umgebung großer Industriestandorte und längs der Hauptverkehrstrassen |
| Typ FV | Urbanisierte Dörfer mit hohem Industrialisierungsgrad sowie industrielle Kleinstädte, vorwiegend in Siedlungsbändern |
| Typ FA | Urbanisierte Dörfer mit vorherrschender Agrar- und Wohnfunktion bei vorwiegend geringeren Einwohnerzahlen sowie Kleinstädte, häufig im Rahmen lokaler Siedlungssysteme verbunden |
| Ballungsrandgebiet | Differenzierte Struktur der ländlichen Siedlungen bei Dominanz der Wohn- und Agrarsiedlungen, in der Regel im Rahmen lokaler Siedlungssysteme, die von Klein- und Mittelstädten gebildet werden. |

Die mittelstädtischen Sekundärknoten lassen sich keinem der ausgegliederten Gebietsstrukturtypen allein zuordnen, sondern treten in allen auf, wobei sie sowohl Verknüpfungspunkte verschiedener Siedlungsbänder miteinander wie auch zentrale Städte innerhalb dieser Bänder sind.

## 3. Grundprobleme der wichtigsten Siedlungstypen

Die planmäßige Weiterentwicklung der Siedlungsstruktur der Ballungsgebiete setzt die Kenntnis der wichtigsten Struktur- und Entwicklungsprobleme der Siedlungen voraus. Der bisherige Stand der Arbeiten erbrachte dazu die folgenden, tabellarisch zusammen-

[2] vgl. SCHOLZ „Zur Terminologie des Begriffes Ballungsgebiet und seiner Teilgebiete in der DDR", Peterm. Geogr. Mitt., **116** (1972) 1.

gestellten Ergebnisse (vgl. Tab. 1). Aus ihnen ergeben sich für die wichtigsten Siedlungsgruppen der Ballungsgebiete sehr differenzierte Entwicklungstendenzen, die in zusammengefaßter Form nur grob umrissen werden können. Sie münden vor allem in die Erkenntnis aus, daß die weitere Entwicklung der Siedlungsstruktur in den Ballungsgebieten der DDR weniger von Wachstumsprozessen, als vielmehr von Strukturwandelprozessen bestimmt wird. Dieser *Strukturwandel* berührt vor allem folgende Merkmalskomplexe:

1. In den Ballungsgebieten sind Konzentrationstendenzen im Siedlungsnetz zu beobachten, die vorrangig zu einer territorialen Umverteilung der Bevölkerung zugunsten der größeren städtischen Zentren (Ballungskerne, mittelstädtische Sekundär- und Tertiärknoten) führen. Eine weitere räumliche Verdichtung oder ein flächenhaftes Wachstum der einzelnen Siedlungen ist damit nur in Einzelfällen verbunden.
2. Deutlich erkennbar sind Tendenzen zur Funktionsspezialisierung, die bei den größeren städtischen Zentren gleichzeitig mit der Ausdehnung des Gesamt-Funktionsspektrums, bei den kleinen Siedlungen in der Regel mit einer Einengung des Funktionsspektrums verbunden sind.
3. In der räumlichen Struktur des Siedlungsnetzes wie auch der einzelnen Siedlungen, wie sie sich in der Flächennutzung ausdrückt, sind Tendenzen zur Strukturbereinigung und zur Beseitigung territorialer Zersplitterungen zu beobachten. Dabei entwickeln sich gegenwärtig teilweise neue Niveauunterschiede zwischen den von Neubauten bestimmten Teilen der Siedlungsstruktur und denjenigen mit vorherrschender Altbausubstanz.
4. Vor allem in der Grundschicht der kleinen Siedlungen setzen sich zunehmend Organisationsformen lokaler Siedlungssysteme durch (speziell im Zusammenhang mit der Bildung von Gemeindeverbänden und großräumig organisierten Produktionskomplexen der Landwirtschaft). Gleiche Tendenzen sind auf der Ebene höherrangiger Zentren bisher jedoch noch kaum sichtbar.

Neben diesen Aspekten des Strukturwandelprozesses treten noch weitere generelle, jedoch vorrangig technische und städtebauliche Problemkomplexe auf, die typisch für die gesamte Siedlungsstruktur des Ballungsgebietes sind. Sie betreffen vorzugsweise den Bereich der Infrastruktur und ergeben sich aus den nicht befriedigenden Proportionen zwischen Bedarf, Ausstattung, Alter und Funktionstüchtigkeit.

## 4. Konsequenzen für die weitere Forschungsarbeit

Der bisher erreichte Ergebnisstand in den Forschungsarbeiten zur Siedlungsstruktur der Ballungsgebiete reicht zur Formulierung praktikabler Entwicklungsvorschläge noch nicht aus. Zunächst gilt es, die oben umrissenen Grundprobleme des Siedlungsnetzes und der einzelnen Siedlungen vertieft weiter zu studieren. Dazu ist die Fortführung der analytischen Arbeiten zur Struktur des Siedlungsnetzes, zur Struktur der einzelnen Siedlungsgruppen, aber auch zu Querschnittsproblemkreisen, wie der Produktions- und Infrastruktur, erforderlich. Auf dieser Grundlage und im Vergleich mit internationalen Erfahrungen können Konzeptionen im Sinne von *Zielmodellen* entwickelt werden, die der Orientierung und Koordinierung der konkreten Planungsmaßnahmen zu dienen vermögen. Aus bisheriger Sicht laufen sie für die Ballungsgebiete der DDR auf die bewußte Entwicklung einer *polyzentrischen Knoten-Band-Struktur* hinaus, in der Elemente des Modells der Stadtregion sowie der Bandstadt mit solchen von zentralörtlichen Siedlungssystemen in der Grundschicht der Siedlungen durch eine regionale Knoten-Band-Struktur verbunden werden.

Tabelle 1. Wesentliche Strukturmerkmale und Entwicklungsprobleme der Siedlungen in den Ballungsgebieten der DDR

| Strukturmerkmal | großstädtische Ballungskerne | mittelstädtische Sekundär- und Tertiärknoten des Siedlungsnetzes | nichtstädtische kleine Siedlungen |
|---|---|---|---|
| Stellung im Siedlungsnetz, Lageverhältnisse | dominante Schwerpunkte des gesamtstaatlichen und regionalen Siedlungsnetzes in vorwiegend zentraler Lage und mit weitreichenden Umlandbeziehungen | Sekundärknoten: typ. Mittelstädte, oft Randlage im Ballungsfeld. Tertiärknoten: kleine Mittelstädte im Ballungsfeld. Beide vorwiegend regionale Zentren, aber mit relativ kleiner Umlandregion | Grundschicht des Siedlungsnetzes, mindestens ein stabiler Funktionsträger, in lokalen Siedlungssystemen mit kleinstädtischen Zentren oder in Siedlungsbändern organisiert |
| Funktionsausstattung | polyfunktional bei vollem Funktionsspektrum, auch der Funktionen höchsten Ranges | polyfunktional, jedoch mit schmalerem Spektrum, partiell stark spezialisiert | mindestens eine, maximal vier Grundfunktionen (Agrar-, Industrie-, Dienstleistungs- oder Wohnsiedlung) |
| Entwicklungstendenz der Funktionen | Erweiterung der zentralen Funktionen im nichtmateriellen Bereich sowie der Wohnfunktion, Spezialisierung der Industriefunktion | Erweiterung spezieller Funktionen, Komplettierung der Funktionen unteren Ranges, starker Ausbau der Wohnfunktion | Verminderung der Agrarfunktion, Wachstum der Wohnfunktion in Abhängigkeit von den Lagebeziehungen im Ballungsfeld |
| Ressourcensituation | Verknappung von Bauland und Wasser bei oft unrationeller Nutzung, teilweise starke Umweltbelastung | i. d. Regel noch ausreichend, Wasser vereinzelt verknappt, vereinzelt starke Umweltbelastung | ausreichend, mit Ausnahme der Siedlungen im Vorfeld von Tagebauen bzw. ohne zentrale Wasserversorgung |
| Bevölkerungsstruktur | stark überaltert mit negativem Saldo, weitgehender Ausgleich durch Migration. Differenziertes und hohes Qualifikationsniveau | günstige Altersstruktur mit ausgeglichenem natürlichen Saldo, meist bedeutende Wanderungsgewinne | teilweise starke Überalterung, Tendenz zur Vergreisung |

(Fortsetzung Tab. 1)

| | | | |
|---|---|---|---|
| Bevölkerungsentwicklung | infolge von Migrationsgewinnen wachsend bis stagnierend, starke Abhängigkeit vom Volumen des Wohnungsbaus | langsames, stetiges Wachstum, Wanderungsgewinne vorwiegend aus dem eigenen Umland | generell abnehmend (0,5—1,5% pro Jahr), vereinzelt Zunahme in Siedlungen mit größeren Investitionen |
| technische Infrastruktur | gute und sehr gute Ausstattung, jedoch meist stark überaltert und unterdimensioniert, großer Rekonstruktions- und Erweiterungsbedarf | in der Regel gute Ausstattung und Anschlußgrade, in den Stadtzentren meist unterdimensioniert und überaltert | i. allg. unvollständige Ausstattung, Differenzierung abhängig von Größe und Typ der Siedlung |
| soziale Infrastruktur | Grundversorgung und Wohnungsfonds nicht ausreichend, Spezialversorgung ausreichend | meist ausreichende Ausstattung | Grundausstattung in der Regel vorhanden |
| interne Strukturdifferenzierung | sehr starke Differenzierung und Zersplitterung bei oft starken Niveauunterschieden zwischen den einzelnen Stadtvierteln | deutlich entwickelt, trotz Zersplitterung im einzelnen generell überschaubar und nur geringe Niveauunterschiede | in Ansätzen vorhanden |
| erkennbare allgemeine Trends | generell weitere Erhöhung des Funktionsniveaus, Tendenz zum flächenhaften Wachstum, zeitweilige Vertiefung bestehender Disproportionen und Niveauunterschiede | langsames Wachstum bei partieller Funktionserweiterung und weiterer Spezialisierung (vor allem der Industrie) und Konzentration des Wohnungsbaus | weitere Verschiebung der Funktionsstruktur zugunsten der Wohnfunktion bei stetiger Schrumpfung und Tendenz der Vergreisung |
| territorialplanerische Grundprobleme | Erhöhung der Funktionstüchtigkeit durch Beseitigung bestehender Strukturmängel, territoriale Rationalisierung und strukturelle Neuordnung, Entwicklung von Entlastungszentren im Umland | Verbesserung der Funktionstüchtigkeit der Altstadtkerne, durchgängige Erneuerung und Erweiterung der techn. Infrastruktur, Komplettierung des Funktionsspektrums, Verbesserung der Anbindung der Siedlungen des Umlandes | differenzierte Planung des Spezialisierungs- und Schrumpfungsprozesses, Organisation lokaler Siedlungssysteme (Basis Gemeindeverbände), Verbesserung der Anbindung an höherrangige Zentren |

**Резюме**

Исследования по структуре расселения в агломерациях ГДР, специально по примеру агломерации Халле—Лейпциг

Планомерное управление урбанизацией является существенной задачей при дальнейшем построении социалистического общества и его территориальной структуры. Агломерации, как уже высокоурбанизированные районы дают в этом отношении благоприятные предпосылки, но и создают также специальные проблемы. В настоящей разработке обсуждаются целевые направления и теоретико-методические исходные позиции при анализе структуры поселения в зонах агломерации в ГДР.

Существующая сеть населенных пунктов определяется ядрами скопления в виде центров крупных городов этих областей, а также относительно мелкой сетью второстепенных и третьестепенных узлов средних городов, к которой относится масса малых населенных пунктов в качестве основного слоя сети поселений. Эта основная прослойка дифференцированно организована в локальных системах расселения с центрами малых городов. Между всеми элементами сети поселений существуют многообразные взаимоотношения, преимущественно в форме отношений город-окрестность. Частично развиты лентовидные структуры (ленты или коридоры поселения) с тенденцией к лентообразным городским образованиям.

Сделаны общие наброски самых существенных признаков структуры и тенденций развития городских узлов сети поселений, а также основной прослойки мелких населенных пунктов. Возможной целевой моделью для управления дальнейшим процессом развития предлагается полицентрическая структура „узел-лента", в которой сочетаются элементы модели городского региона с элементами ленточного города, а также элементами локальных и региональных систем центральных мест с иерархической последовательностью.

**Summary**

Investigations on the settlement structure of the agglomeration regions of the GDR — with special consideration of the agglomeration region of Halle—Leipzig

The planned control of urbanization has become an important element in the further building of a socialist society and its regional structure. Existing agglomerations, already highly urbanized, present favorable conditions but also specific problems in this connection. The study deals with the aims, and theoretical and methodical starting points, in the analysis of settlement structure in agglomerations in the GDR.

The existing network of settlements is built around large cities which form the nuclei of agglomerations, a comparatively close-meshed system of medium-sized cities which serve as secondary and tertiary cores, and a multitude of small settlements which provide the basic substance for the settlement network. This basic substance is organized, in a number of different ways, in local settlement systems with small towns as centers. Manifold interrelations exist between the individual elements in the settlement network, primarily in the form of city-hinterland relations. Band-type structures have developed in some cases and show a trend toward becoming band cities.

A rough outline is given of the most important structural characteristics and development trends with regard to the urban cores of the settlement network and the basic substance of small settlements. A polycentric node-band structure is proposed as a possible target model for controlling further developments, which connects elements of the urban region model with those of the band city and hierarchically arranged local and regional central place systems.

## Literatur

Arnhold, H.: Das System der zentralen Orte in Mitteldeutschland. Berichte z. Dt. Landeskunde, **9** (1951) 2, Bad Godesberg.

Grimm, F. und I. Hönsch: Zur Typisierung der Zentren in der DDR nach ihrer Umlandbedeutung. Peterm. Geogr. Mitt. **118** (1974) 4.

Hecker, Th.: Grundzüge der Siedlungsstruktur im Bezirk Karl-Marx-Stadt. Geogr. Berichte Nr. **67** (1972) H. 2.

v. Känel, A.: Berufstätige Wohnbevölkerung — Landwirtschaft, Industrie, sonstige Bereiche. Karte 2.4.3 des Planungsatlas Landwirtschaft und Nahrungsgüterwirtschaft der DDR. Berlin 1971.

Meyer, L.: Der Urbanisierungsprozeß im Ballungsgebiet Karl-Marx-Stadt—Zwickau, dargestellt am Beispiel der Kreise Schwarzenberg, Aue, Stollberg, Hohenstein-Ernstthal, Karl-Marx-Stadt-Stadt und -Land und Hainichen. Diplomarbeit, Sektion Geographie der Martin-Luther-Universität, Halle 1971.

Mohs, G., Schmidt, H. und D. Scholz: Territoriale Konzentration und Urbanisierung — Probleme und Aufgaben bei der Entwicklung der Siedlungsstruktur in den Ballungsgebieten der DDR. Peterm. Geogr. Mitt. **120** (1976) 2.

Neumeister, H. und H. Süss: Untersuchungen zur Präzisierung der Abgrenzung und der inneren Strukturdifferenzierung und -typisierung des Ballungsgebietes Halle—Leipzig. Untersuchungen zu territorialen Entwicklungsprozessen und Struktureffekten in den Ballungsgebieten der DDR. Ergebnisbericht 3/71 der AG „Ballungsgebiete" der Sektion Geographie der MLU, Manuskript, Halle 1971.

Schmidt, H. und Ch. Rosenkranz: Produktionsstruktur und Siedlungsnetz. Entwicklungstendenzen in den Ballungsgebieten der DDR. Geogr. Berichte Nr. **64/65** (1972) H. 3/4.

Scholz, D.: Zur Terminologie des Begriffes Ballungsgebiet und seiner Teilgebiete in der DDR. Peterm. Geogr. Mitt. **116** (1972) 1.

Prof. Dr. Dieter Scholz, Dr. Helga Schmidt, Dr. Joachim Leykauf und Dr. Hartmut Kowalke, Martin-Luther-Universität Halle, Sektion Geographie, 402 Halle (Saale), Domstraße 5

# Erste Erkenntnisse zu Stadt-Umland-Regionen des Typs „hauptstädtische Metropole", gewonnen am Beispiel der Hauptstadt der DDR, Berlin

Von KARL-HEINZ KALISCH

Bei der Gestaltung der entwickelten sozialistischen Gesellschaft gewinnt die Herausbildung von Stadt-Umland-Regionen zunehmend an Bedeutung. Wichtige Einflußfaktoren dabei sind die sich objektiv vollziehenden Prozesse der Urbanisierung. Diese werden unter sozialistischen Verhältnissen bekanntlich nicht nur als Migrationsbewegungen verstanden, die sich in städtischen Bevölkerungskonzentrationen äußern, sondern als soziale Erscheinungen der Förderung und Ausbreitung städtischer Lebensformen und -bedingungen in allen Gebieten. Damit durchdringt die Urbanisierung die gesamte Siedlungsstruktur und führt zur Herausbildung urbanisierter Regionen.

Dabei zeigt sich, daß der Prozeß der Urbanisierung in mehrfach gestuften Beziehungsebenen zwischen Stadt und Umland erfolgt, was qualitativ auf die Art der Ausstattung und Funktionen der Zentren, quantitativ auf den Umfang ihrer Ausstattung und räumlich auf die Intensität und Reichweite ihrer Umlandfunktionen zurückzuführen ist. Damit in Beziehung sind auch die unter Führung der Forschungsleitstelle der SPK für die DDR entwickelten Siedlungskategorien (als Entwicklungskategorien) zu sehen. Die danach *räumlich geordneten Beziehungsverhältnisse zwischen Stadt und Umland* ermöglichen es den Bewohnern der Siedlungen des jeweiligen Umlandes, die vielfältigeren und hochwertigeren Leistungen der in sich ergänzend ausgestatteten Zentren mit relativ geringem Zeitaufwand in Anspruch zu nehmen.

In dem *stufenmäßig gegliederten Beziehungsgeflecht zwischen Stadt und Umland* treten die *Städte der Makrostruktur* offensichtlich *bestimmend* hervor. Sie unterscheiden sich von anderen Städten durch Vielfalt und Breite ihrer Ausstattung und dementsprechend durch einen stark ausgeprägten Wirkungsgrad ihrer Stadt-Umland-Beziehungen. Damit üben sie den nachhaltigsten und räumlich umfassendsten Einfluß auf die Verbesserung der Arbeits- und Lebensbedingungen aus.

Im Rahmen der Städte der Makrostruktur treten die vom Typ „*hauptstädtische Metropole*" mit besonders stark ausgeprägtem Wirkungsgrad ihrer Stadt-Umland-Beziehungen hervor. Ihre Gestaltung unterliegt allgemeinen und spezifischen *Anforderungen*, die wie folgt zusammenzufassen sind:

1. Die Bestimmung von Stadt-Umland-Regionen kann nicht nur aus den gegenwärtigen Stadt-Umland-Beziehungen heraus erfolgen. Zwar sind dies wesentliche Ausgangspunkte, jedoch sind auch *räumliche Entwicklungstendenzen* zu *berücksichtigen*. Daraus ergibt sich, die Stadt-Umland-Regionen so zu gestalten, daß sie sowohl den gegenwärtigen Bedingungen entsprechen als auch für künftige Entwicklungen fördernd und für die volkswirtschaftliche Planung dienlich sind.
2. Eine damit zusammenhängende Forderung besteht darin, bei der Bestimmung von Stadt-

Umland-Regionen in allen Gebieten etwa *gleichmäßige Arbeits- und Lebensbedingungen* zu schaffen bzw. dazu beizutragen. Diese Forderung ist ebenfalls grundsätzlicher Natur. Sie führt zu bestimmten Konsequenzen, die darin liegen, die Abgrenzung der Stadt-Umland-Region dort zu suchen, wo der Übergang des Beziehungseinflusses eines Zentrums der Makrostruktur zu einem anderen benachbarten erfolgt.

3. Die Besonderheiten der sozialistischen Städte der Makrostruktur vom Typ „hauptstädtische Metropole" bestehen darin, daß sie die leistungsfähigsten großen *Zentren der Arbeiterklasse* für die Durchsetzung der marxistisch-leninistischen Ideologie und Politik, für den sozialen Fortschritt, für die Entfaltung der schöpferischen Fähigkeiten aller Mitglieder der Gesellschaft und für die immer bessere Befriedigung der Lebensbedürfnisse der Bevölkerung sind. Diese Funktionen sind wohl allgemein bekannt, jedoch nicht nach ihrer räumlichen Wirksamkeit geordnet. Daraus ergibt sich, sie — auch unter dem Gesichtspunkt der Vorbereitung der Begriffsdefinition „Städte der Makrostruktur vom Typ hauptstädtische Metropole" — in kurzer Form folgend zusammenzufassen:

   a) Im *Weltmaßstab* sind Städte der Makrostruktur vom Typ „hauptstädtische Metropole" Führungszentralen für die weitere Entwicklung der internationalen Friedensbewegung, für die Unterstützung des gemeinsamen antiimperialistischen Kampfes der Völker, der Siege der nationalen Befreiungsbewegungen und für die Durchsetzung des weltweiten Übergangs vom Kapitalismus zum Sozialismus. Sie sind Leitzentralen für die weitere Herausbildung des sozialistischen Weltsystems. Dabei vermitteln sie konsequent die Erfordernisse und Möglichkeiten der friedlichen Koexistenz zwischen den sozialistischen und kapitalistischen Staaten.

   b) Innerhalb der *sozialistischen Staatengemeinschaft* sind Städte der Makrostruktur vom Typ „hauptstädtische Metropole" Zentralen der Ausarbeitung und Verwirklichung der Strategie und Taktik der sozialistischen Staaten für die allseitige Stärkung und Weiterentwicklung des Sozialismus sowie für den Schutz der sozialistischen Errungenschaften. Sie sind Vermittlerzentralen für die ständige Vervollkommnung der Zusammenarbeit und systematischen Annäherung der sozialistischen Nationen auf allen Gebieten des gesellschaftlichen Lebens, für die weitere Vertiefung der Freundschaft und Zusammenarbeit zwischen den sozialistischen Völkern und Staaten sowie für die weitere Entwicklung der sozialistischen ökonomischen Integration.

   c) Im *eigenen Land* sind Städte der Makrostruktur vom Typ „hauptstädtische Metropole" die bedeutendsten Zentren der politischen Machtausübung der Arbeiterklasse, der Mobilisierung ihrer Schöpferkraft und der Aktivität aller Werktätigen bei der Gestaltung der entwickelten sozialistischen Gesellschaft und beim Aufbau der kommunistischen Gesellschaft. Sie sind Leitzentralen der sozialistischen Planwirtschaft und bestimmende wirtschaftliche, wissenschaftliche und geistig-kulturelle Zentren von gesamtstaatlicher Bedeutung. Ihr Erscheinungsbild ist geprägt von den Wesenszügen und Idealen des Sozialismus/Kommunismus. So verkörpern sie ein attraktives Zentrum mit höchstentwickelten Arbeits- und Lebensbedingungen.

   d) *Innerhalb eines engeren* (mit benachbarten Zentren der Makrostruktur abgestimmten) *Stadt-Umland-Beziehungsraumes* beeinflussen Städte der Makrostruktur vom Typ „hauptstädtische Metropole" am nachhaltigsten und am umfangreichsten die Übertragung städtischer Lebensformen und -bedingungen ins Umland. Sie unterscheiden sich von anderen Städten der Makrostruktur durch ausgeprägteste (flächendeckende) Intensität und Reichweite ihrer Umlandfunktionen. Diese basieren auf einem hohen

Grad der Arbeitsteilung, Kooperation und Kombination der Produktion zwischen Stadt und Umland. Sie begründen sich des weiteren auf die Funktionen eines bedeutenden infrastrukturellen Ausstattungspotentials. Damit haben die Städte der Makrostruktur vom Typ „hauptstädtische Metropole“ bestimmenden Einfluß auf die Arbeits- und Lebensbedingungen des nahen Umlandes, auf den Raum einer Stadt-Umland-Region.

4. Die Gestaltung einer Stadt-Umland-Region fußt aber nicht nur auf Beziehungen zwischen Stadt und Umland. Sie wird auch durch die Erfordernisse der rationellen räumlichen Gestaltung der Produktions-, Siedlungs- und Ressourcenstruktur sowie der Arbeitskräfte- und Bevölkerungsstruktur innerhalb des Umlandraumes maßgeblich mitbestimmt. Aus den am *Beispiel des Umlandes der Hauptstadt der DDR, Berlin*, gewonnenen Erkenntnissen sind folgende *Forderungen* zusammenzufassen:
   a) Der Umlandraum muß Ansätze und Voraussetzungen haben, um eine in sich *räumlich abgestimmte Wirtschaftsstruktur* zu entwickeln. Dazu müssen die Möglichkeiten der optimalen Entfaltung von Kombinationseffekten innerhalb und zwischen der Industrie, der Bauwirtschaft, der Land- und Nahrungsgüterwirtschaft sowie der Erholungswirtschaft — bei gleichzeitiger rationeller Einbindung in übergebietliche Verflechtungsbeziehungen — insbesondere zum Kerngebiet — vorhanden sein.
   b) Der Umlandraum muß Ansätze und Voraussetzungen haben, um eine in sich *relativ geschlossene Siedlungsstruktur* zu entwickeln, zu der die Möglichkeiten der vollen Entfaltung stufenmäßig abgestimmter rationeller Funktionsbeziehungen vorhanden sind. Diese Forderung schließt die innige Verzahnung der Funktionen innerhalb des Umlandraumes und mit den vom Kerngebiet ausgehenden Funktionen ein.
   c) Der Umlandraum muß hinsichtlich der *Bevölkerungsstruktur* solche Ansätze und Voraussetzungen haben, daß die Entwicklung des Arbeitsvermögens den Erfordernissen der weiteren Gestaltung der inneren Wirtschaftsstruktur — bei gleichzeitiger Unterstützung der Wirtschaft des Kerngebiets — weitgehend entspricht.
   d) Der Umlandraum muß Ansätze und Voraussetzungen haben, um die Intensivierung des sozialistischen Reproduktionsprozesses effektiv zu verwirklichen und die Möglichkeiten der komplexen territorialen Rationalisierung optimal zu nutzen. Das schließt auch die effektive Erneuerung der *natürlichen* und *territorial-ökonomischen Ressourcenstruktur* ein.

Die nach diesen Forderungen entwickelte Stadt-Umland-Region kennzeichnet sich offensichtlich als wichtige territoriale Rahmenbedingung für die effektive Verwirklichung der Einheit von Wirtschafts- und Sozialpolitik.

Bei den (bei der bisherigen Arbeit gewonnenen) methodischen Erkenntnissen zeigt sich, daß die *Bestimmung von Stadt-Umland-Regionen von* vielfältig verflochtenen *Einflußfaktoren abhängig* ist und daß es nicht möglich ist, diese in ihrer Gesamtheit in einem Arbeitsschritt zu erfassen, zu werten und davon abgeleitete Schlußfolgerungen für die Entwicklung von Stadt-Umland-Regionen zu ziehen.

Daraus läßt sich ein stufenmäßiges Herangehen an die Lösung der Probleme ableiten, und zwar:

1. Bestimmung des Beziehungsraumes der Stadt-Umland-Region mit Hilfe von *synthetischen Kennziffern* — also solchen, die weitgehend stellvertretende Aussage haben — mit dem Ziel, eine Rahmenbedingung für weitere Untersuchungen zu schaffen;
2. Untersuchung der *Proportionen* zu den einzelnen Strukturen und Funktionen; Feststellung von *räumlichen Niveauunterschieden* zwischen den einzelnen Gemeinden und

der für ihre Überwindung erforderlichen Maßnahmen sowie Ermittlung meßbarer Kennziffern für volkswirtschaftliche Entscheidungen;
3. zusammenfassende Ableitung von *theoretischen Erkenntnissen* für die Bestimmung und Gliederung von Stadt-Umland-Regionen des Typs „hauptstädtische Metropole".

Ergänzend ist dabei zu berücksichtigen, daß auch *Vergleiche* sowohl mit anderen Städten der Makrostruktur innerhalb der DDR als auch mit solchen des Typs „hauptstädtische Metropole" im Rahmen der sozialistischen Staaten notwendig werden.

Aus der bisherigen Arbeit der Sektion Geographie der Humboldt-Universität liegen unter anderem erste Erkenntnisse zur 1. Stufe der Gesamtarbeit, also zur Bestimmung der Stadt-Umland-Region mit Hilfe synthetischer Kennziffern, vor. Hierbei zeigt sich, daß folgende Hilfsmittel geeignet sind:

— arbeitsräumliche Stadt-Umland-Beziehungen, d. h. Arbeitspendlerbeziehungen und
— verkehrsräumliche Stadt-Umland-Beziehungen.

Bei den *arbeitsräumlichen* Stadt-Umland-Beziehungen treten wesentliche stellvertretende Aussagen hervor. So werden mit ihnen fortschrittliche Erscheinungen der Veränderung des Charakters der Arbeit, der Annäherung der Verhältnisse zwischen Klassen und Schichten, der Bewußtseinsentwicklung u. a. m. vom Kerngebiet in das Umland übertragen. Auch ist mit den arbeitsräumlichen Stadt-Umland-Beziehungen eine unmittelbare Nutznießung städtischer Lebensbedingungen verbunden. Dennoch sind in den *verkehrsräumlichen* Stadt-Umland-Beziehungen *weit umfassendere* räumliche Erscheinungen enthalten. Mit ihnen wird — über die arbeitsräumlichen Stadt-Umland-Beziehungen hinaus — auch die Gesamtheit der produktionsräumlichen, versorgungsräumlichen und erholungsräumlichen Stadt-Umland-Beziehungen erfaßt. Somit kennzeichnen sich die verkehrsräumlichen Stadt-Umland-Beziehungen als *wichtiges Mittel für die synthetische Bestimmung von Stadt-Umland-Regionen.*

Für ihre Anwendung bestehen im grundsätzlichen zwei Möglichkeiten, nämlich
1. in Form einer direkten Erfassung und Wertung der Art und des Umfangs der Verkehrsbeziehungen zwischen Stadt und Umland und
2. in Form eines verallgemeinernden Hilfsmittels.

Bei den Untersuchungen im Umland der Hauptstadt der DDR, Berlin, wurde ein *Erreichbarkeitsindex* — als verallgemeinerndes Hilfsmittel — angewandt. Dieser stützt sich auf Ermittlungen zur Fahrthäufigkeit sowie auf die durchschnittliche Fahrzeit von den Gemeinden zum Zentrum. Danach läßt sich folgende Formel bilden:

$$\text{Erreichbarkeitsindex} = \frac{\text{Fahrhäufigkeit/Tag}}{\text{durchschnittliche Fahrzeit}}.$$

Grundsätzlich ist zwar einzuschätzen, daß diese Formel — wie alle diesbezüglichen Verallgemeinerungen — nicht die Aussageschärfe einer konkreten Erfassung der Verkehrsströme hat. Jedoch konnte mit Hilfe von mehreren Verkehrserhebungen festgestellt werden, daß die mit der Formel erzielten Ergebnisse den konkreten Zählungen und somit den wirklichen Verhältnissen mit großer Sicherheit entsprechen.

Der Erreichbarkeitsindex wurde auf Gemeindebasis angewandt. Durch eine räumliche Gliederung der nach Häufigkeitsstufen geordneten Gemeinden zeichnen sich auf das Kerngebiet bezogene, radialkonzentrisch verlaufende *Intensitätszonen* ab. Mit diesen kennzeichnet sich die äußere Abgrenzung und innere Gliederung der Stadt-Umland-Region in einen *nahen* und *erweiterten Umlandraum.* Dieser Umlandraum umfaßt insgesamt 108 Gemeinden, von denen 53 im nahen und 55 im erweiterten Umlandraum vorhanden sind. Diesen relativ ausgeglichenen Verhältnissen entspricht auch der Flächenanteil von 46,7 : 53,3 %. Demgegenüber wohnen im nahen Umlandraum 80 % und im erweiterten nur 20 % der Bevölkerung.

Der *nahe Umlandraum* entspricht etwa dem Ballungsfeld des Kerngebietes. Er ist dadurch gekennzeichnet, daß in ihm vorwiegend Gemeinden mit Industriefunktionen und Arbeitspendlerwohnsitzfunktionen vorhanden sind. Dagegen befindet sich im *erweiterten Umlandraum* eine vorwiegend agrarisch geprägte Produktions- und Siedlungsstruktur.

Diese Arbeitsergebnisse werden als erste Erkenntnisse für die Bestimmung einer urbanisierten Stadt-Umland-Region angesehen. Ein *weiteres Forschungsfeld* eröffnet sich nun zu speziellen Untersuchungen einzelner Struktur- und Funktionsmerkmale für die planmäßige Nutzung, Vervollkommnung und Weiterentwicklung der Stadt-Umland-Region sowie zur Ermittlung meßbarer Kennziffern für volkswirtschaftliche Entscheidungen, um daraus schließlich zu theoretischen Verallgemeinerungen zu gelangen. Es ist zu erwarten, daß die beabsichtigten Untersuchungen zu weiteren Erkenntnissen sowohl für die Praxis als auch für die Theorie der Siedlungsstruktur führen werden.


## Резюме

Первые научные выводы к регионам город-окрестность типа „столичный центр“ — сделанные на примере столицы ГДР, г. Берлина

При построении развитого социалистического общества растет значение формирования регионов город-окрестность. Важными факторами влияния являются объективно протекающие процессы урбанизации. Как известно, урбанизация проникает всю структуру расселения. Она ведет к образованию урбанизированных регионов. При этом выявляется, что процесс урбанизации происходит в многоступенчатых сферах связей между городом и окрестностью, что качественно объясняется видом оснащения и функциями центров, количественно-объемом их оснащения и пространственно-интенсивностью и размахом их функций в окрестностях.

В ступенчато расчлененном переплетении связей между городом и окрестностью выделяются города макроструктуры типа „столичный центр“. Их пространственное воздействие происходит из-за специфических функций

— в мировом масштабе,
— в рамках социалистического содружества государств,
— в собственной стране,
— в рамках более тесной сферы связей город-окрестность.

Формирование сферы связей город-окрестность (регион город-окрестность) подчинено специфическим требованиям, которые можно сформулировать следующим образом:

1. Определение регионов город-окрестность должно производиться таким образом, чтобы они соответствовали как настоящим условиям, так и содействовали будущему развитию и были полезными для народнохозяйственного планирования.
2. Регион город-окрестность базируется на отношениях между городом и окрестностью. Ввиду достижения почти одинаковых условий труда и быта, их разграничение должно производиться там, где происходит переход влияния отношений к соседнему центру макроструктуры.

3. Формирование региона город-окрестность основывается не только на отношениях между городом и окрестностью. На него влияют также требования рациональной районной организации структуры промышленности, расселения и ресурсов, а также структуры рабочей силы.

Многообразно переплетающиеся факторы влияния требуют классифицированного исследования.

а) Определение сферы отношений региона город-окрестность с помощью синтетических характеристик (общие условия)

б) Исследование внутренних структур и функций, а также теоретических выводов для определения региона город-окрестность.

По первой степени в проделанной до сих пор работе на примере столицы ГДР, Берлин, был применен индекс достигаемости. На основе признаков интенсивности связей возможно разчленение сферы отношений город-окрестность следующим образом:

— центральная зона (ядро)
— пригородный район
  · близко расположенный пригородный район
  · расширенный пригородный район.


## Summary

Preliminary findings on city-hinterland regions of the "capital metropolis" type, using the example of Berlin, capital of the GDR

The emergence of city-hinterland regions is of growing importance in the building of developed socialist societies. The objectively occurring processes of urbanization which, as is well known, pervade the entire settlement structure, exert a great influence. They lead to the development of urbanized regions, through a hierarchy of levels of relations between the city and its hinterland. From a qualitative point of view these relations depend on the type of infrastructure and functions the centers provide, from a quantitative standpoint they depend on the scope of the infrastructure, and the spatial aspect is related to the intensity and range of hinterland functions.

Cities of the "capital metropolis" type occupy an outstanding position in this pattern of hierarchic relations between city and hinterland. Their spatial impact derives from their specific functions

— on a world scale,
— within the socialist community,
— in the country itself, and
— in the relations between city and hinterland.

The specific requirements to be made on the latter aspect can be summed up as follows:

1. City-hinterland regions should be determined in such a manner that they answer present and future needs and serve national economic planning.
2. The city-hinterland region is characterized by the relations between city and hinterland. Its border should be where the relations with an adjacent center in the macrostructure begin to prevail, in order to provide roughly equal working and living conditions.
3. Planning for a city-hinterland region cannot be limited to the relations between city and hinterland but must also consider the requirements of a rational spatial organization of the structure of production, settlements and resources, and the labor force.

The interaction of these factors calls for a research approach in steps, as follows:

a) determination of the scope of relations within the city-hinterland region using synthetic indices (framework conditions), and
b) investigation of internal structures and functions from which must be derived theoretical findings which help to determine the city-hinterland region.

As far as the first step is concerned, an accessibility index has so far been used with regard to Berlin, capital of the GDR. Taking intensity characteristics as a basis, the area of city-hinterland relations can be subdivided as follows:

— nuclear area
— hinterland area
  · immediate hinterland
  · extended hinterland.

Dr. sc. Karl-Heinz Kalisch, Humboldt-Universität Berlin, Sektion Geographie, 108 Berlin, Universitätsstraße 3b

# Räumlich-soziale Struktur der polnischen Städte

Von ANDRZEJ JAGIELSKI

## 1. Konzeption der Stadt als sozial-ökonomisches System

Die Städte wurden schon seit langem von den Völkern für mehr als nur eine Ansammlung von Häusern, Kirchen, Fabriken, Straßen und Plätzen gehalten. In Polen gab es zum Beispiel am Anfang des 17. Jahrhunderts ein bekanntes Sprichwort, daß „die Städte aus Menschen und nicht aus Mauern und Häusern bestehen" (KNAPSKI 1632). Daher verwundert die Tatsache, daß die Geographie der ersten Hälfte des 20. Jahrhunderts den Fragen des Aussehens und der Morphologie der Städte so viel Aufmerksamkeit widmete und so wenig den sozialen Problemen und Erscheinungen, obwohl sie immer den komplexen, komplizierten und vielseitigen Charakter der Stadt hervorgehoben hat. Bis vor kurzem machte sich sogar eine deutliche Polarität der Forschungsthemen zwischen der Geographie und anderen Wissenschaften, besonders der Soziologie der Stadt, bemerkbar.

Zur Änderung dieser traditionellen Einstellung haben meines Erachtens zwei Begleitumstände beigetragen: Erstens stieg infolge des großen technischen Fortschritts die Fähigkeit des Menschen, sein materielles Milieu zu gestalten, was letzten Endes die Geographie von intellektuellen Belastungen des Milieudeterminismus befreit hat und ihre Aufmerksamkeit auf humanistische und soziale Faktoren der Städteentwicklung lenkte. Zweitens haben die Entwicklung quantitativer Methoden und systemhafte Erfassungen die komplexe Natur der Stadt und die Zusammenhänge zwischen allen Kategorien von Erscheinungen auf ihrem Gebiet, ohne deren Kenntnis die Forschung und Planung der Entwicklung der Städte unmöglich wären, hervorgehoben.

Bei der Hervorhebung der Bedeutung der *Systemkonzeption der Stadt*, die den sozialräumlichen Forschungen wieder den ihnen gebührenden Rang einräumt, darf man die praktischen Möglichkeiten der Konstruierung eines Operationsmodells des Stadtsystems und die Möglichkeiten seiner Nutzung zur „Verwaltung und Steuerung der Stadt" (BORSZCZIEWSKIJ u. a. 1975) nicht überschätzen. Es wurden zweifellos große Fortschritte beim Bau solcher Modelle gemacht, aber heute, nach einigen Jahren des Experimentierens, muß festgestellt werden, daß diese Aufgabe schwierig sowie arbeitsaufwendig und das Ergebnis unzulässig ist. Das liegt vor allem daran, daß in mathematischer Hinsicht auch sehr differenzierte Modelle nur recht geringe Wirklichkeitsausschnitte umfassen, während die *Stadt* als ein *ökonomisch-gesellschaftliches System* ein System mit hohem Kompliziertheitsgrad ist. Dieses System besteht aus komplizierten, unterschiedliche Stabilität in der Zeit aufweisenden und oft nicht meßbaren Relationen und Prozessen. Wenn in Betracht gezogen wird, daß „bestehende räumliche Modelle noch weit von der Operationalisierung sind" (CZAMANSKI 1976, S. 13), sollte man als Hauptnutzen von Systemanalysen in der Stadtforschung anerkennen: einmal die Wiederherstellung richtiger Proportionen in der Verteilung der Forschungsakzente zwischen einzelnen Komponenten des Systems der Stadt und zum anderen die Möglichkeit, auf Zusammenhänge und Ergebnisse der Rückkopplungen im Funktionieren und der Entwicklung der Stadt aufmerksam zu machen. Auch aus diesem Grunde wird in den folgenden Ausführungen der Begriff des Systems entsprechend der Definition von HALL und FAGEN, jedoch elastisch und mehr im Sinne von BOUDEN (1971, S. 660), als „Mittelweg zwischen mechanistischer und teleologischer Erklärung" verwendet.

Die *Stadt* als ein *tätiges, sich stets weiter oder auch rückläufig entwickelndes System* kann nur als ein sozial-ökonomisches System, dessen eine Komponente die technische Infrastruktur ist, untersucht werden. Strukturelle Systemforschungen, obwohl sie oft die Form der Analysen von statischen Systemen annehmen, haben zum Ziel, nicht nur *Grundelemente des Systems* (Elemente, Komponenten, Zusammenhänge, Wechselbeziehungen usw.) zu identifizieren, sondern auch das Wesen und die Rolle der *Prozesse*, die die unterschiedlichen Erscheinungen in einer dynamischen Einheit organisieren, zu charakterisieren. Infolgedessen dürfen sich die Forschungen zur Raumstruktur der Stadt nicht nur auf die Geometrie der Verteilung ihrer Elemente beschränken, sondern sie sollen die die *Lokalisierung* von Menschen, sachlichen Produktivkräften und räumlichen Aktivitäten bestimmenden Grundsätze entdecken und aufzeigen, wie auch erkennbare räumliche Regelmäßigkeiten in der Verteilung von Funktionen und Nutzung des Stadtgebietes aufklären.

Diese Grundsätze ergeben sich nicht aus Gesetzen der Geometrie des absoluten Raumes, sondern ihre Quelle bilden die gesamten gesellschaftlichen Verhältnisse und die Gesellschaft im engeren Sinne, wobei die Stadtbevölkerung einen Teil davon darstellt.

Man hat schon seit langem auf die *Zusammenhänge zwischen* der *sozialen Struktur und* den *räumlichen* Konfigurationen der *Verteilung* von Menschen, sozialen Gruppen, Institutionen, Gebäuden usw. die Aufmerksamkeit gelenkt, aber sie wurden — mit Ausnahme des soziologischen Zentrums der sozialen Ökologie in Chicago — nicht zum Gegenstand systematischer Studien. Unter den Geographen, die sich mit diesem Problem beschäftigen, kann man vor allem HARVEY (1972a und b), LICHTENBERGER (1970 u. 1972), BURNETT (1973) und BERRY (1971) nennen.

Die *soziologischen Forschungen* repräsentieren zwei Gedankenrichtungen: Die eine stammt von E. DURKHEIM und hebt die Rolle der gesellschaftlichen Arbeitsteilung in der Organisierung und zugleich in der räumlichen Differenzierung der Gesellschaft hervor (P. CHOMBART DE LAUVE, A. BUTTIMER), die zweite hat sich auf Grund der Terminologien und der den Naturwissenschaften entnommenen Analogien herausgebildet, sie wird von einer großen Anzahl empirischer und theoretischer Studien repräsentiert und als „Chicagoer Schule" der sozialen Ökologie bezeichnet (P. PARK, R. D. MCKONZIE, E. BURGESS, H. ZORBAUGH, L. SCHNORE, W. BELL und andere).

Vom Gesichtspunkt der Systemanalyse stehen die *Konzeptionen der Chicagoer Schule* den gegenwärtigen Versuchen einer Modellierung der Struktur und Entwicklung der Stadt näher. Das ist vor allem der Fall, weil diese ihre Aufmerksamkeit auf die Empirie und quantitative Erfassung beobachteter Regelmäßigkeiten richten, aber auch deswegen, weil sie in räumlichen Verteilungen und Interaktionen besondere Formen von Anpassungsprozessen sehen, die verschiedenen Gruppen von Stadtbewohnern die Mitbenutzung desselben Gebietes und desselben Milieutyps, also der Stadt, ermöglichen (nach G. QUIN, A. HAWLEY, L. SCHNORE, O. D. DUNCAN u. a.).

Viele der ursprünglichen Ideen von R. PARK und seinen Nachfolgern haben die Zeitprobe nicht bestanden und sich nicht anhand anderer Beispiele bestätigt, besonders nicht die Hypothese vom engen Zusammenhang von sozialen Charakteristiken mit Merkmalen des Städtemilieus (so z. B. die Konzeption des „natürlichen Gebietes“ von A. ZORBAUGH und der „gesellschaftlichen Gebiete“ von E. SHEVKY, W. BELL usw.), wobei deutlich Merkmale des „geographischen Determinismus“ auftraten. Die Kritik hat sowohl den geschichtlich begrenzten Geltungsbereich als auch die Schwäche der ideologischen Grundlagen der Chicagoer Forschungshypothesen nachgewiesen (vgl. JANICKIJ 1975). Nichtsdestoweniger erlaubten die Chicagoer Forschungen, die Auffassungen über das Wesen und die Rolle derjenigen Faktoren, die das Stadtgebiet zu einer komplexen, funktionierenden Einheit („ökologischer Komplex“ von L. SCHNORE; „Dimensionen des gesellschaftlichen Raumes“ nach E. SHEVKY, W. BELL u. a.) organisieren, zu präzisieren und zu konkretisieren. Sie haben darüber hinaus auch eine wichtige Bedeutung für die Strukturforschung, wie schon HAWLEY (1974, S. 54) feststellt: „... blieb die räumliche Strukturierung der Gesellschaft das Hauptanliegen ökologischer Forschung“.

Die Analyse der sozial-räumlichen Strukturen wurde wesentlich durch die *Verwendung der Faktorenanalyse* und durch die Konzeption der Stadt als eines mehrdimensionalen „Raumes der Eigenschaften“ erleichtert. Es wurde so eine ziemlich einheitliche Grundlage für Studien von Städten verschiedener Art und unter verschiedenen gesellschaftlichen und gesellschaftlich-ökonomischen Bedingungen geschaffen, die die Vergleichbarkeit der Ergebnisse ermöglichte (siehe BERRY 1971). In den Jahren 1972—1975 wurden derartige Forschungen in Polen durchgeführt, und zwar für die Städte Warszawa, Wrocław und Toruń, gegenwärtig werden sie auf andere Städte erweitert (vgl. WĘCŁAWOWICZ 1975, JAGIELSKI 1975 und 1977).

## 2. Einige methodologische Aspekte der ökologischen Faktorenforschung der Stadt

In der ökologischen Faktorenanalyse der Städte spielt die Interpretation solcher Begriffe wie „Element“ und „Raumstruktur“ eine bedeutende Rolle. Die *Elemente* sind isolierte kleine Teile des Stadtgebietes; die *Raumstruktur* dagegen entsteht als Folge der Transformation von Charakteristiken der Verteilung der Elemente innerhalb eines mehrdimensionalen Stadtraumes in einen zweidimensionalen Raum des Stadtgebietes.

Die Annahme der *territorialen Einheit als Forschungselement* folgt nicht allein aus der Notwendigkeit der Verwendung der räumlichen Form der Aggregation von Daten, die in verschiedenen statistischen Quellen zum Ausdruck kommt (Register, Migrationsdaten usw.). Entsprechend den „ökologischen“ Voraussetzungen bezeichnete man die Stadt als Ansammlung verschiedener Arten von Milieus, deren „natürliche“ Grenzen sich deutlich in ihren Landschaften abheben. Jede dieser „natürlichen“ Einheiten sollte von einer anderen Menschengemeinschaft bewohnt werden. Diese Gemeinschaften sollten einen sozial homogenen Charakter tragen, weil sie auf der Gemeinschaft der sozialen Stellungen in der sozialen Struktur der Stadt gegründet waren. Man behauptete, daß eine enge Verbindung besteht zwischen der geographischen Lokalisierung der territorialen Einheit im Bereich der Stadt und den von der betreffenden lokalen Gemeinschaft zugunsten der Stadt erfüllten Funktionen. Infolgedessen brachte die Geometrie des *Raumsystems der „natürlichen“ territorialen Einheiten* zugleich die Organisierung der gesellschaftlichen Ordnung zum Ausdruck, und sie war eine Analogie der *„ökologischen Nische“* im räumlichen Sinne. Die Konzeption des „natürlichen Gebietes“ wurde jedoch später aufgegeben, und es wurden auf der sozialen Typologie von SHEVKY und BELL gegründete Versuche der Absonderung von „gesellschaftlichen Gebieten" sichtbar. Doch wenn man für die Grundlage der Forschungen territorial abgegrenzte Menschengemeinschaften annimmt, betrachtet man sie als relativ einheitlich und sozial zusammengehörig (z. B. im Sinne der „nachbarlichen Einheit") dem Grundsatz nach, so daß Einzelwesen mit ähnlichen Merkmalen (Funktionen) infolge der Konkurrenz eine ähnliche oder gleiche Stellung in der sozialen Struktur und im Gebiet der Stadt erreichen.

Im Hinblick auf den engen Rahmen dieses Beitrages wird hier diese Voraussetzung nicht näher diskutiert. Es sollen nur einige Umstände hervorgehoben werden, die die Interpretation von PARK in bezug auf die *Verhältnisse in europäischen Städten* erschüttern; wobei gesagt werden muß, daß diese Interpretation auch in seiner Heimat in Frage gestellt wird, und zwar:

1. hat der Begriff der „Nische" in der Biologie einen deutlichen funktionalen und nicht territorialen Charakter (vgl. ODUM 1953, S. 24). In der Natur besteht keine enge Übereinstimmung zwischen den Funktionen und den Biotypen bzw. dem territorialen Wirkungsbereich der Population;
2. kann im Falle der europäischen Städte nur von einer relativen sozialen Gleichartigkeit der territorialen Einheiten die Rede sein, weil sowohl ökonomische als auch andere Gründe im Rahmen eines Blocks von Wohnhäusern deutliche Unterschiede von Beschäftigungen, Berufen und sozialen Stellungen der Einwohner zur Folge haben (vgl. LICHTENBERGER 1970) und
3. sind die die Lokalisierung von Objekten und Menschen bestimmenden Grundsätze nicht identisch und ändern sich im Laufe der Zeit nicht immer in derselben Richtung. Die Allokation von Stadtgebietseinheiten zu Bau- und Wohnungszwecken war in Europa durch die historisch gewachsene Morphologie der Stadt begrenzt. Diese Begrenzung wurde in den verschiedenen historischen Epochen zudem noch durch staatliche Auflagen oder auch administrative Anordnungen geprägt, die während der Zeit des Kapitalismus manchmal ziemlich scharfe Formen (Bauverbote, Einwohnerschutz, obligatorische Wohnungsverdichtung) annahmen. Die freie Konkurrenz um den Lebensraum verläuft in der ökonomischen Sphäre völlig anders als in der Sphäre der gesellschaftlichen Erscheinungen, in denen neben wirtschaftlichen Werten die gesellschaftlichen (z. B. Prestige) und ästhetischen Werte eine wesentliche Rolle spielen (vgl. ZNANIECKI 1937 und WALLIS 1971).

Nicht nur kleine territoriale Einheiten werden letzten Endes durch einen hohen Grad der sozialen wie auch demographischen Ungleichartigkeit gekennzeichnet; es fehlen darüber hinaus auch die Grundlagen für die Annahme von Modellen verschiedener räumlicher Formen als Ausdruck der gesellschaftlichen, die Stadt kennzeichnenden Ordnung a priori. Die Ergebnisse von *Studien der faktoriellen Ökologie* einiger asiatischer, afrikanischer und südamerikanischer Städte und solcher, die auch die geschichtlichen Profile in europäischen Städten berücksichtigen, haben die Ausgangshypothesen der Chicagoer Schule relativiert. Die Auswertung der territorial gruppierten Daten für strukturelle Forschungen bringt methodologische Konsequenzen dergestalt mit sich, daß je nach Vergrößerung der Flächeneinheiten die Belastung der Meßergebnisse mit dem Fehler wächst, der sich aus den Resultaten der sog. ökologischen Korrelation ergibt (ROBINSON 1950). Deshalb sollte man sich bei derartigen Forschungen besser der kleinen, von kleinen Populationen bewohnten territorialen Einheiten bedienen. Aber im Falle moderner, mehrgeschossiger Wohnviertel bestehen Zweifel, ob die Gleichartigkeit innerhalb der Wohnblocks größer sein kann als im Maßstab von größeren Gebieten. Das *Problem des Maßstabes* besitzt also Bedeutung für die mathematische Ansprache der Eigenschaften der Struktur der Stadt.

Im Vektorraum sind die Koordinaten jeder territorialen Einheit durch die Werte ihrer Indices, die die Durchschnittswerte der gegebenen Population darstellen, determiniert. Resultierende Vektoren, die in der faktoriellen Ökologie mit strukturellen Größen des untersuchten Komplexes von territorialen Einheiten, d. h. der gesamten Stadt, gleichgesetzt werden, sind also einerseits vom repräsentativen Charakter dieser Durchschnittswerte (d. h. vom Homogenitätsgrad) und andererseits von der Art und Zahl der zur Beschreibung jeder Einheit notwendigen Merkmale abhängig. Die soziale Struktur kann durch Messung derjenigen Merkmale, die der angenommenen Theorie entsprechend die soziale Struktur zum Ausdruck bringen, untersucht werden, und nicht durch naturwissenschaftliche, architektonische und andere Merkmale, deren Korrelationen mit sozialen Variablen ganz zufällig sein können.

Die Auffindung eines *quantitativen Ausdrucks für* solche komplexen Erscheinungen wie die *soziale Differenzierung* bereitet viele Schwierigkeiten. Die ökologisch-sozialen Forschungen gewannen an Genauigkeit durch die Verwendung der Typologie von Faktoren der räumlichen Differenzierung der Stadtbevölkerung nach dem II. Weltkrieg, wie sie von SHEVKY und WILLIAMS (1949) vorgeschlagen und von BELL (1955) später modifiziert worden ist. Die genannten Autoren stellten fest, daß die Differenzierung der Bevölkerung innerhalb jeder territorialen Einheit die Resultierende aus drei voneinander relativ unabhängigen Kräften sei, die in der Terminologie von BELL als soziale Stellung, Urbanisierungsgrad und ethnische Segregation bezeichnet werden.

Diese Konzeption scheint sinnvoll zu sein als Forschungshypothese bei der Analyse der Differenzierung jeder Gesellschaft, wenn der Inhalt dieser Faktoren modifiziert wird. Der *Platz jeder Person oder Menschengruppe im „mehrdimensionalen gesellschaftlichen Raum“* wird bestimmt durch:

- Beruf und soziale Stellung,
- den biologischen Zustand, der sich z. B. in den demographischen Erscheinungen wie Familienstand, Kinderzahl usw. äußert, und
- die gesellschaftliche Zusammengehörigkeit mit der Ortsbevölkerung, die nach lang dauernder Wohngemeinschaft (Migrationsstatus) oder nach kulturell-gesellschaftlicher Fremdheit (gesellschaftliche oder ethnische Distanz) gemessen wird.

In den sozialistischen Ländern kann noch ein zusätzlicher Faktor auftreten, der entweder die räumliche Differenzierung der Bevölkerung hervorhebt oder sich mit ausgleichenden Tendenzen in der Allokation der Wohnfläche entsprechend den geltenden gesetzlichen Bestimmungen verbindet.

Zutreffende und in entsprechender Zahl auftretende *Indices* sollen die Rolle einzelner Faktoren in der sozialen Differenzierung der Stadt zum Vorschein bringen, wobei ihre Bedeutung in den verschiedenen Gesellschaften nicht gleich ist. In der kapitalistischen Gesellschaftsordnung spielt zum Beispiel die Differenzierung der Gesellschaft nach Kriterien der ökonomischen Herrschaft die größte Rolle; in den Ländern mit stärkerer Migration treten solche Eigenschaften, wie Segregation (die Entstehung der Wandergruppen, z. B. der nichtweißen Bevölkerung) hervor, und dort, wo noch keine Kontrolle des Entwicklungsprozesses der Familie besteht, ist der Einfluß der demographischen Differenzierung noch sehr schwach.

Die *Faktorenanalyse* erlaubt, diese Eigenschaften im gewissen Umfange zu erkennen und zu messen. Die Faktorenanalyse identifiziert und bestimmt auf diese Weise quantitativ die Rolle einzelner Komponenten der Differenzierung der Bevölkerung, wie z. B. die sozialen Eigenschaften der gegebenen Stadtbevölkerung. Als kartographische Widerspiegelung dieser Analyse stellt sich die räumlich-soziale Struktur der Stadt dar. Die Geometrie dieses Systems ist jedoch weniger glaubwürdig als die Geometrie der Struktur selbst, vor allem in Hinblick auf die Notwendigkeit der Verwendung von Methoden der Reduktion und Transformation mehrdimensionaler Erscheinungen auf die Ebene, womit auch der Informationsverlust und die zunehmende Bedeutung der zufälligen und systematischen Fehler zusammenhängen.

## 3. Grundlagen und technische Voraussetzungen der ökologischen Faktorenforschung der polnischen Städte

Die Forschung zur sozialen Struktur allgemein und der *räumlich-sozialen Strukturen* von *Warszawa*, *Wrocław* und *Toruń*, die mit Hilfe der Methoden der faktoriellen Ökologie erfolgte, stützte sich auf Ergebnisse der Volkszählung vom Jahre 1970. Als grundlegende territoriale Einheiten wurden Zählungsgebiete von durchschnittlich etwa 800 Einwohnern angenommen, wobei die wirkliche Bevölkerungszahl zwischen 0 und 2000 Personen schwankte. Die Volkszählung bestimmte auch den Rahmen für Zahl und Kategorie der Merkmale, die in der Strukturanalyse ausgewertet werden konnten. Die technische Methode der Vorbereitung hat einige Klassifizierungen unmöglich gemacht, wie zum Beispiel eine Kombination der sozialen und demographischen Merkmale der Haushalte mit technischen Charakteristiken der Wohnungen und der Bebauung.

Die *Volkszählung vom Jahre 1970* berücksichtigte einen umfangreichen Komplex von demographischen Merkmalen und umfaßte beispielsweise Angaben über den Geburtsort und die Länge des Aufenthaltes im gegebenen Ort, leider aber nicht in dem gegebenen Gebiet. Die Informationen über Einkommensquellen, ausgeübten Beruf und gesellschaftliche Stellung dienten zur Absonderung von „sozial-beruflichen Gruppen", die nach den Volkswirtschaftszweigen klassifiziert wurden. Es soll hier bemerkt werden, daß diese Untergliederung stärker Wirtschaftszwecken als den Bedürfnissen der sozialen Analysen entsprach. Die Gliederung des Komplexes von individuellen Angaben unter dem Gesichtspunkt solcher Bedürfnisse überschritt bei weitem die technischen und finanziellen Möglichkeiten der Forschungszentren. Dennoch enthielten die zur Verfügung stehenden Materialien einige wesentliche Einzelheiten der gesellschaftlichen Differenzierung der Bevölkerung.

Da die Forschungen zu einem Zeitpunkt, an dem man noch nicht über eine völlige Bearbeitung der Volkszählungsresultate verfügte, unternommen und in verschiedenen Institutionen (dem Institut für Geographie der Polnischen Akademie der Wissenschaften in Warszawa und der Abteilung für Soziale Geographie der Universität Wrocław) durchgeführt wurden, konnte keine vollständige Einheitlichkeit im Bereich der Auswahl von Merkmalen und im Bereich des Berechnungsverfahrens gewährleistet werden. Daher bediente man sich der Methoden der *Faktorenanalyse*, wodurch die Interpretation von Ergebnissen erleichtert wird. Zu Versuchszwecken wurden die Berechnungen in einigen *Varianten* vorbereitet, wobei die *Zahl der Merkmale* und der *territorialen Einheiten* sowie die *Methoden der Gruppierung* und *Typologie* eine Veränderung erfuhren. Von WĘCŁAWOWICZ wurde darüber hinaus eine Analyse der Stadt Warszawa nach Daten aus dem Jahre 1931 vorbereitet, was einen Vergleich der zwischen 1931 und 1970 eingetretenen Veränderungen ermöglichte.

Für die Forschungen wurden *verschiedene Indexzahlen* benutzt: für Warszawa 41, für Wrocław 48, für Toruń 22. Die verwendeten Indices betrafen jedoch nicht immer dieselben Bevölkerungskategorien, z. B. für *Warszawa* beschränkten sie sich oft auf speziellere Gruppen, wie Ärzte, Zahnärzte, Literaten, Schauspieler usw., während für *Wrocław* allgemeinere Gruppierungen der Berufsstruktur, wie z. B. Berufstätige in der Wissenschaft, im Schulwesen, in Kultur- und Gesundheitswesen, Industriebeschäftigte usw., und noch allgemeinere demographische Indices Berücksichtigung fanden. Die in den Forschungen verwendeten, mit der Bebauung zusammenhängenden Merkmale wurden als Indices mit sozialem Inhalt und nicht als Charakteristiken des baulichen Substrats der Stadt ausgewertet. Es wurden folgende *Kategorien von Indices* unterschieden, mit denen jedes Volkszählungsgebiet charakterisiert wurde:

1. *demographische Indices*: Prozent der Bevölkerung in den Altersgruppen von 0—14 und >65 Jahre, wie auch in den anderen Altersklassen; mit dem Familienstand und dem Zyklus des Familienlebens zusammenhängende Indices, wie Zahl der Kinder je nach Bildung und Berufsaktivität der Frau und andere;
2. *Migrationsindices*: Anteil der Bevölkerung, die innerhalb von 5 oder 10 Jahren vor der Volkszählung eingewandert ist mit Angabe des Heimatortes (Dorf, Stadt);
3. *ökologische Situation der Einwohner*: Verdichtung der Wohnräume, der Wohnungen und der Wohnhäuser (Bevölkerungsdichte/ha, Wohnfläche in $m^2$ bezogen auf einen Wohnraum und eine Person); Gebäudealter; Ausstattung der Wohnungen mit sanitären Einrichtungen, Gasanlagen, Wasserleitung usw.;
4. *ökonomische Situation der Familie*: Größe und Belastung der Haushalte; Selbständigkeit; Mehrfamilienwohnungen;
5. *soziale Situation*: Ausbildungsgrad; Berufstätige nach Berufen bzw. beruflichen und sozial-beruflichen Gruppen; Berufstätige und Nichtberufstätige; berufstätige Frauen nach ihrem Bildungsstand, soziale Stellung der Werktätigen usw.

Die Interpretation der Ergebnisse der Faktorenanalyse der obengenannten Indices erfordert es, die reale gesellschaftliche und wirtschaftliche Situation der Städte zum Zeitpunkt der Volkszählung zu berücksichtigen. Es muß hier auf einige Begleitumstände hingewiesen werden, die dazu führen, daß sich die Bedingungen in den polnischen Städten wesentlich von denen unterscheiden, die den *Hintergrund der sozialen Situation der Städte* in anderen Ländern bilden, und zwar:

1. Die intensive und extensive *Zerstörung der Wohnsubstanz* verursachte in vielen Städten den Ersatz der alten Substanz durch eine neue, die sich durch völlig andere Parameter in Größe und Ausstattung der Wohnungen auszeichnet. Die *neue Bebauung* umfaßt in einigen Fällen große Stadtflächen (in Warszawa — Zentrum und Altstadt, in Wrocław — südliche Wohnviertel), in anderen Fällen ist sie unregelmäßig im Bereich der alten Wohnviertel zersplittert (Wrocław), wie Abb. 1 ausweist. Ökonomische Schwierigkeiten und freie Flächen im Bereich des alten Grundrisses veranlaßten die Lokalisierung des Wohnungsbaus auf freien Plätzen, was oft zum Anwachsen der Bevölkerungsdichte im Zentrum geführt hat, wie z. B. in Wrocław. Andererseits hat man im Hinblick auf die langfristige Planung in den Bereich der Stadt große unbebaute Flächen eingeschlossen (Wrocław, Toruń), wodurch in die „Statistik" der städtischen Bebauung viele typische ländliche Elemente eingeführt worden sind.

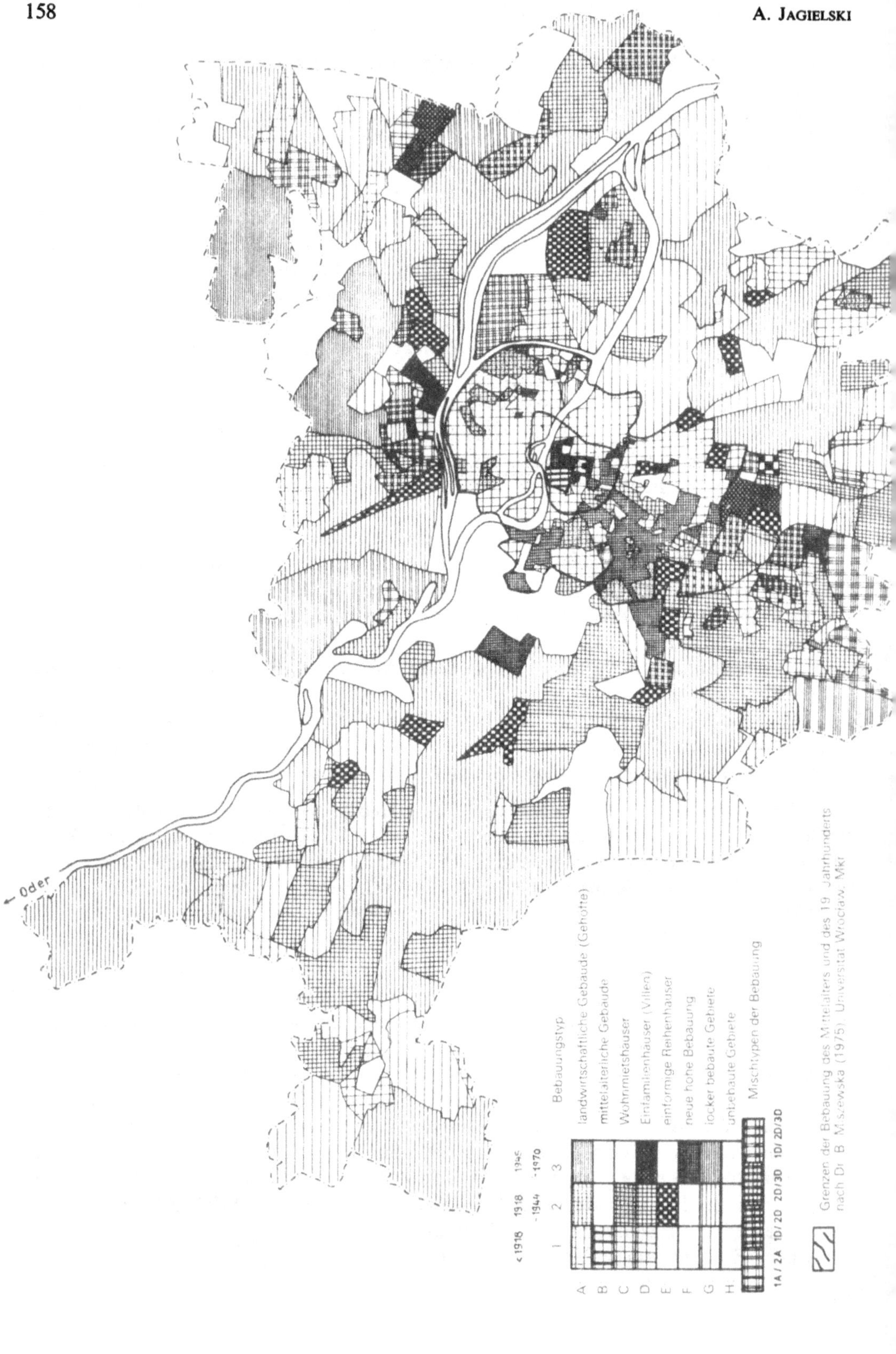
← Oder
< 1918
1918 - 1944
1945 - 1970
1 2 3
Bebauungstyp
A landwirtschaftliche Gebäude (Gehöfte)
B mittelalterliche Gebäude
C Wohnmietshäuser
D Einfamilienhäuser (Villen)
E einförmige Reihenhäuser
F neue hohe Bebauung
G locker bebaute Gebiete
H unbebaute Gebiete
Mischtypen der Bebauung
1A / 2A 1D/ 2D 2D/3D 1D/ 2D/3D
Grenzen der Bebauung des Mittelalters und des 19. Jahrhunderts
nach Dr. B. Miszewska (1975), Universität Wrocław, Mkr

In *Warszawa* waren im Jahre 1970 beispielsweise nur 14% aller Häuser höher als dreistöckig, in Wrocław 26%. Die Konzentration des Wohnungsbaus in der Hauptstadt hatte zur Folge, daß weniger als die Hälfte aller Häuser (47%) ihrer Entstehungszeit nach auf die Zeit vor dem II. Weltkrieg zurückzuführen sind, in Wrocław dagegen 74%. Die Warschauer Wohnungen sind aus diesem Grunde natürlich besser mit sanitären Einrichtungen und anderen Anlagen ausgestattet, sie sind aber auch kleiner und im wesentlichen nur für eine Familie bestimmt.

In *Wrocław* dagegen blieb ein großer Teil eines aus dem 19. Jahrhundert stammenden Wohnviertels mit großen Mietwohnungen (25% der Wohnungen haben mehr als 4 Wohnräume) erhalten, die von mehr als einer Familie bewohnt werden, so daß durchschnittlich 1,3 Haushalte auf eine Wohnung entfielen, und damit etwa 30% der Stadtbevölkerung nicht in selbständigen Wohnungen lebten.

2. Der Krieg verursachte die nahezu völlige *Entvölkerung* Warszawas und Wrocławs, teilweise auch Toruńs. In diese Städte wanderte in großem Ausmaß die Bevölkerung aus anderen Gebieten zu, besonders vom Lande und aus kleinen Städten. Die große Intensität der *Bevölkerungszuwanderung* in die Städte blieb noch lange Zeit nach dem Kriege bestehen.

   So zum Beispiel waren im Jahre 1970 nur 31% der Einwohner von *Wrocław* in der Stadt selbst geboren, während 37% auf dem Lande geboren wurden und 20% im Laufe der letzten zehn Jahre in die Stadt zugezogen sind. In *Warszawa* waren sogar nur 26% der Einwohner städtischer Herkunft, und in den Jahren 1960 bis 1970 sind 12,2% der Stadt zugewandert (— der relativ geringe Prozentsatz findet seine Erklärung in den Zuzugsbeschränkungen —).

   In allen Städten siedelten sich die Einwohner, die vom Lande kamen, häufig am Stadtrand an, während die Einwanderer aus den Städten, vor allem Fachleute von hoher Qualifizierung, in den Zentralgebieten der Städte (häufig im Zusammenhang mit Standorten des Wohnungs-Neubaus) wohnen.

3. Mit der *Änderung der Gesellschaftsordnung* entstand eine neue Klassenstruktur und die gesellschaftliche Verfügung über die Produktionsmittel. Die *öffentliche Bewirtschaftung von Stadtraum und Wohnungen* schließt die Möglichkeit der privaten Verfügung über Lokalisierung und Größe der bewohnten Flächen aus. Zugleich wurde damit die Konkurrenz um die Lokalisierung von Dienstleistungen und Industriefunktionen ausgeschlossen, und durch die Vereinheitlichung der Mieten und ihre Unabhängigkeit von der Lokalisierung wurde ein bedeutender ökonomischer Faktor der räumlichen Differenzierung der Bevölkerung abgeschafft. Die Bodenpreise sind gleich, und für den Bau auf der Basis privater Mittel bestehen Einschränkungen. Der Staat verfügt jetzt fast ausschließlich selbst über das Stadtgebiet und steuert damit die gesellschaftlichen und räumlichen Verhältnisse.

## 4. Die soziale und räumlich-soziale Struktur der untersuchten Städte

Die *Hauptergebnisse der ökologischen Faktorenuntersuchung* enthält Tab. 1. Entsprechend der angewendeten Berechnungsmethode sind die einzelnen Faktoren (resultierende Vektoren), die mit den Komponenten der Struktur gleichzusetzen sind, nach ihrer Rolle in der gesellschaftlichen Differenzierung der Bevölkerung aufgezählt. Die erzielten Ergebnisse gestatten folgende Aussagen:

1. Unabhängig von der Stadtgröße kann man als *Hauptfaktor* der Differenzierung der Bevölkerung den *sozial-beruflichen Status* bezeichnen, mit dem solche Merkmale wie

◄

Abb. 1. Wrocław 1970
Morphologie der Stadt — Gliederung der Bebauung nach Alter und Typ der Gebäude

Qualifizierung, Art der Beschäftigung, Bildungsniveau und ökologische Situation zusammenhängen. Dieser Faktor war am stärksten in Warszawa (vgl. Abb. 2) und Toruń (vgl. Abb. 3) und am schwächsten in Wrocław (vgl. Abb. 4) wirksam, da Wrocław einen hohen Anteil an vom Lande eingewanderter Bevölkerung hat. Dieser genannte Faktor besitzt bipolaren Charakter, d. h., er signalisiert, daß die untersuchten Einheiten durch Gegensätzlichkeit der Merkmale gekennzeichnet sind. Höhere Qualifizierung,

Tabelle 1a. Summarische Ergebnisse der Faktorenanalyse der sozial-ökologischen Struktur von Warszawa im Jahre 1970[1]
Zahl der Gebiete 923
Zahl der Merkmale 41
Zahl der Einwohner 1315000

| Index | $+r_{xF}$ | Index | $-r_{xF}$ |
|---|---|---|---|
| I. Sozial-ökonomischer Status V = 29.2% | | | |
| Schriftsteller, Journalisten, Künstler | 0,9351 | Angestellte | 0,8784 |
| Wohnungen aus der staatlichen Zuteilung | 0,8787 | Alter 0—14 Jahre | 0,8344 |
| Hochschulbildung | 0,8264 | Einwanderer vom Lande, die 5 bis 9 Jahre am Ort wohnen | 0,8122 |
| Alter 25—64 Jahre | 0,8262 | | |
| Alleinstehende Frauen | 0,8033 | 2-Personen-Haushalte | 0,5790 |
| Eigene Wohnungen | 0,7713 | Genossenschaftswohnungen | 0,8120 |
| Alter 15—24 Jahre | 0,7411 | | |
| Mittelschulbildung | 0,6908 | Wohnungen mit Gasanschluß | 0,7217 |
| 1-Personen-Haushalte | 0,6828 | | |
| II. Selektive Wohnungspolitik V = 18,5% | | | |
| von 1945—60 gebaute Wohnungen | 0,8652 | Wohnfläche | 0,8638 |
| bis 1944 gebaute Wohnungen | 0,8643 | Arbeiter | 0,6727 |
| vorwieg. körperl. Arbeitende | 0,8210[3] | | |
| selbständige Erwerbstätige | 0,8062[2] | | |
| vorwiegend geistig Arbeitende | 0,7894[3] | | |
| Wissenschaftler | 0,7742[4] | | |
| von 1961—1970 gebaute Wohnungen | 0,7268 | | |
| III. Ökonomischer Status V = 9,9% | | | |
| Leitung | 0,8930 | Ärzte | 0,6028 |
| Bevölkerungsdichte | 0,7285 | Alter 15—24 Jahre | 0,5301 |
| Haushalte von 5 und mehr Personen | 0,6694 | | |

[1] nach G. Węcławowicz (1975),
$r_{xF}$ — Faktorenladung, d. h. Korrelationskoeffizient des Indexes x mit dem Strukturfaktor F,
V — erklärte Varianz.
[2] Geschäftspächter (d. h. vom Staat in Pacht genommene Restaurants u. ä.).
[3] im Bereich der materiellen Produktion (volkseigener Sektor).
[4] in den Bereichen außerhalb der materiellen Produktion.

Tabelle 1b. Summarische Ergebnisse der Faktorenanalyse der sozial-ökologischen Struktur von Wrocław im Jahre 1970
Zahl der Gebiete 692
Zahl der Merkmale 48
Zahl der Einwohner 526000

| Index | $+r_{xF}$ | Index | $-r_{xF}$ |
|---|---|---|---|
| I. Sozial-berufliche Differenzierung | V = 21,0% | | |
| Arbeiter außerhalb der Landwirtschaft | 0,9079 | Berufstätige mit Hochschulbildung | 0,8725 |
| Arbeiter in der Industrie und im Bauwesen | 0,8848 | Fachleute | 0,8426 |
| Bevölkerung mit Grundschulbildung | 0,8449 | Leitung | 0,7925 |
| Personenzahl auf 1 Wohnraum | 0,7113 | Wohnungen mit WC | 0,7784 |
| Berufstätige in der Industrie | 0,6968 | Angestellte | 0,7179 |
| Zuwanderer vom Lande | 0,5182 | Berufstätige in Wissenschaft, Schulwesen und Gesundheitswesen | 0,6356 |
| | | Wohnfläche m² pro Person | 0,6112 |
| | | Wohnungen mit Wasserleitung | 0,5654 |
| II. Entwicklungszyklus der Familie/Alte und neue Wohnungen | | V = 13,1% | |
| | | Rentner | 0,6558 |
| Personenzahl in selbständigen Wohnungen | 0,7732 | unselbständige Wohnungen | 0,6382 |
| Selbst. Mehrpersonen-Haushalte | 0,7247 | Frauen im Alter über 60 Jahre | 0,6188 |
| Fruchtbarkeitsziffer | 0,7093 | Wohnfläche m² pro Person | 0,5969 |
| Größe der Haushalte | 0,62206 | | |
| Kinder im Alter 0—14 Jahren | 0,5876 | 1-Personen-Haushalte | 0,5448 |
| Fruchtbarkeitsziffer der Frauen mit Grundschulbildung | 0,5479 | Wohnfläche für 1 Wohnraum | 0,5252 |
| vollständige Familien | 0,5446 | | |
| III. Charakter der Bebauung und ihre Lage in der Stadt | | V = 9,1% | |
| Bevölkerungsdichte | 0,5964 | Personenzahl in der Wohnung | 0,7946 |
| Größe der Wohnhäuser | 0,5784 | Entfernung vom Zentrum | 0,6935 |
| | | Größe der selbständigen Haushalte | 0,6895 |

Hochschulbildung, wissenschaftliche Arbeit und bessere Wohnbedingungen weisen die Tendenz zum Vorkommen in verschiedenen Gruppen auf; am zweiten Pol treten Arbeiter, niedriges Bildungsniveau und größere Verdichtung der Wohnungen auf.

2. Für die durch die sozial-berufliche Hierarchie ausgesonderten Gruppen wird eine mit dem *Zyklus der Familienentwicklung* verbundene Aufteilung vorgenommen, die durch einen hohen Anteil der Kinder und Jugendlichen an der Bevölkerung, die Größe der Haushalte, Zahl der Kinder in der Familie usw. repräsentiert wird. Dieser Faktor spielt in Wrocław eine große Rolle, in Toruń nimmt er den dritten Platz ein und in Warszawa den vierten. Warszawa besitzt im Landesmaßstab die niedrigsten Indices der Reproduktion und die höchsten Anteile von alleinstehenden Frauen und Berufstätigen mit Mittel- und Hochschulbildung. Die Familien sind im Zusammenhang damit in allen

Tabelle 1c. Summarische Ergebnisse der Faktorenanalyse der sozial-ökologischen Struktur von Toruń im Jahre 1970
Zahl der Gebiete 144
Zahl der Merkmale 22
Zahl der Bevölkerung 130000

| Index | $+r_{xF}$ | Index | $-r_{xF}$ |
|---|---|---|---|
| I. Zentrale Altbauviertel und sozial-ökonomische Struktur | | V = 27,3% | |
| mehrstöckige Wohnhäuser | 0,9783 | | |
| Wohnungen mit WC | 0,8118 | Bevölkerung mit Grundschul- und Berufsausbildung | 0,6302 |
| Berufstätige mit Hochschulbildung | 0,8052 | | |
| Wohnungsdichte auf 1 ha | 0,7937 | | |
| Bevölkerungsdichte auf 1 ha | 0,7782 | | |
| Wohnungen mit Wasserleitung | 0,7553 | | |
| Häuser mit mehreren Wohnungen | 0,7313 | | |
| Wohnfläche für 1 Person | 0,6300 | | |
| II. Vorstadt mit hohem Rentneranteil und Stadtzentrum | | V = 17,6% | |
| Altbauhäuser | 0,8321 | nach 1945 gebaute Häuser | 0,8091 |
| Zuwanderer insgesamt | 0,7536 | Bevölkerung im Alter über 65 Jahre | 0,6356 |
| Größe der Wohnungen | 0,6816 | | |
| III. Alte Wohnungen und demographische Struktur | | V = 15,6% | |
| Kinder und Jugendliche | 0,7791 | unselbständige Wohnungen | 0,7589 |
| hohe Kinderzahl (Fruchtbarkeitsziffer) | 0,6230 | Wohnfläche für 1 Person | 0,6291 |
| | | Größe der Wohnungen | 0,6226 |
| | | Bevölkerung im Rentenalter | 0,5937 |

sozial-beruflichen Gruppen meist klein, und die Bedeutung der demographischen Erscheinungen für die Aufteilung der Bevölkerung ist daher gering.

3. Den zweiten Platz in Warszawa und Toruń nimmt der Faktor ein, der mit dem *Bebauungscharakter*, der *Wohnsituation* und *Wohnraumlenkung* durch den Staat ebenso im Zusammenhang steht wie mit der Gruppierung nicht qualifizierter Arbeitskräfte (Zuwanderer) und Arbeiter am Stadtrand, wo niedrige Bauten (vor allem Eigenheime) überwiegen. In den zentralen Teilen und neuen Wohnvierteln der genannten Städte wohnen vor allem diejenigen Menschen, die ihre Wohnungszuweisung für eine den Normativen entsprechende Wohnung bekamen.
4. In anderen, nicht so bedeutsamen Faktoren kommen die Unterschiede zwischen Berufen und Volkswirtschaftszweigen zum Ausdruck. Sie spiegeln die Spezifik der Lokalisierung des Wohnungsneubaus wider. Diese Spezifik hängt mit der Zuteilung von Bauparzellen an einzelne Betriebe zusammen, wodurch eine Tendenz zur Konzentration der in ähnlichen Berufen beschäftigten Menschen entsteht.
5. Allgemein gesagt zeigt das Beispiel der drei Städte das *Fehlen einer entscheidenden Determinante der sozialen Gliederung der Bevölkerung*, wie es in anderen Städten der entwickelten kapitalistischen Länder der Fall ist. Es machen sich die spezifische Rolle

der Wohnungssituation und der volkseigenen Wirtschaft in der Verteilung der Bevölkerung ebenso bemerkbar wie auch in der Wirkung des demographischen Faktors, der wiederum mit der Migration zusammenhängt. Die Differenzierung der Stadtbevölkerung ist das Ergebnis vieler in vielen Richtungen wirkender Kräfte. Unter den Bedingungen der VR Polen sind für die Einordnung eines Einzelwesens in eine gesellschaftliche Gruppe drei Fakten entscheidend: *Beruf*, Charakter und Qualität der *Wohnung* entsprechend der Zuweisung und *Wohndauer in der Stadt* mit Angabe des Herkunftsortes. Diese 3 Faktoren *bestimmen* im weiten Sinne *„die gesellschaftliche Position“* des Einzelwesens und weisen zugleich auf seine räumliche Lokalisierung hin.

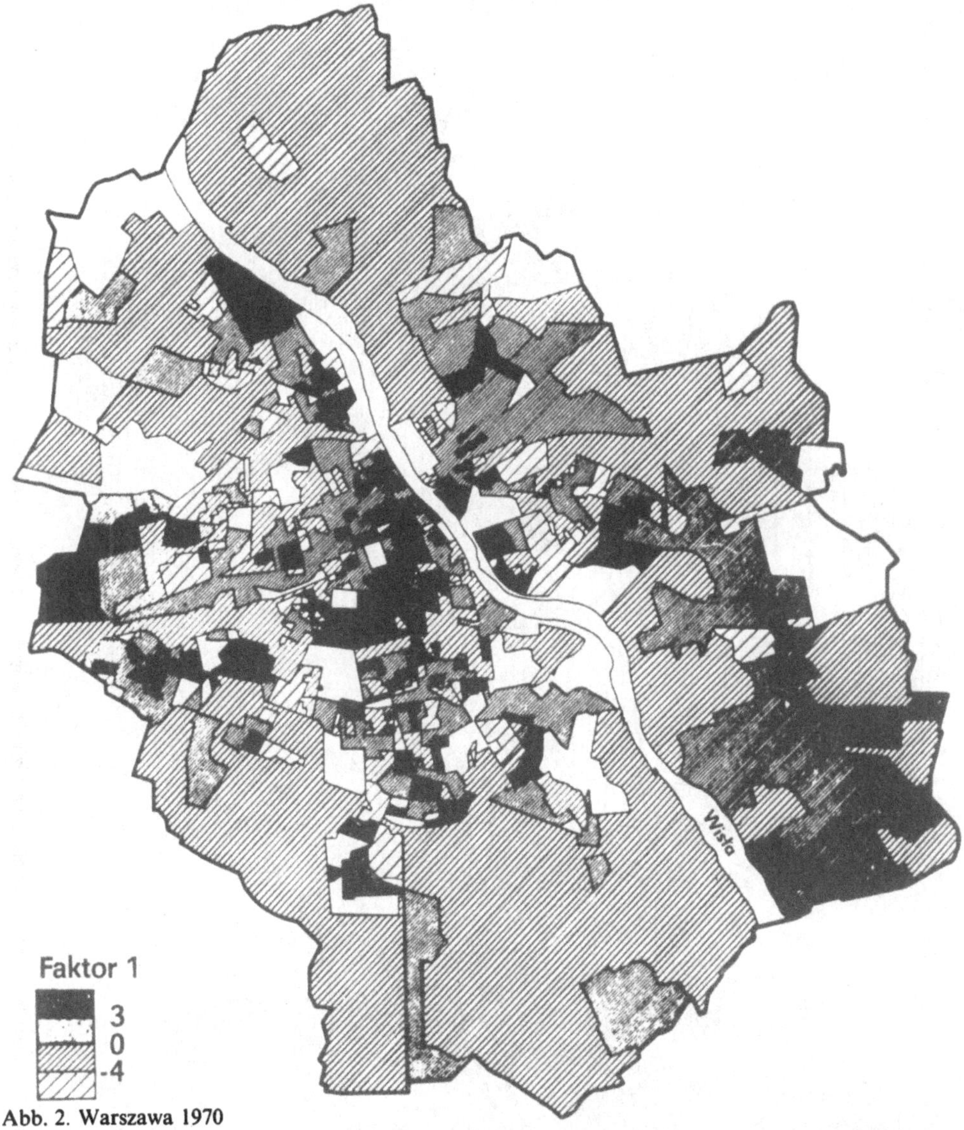


Abb. 2. Warszawa 1970
Gliederung nach dem sozialökonomischen Status der Bevölkerung (Faktor I entsprechend Tab. 1a) nach Dr. G. WĘCŁAWOWICZ (1975)

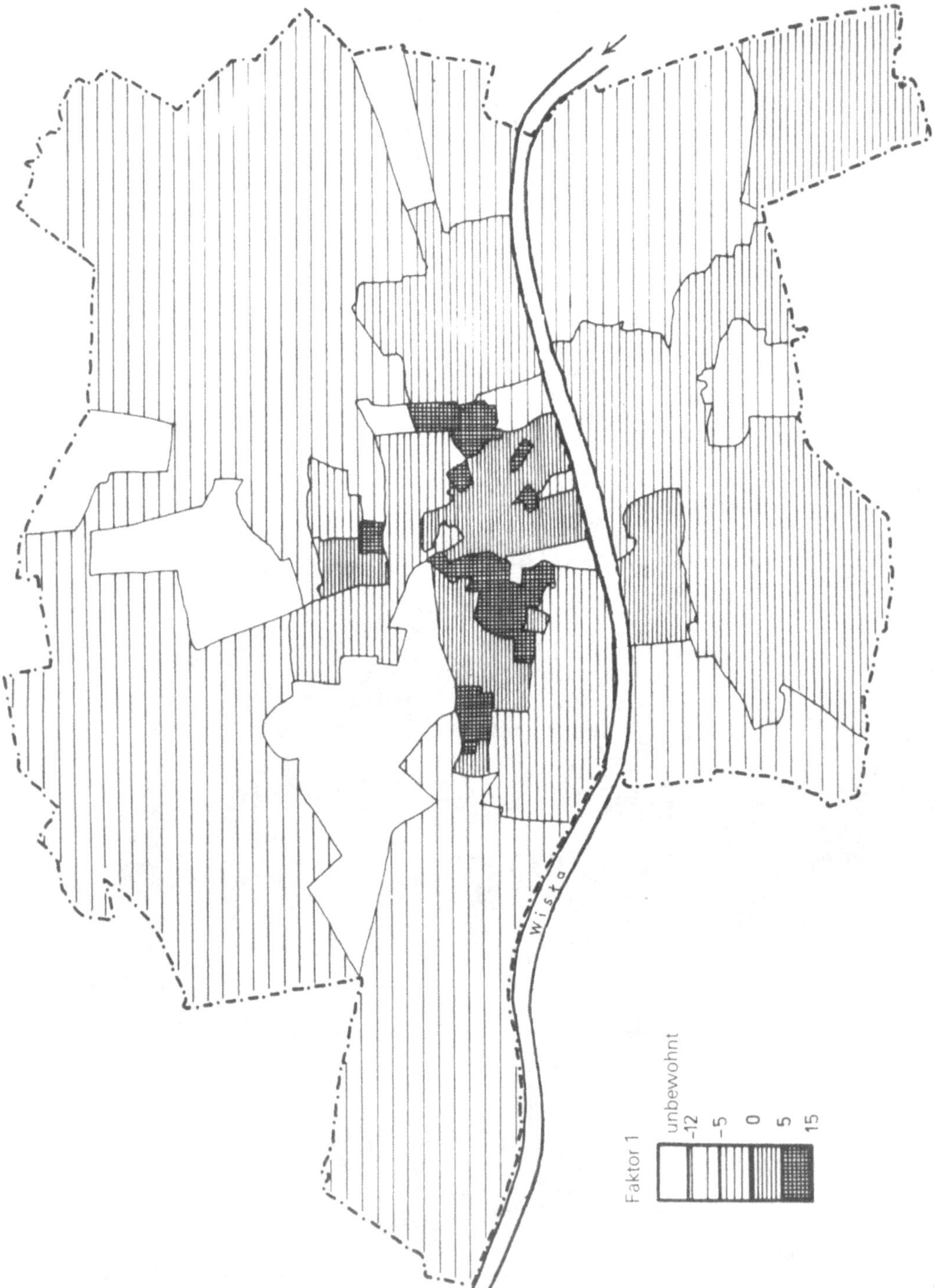


Abb. 3. Toruń 1970. Gliederung nach dem sozialökonomischen Status der Bevölkerung (Faktor I entsprechend Tab. 1c)

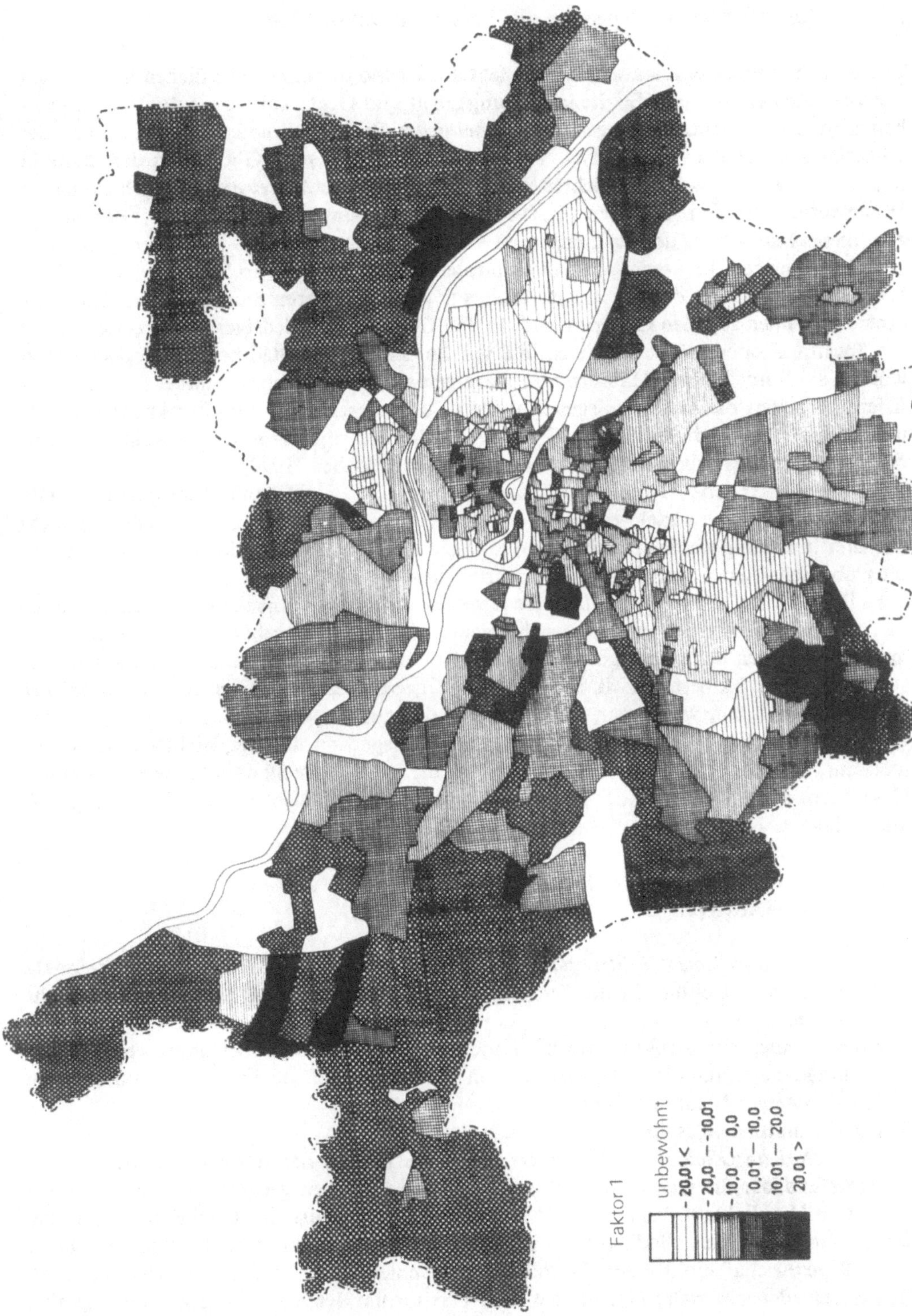


Abb. 4. Wrocław 1970. Gliederung nach dem sozialökonomischen Status der Bevölkerung (Faktor I entsprechend Tab. 1 b)

## 5. Räumlich-soziale Struktur der Städte im Jahre 1970

Wie es nicht anders zu erwarten war, besteht auf Grund der unterschiedlichen historischen Entwicklung der einzelnen Städte in Vergangenheit und Gegenwart sowie der Verschiedenheiten in den Milieubedingungen *kein einheitliches* Bild der Lokalisierung einzelner Bevölkerungsgruppen im Stadtgebiet. Man könnte vielleicht eine Gliederung der Stadt in den *Innenring*, der das Gebiet dichter Bebauung umfaßt, die *Mittelringe*, wo sich die neuen Wohnviertel befinden, und den *Stadtrand* mit halb ländlichem Charakter vornehmen; aber dieses Bild wird in hohem Grade vom Vorstellungsvermögen des Menschen geprägt.

Es kann festgestellt werden, daß die zentralen Gebiete mit älterer Bebauung und relativ hohem Wohnkomfort der bevorzugte Wohnsitz der auf höheren Stufen der sozialen Hierarchie stehenden sozialen Gruppen sind. In den Gebieten mit niedriger, lockerer Bebauung am Stadtrand oder in den Gebieten, die vor kurzem in den Stadtbereich eingeschlossen worden sind, mit kleinen Häusern von niedrigem Standard, wohnen zumeist nicht-qualifizierte Arbeiter, die sich vorwiegend aus den Zuwanderern vom Lande rekrutieren. Hier befinden sich auch die einfachen Eigenheime, die oft von Menschen bewohnt werden, die die Grenze des arbeitsfähigen Alters überschritten haben (1970).

Die oben skizzierte räumliche Quasi-Ordnung stört die Urbanisierungsplanung: Die mehrstöckigen Wohnviertel werden in verschiedenen Stadtteilen lokalisiert, oder die Gebiete mit alter Bebauung werden durch sog. „Plomben" verdichtet, die an der Stelle von Häusern oder abgeschafften Lagerplätzen, Kleingärten usw. entstehen.

Es fällt deshalb schwer, wenn man die *räumliche Ordnung* der nach jedem Strukturmerkmal einzeln ausgesonderten Gruppen betrachtet, in ihnen weitgehende Übereinstimmung mit den Modellen der „Chicagoer Schule" zu finden, obwohl durchaus gewisse Analogien vorhanden sind. Es besteht z. B. ein deutlicher *Gegensatz* zwischen den *zentralen Gebieten* und dem *Stadtrand*, wenn man die Typologie der zwei bzw. drei Faktoren in Betracht zieht. Aber die Ergebnisse sind, was den Erkenntnisgewinn anlangt, nicht besonders interessant, weil sie die bekannte Tatsache bestätigen, daß sich die Stadt unter dem Aspekt der Gesamtheit aller Merkmale der Bevölkerung von den sie umgebenden Gebieten deutlich unterscheidet.

## 6. Schlußfolgerungen

Unter der *räumlich-sozialen Struktur der Stadt* darf man nicht nur das zweidimensionale Bild der sozialen Struktur, die auf den Stadtplan transformiert wird, verstehen. Sie besteht vielmehr aus:

1. Komponenten der Struktur, die mit Hilfe der Faktorenanalyse bestimmt werden;
2. Grundgesetzen, die die Lokalisierung von Menschen und sachlichen Produktivkräften im Stadtgebiet bestimmen und
3. der Gesamtheit aller Lokalisierungen.

Die *faktorielle Ökologie* ist besonders für das Erkennen der Bestandteile der sozialen Struktur und der die Gesellschaft differenzierenden Faktoren geeignet. Weniger aussagekräftig im Hinblick auf das Erkenntnisziel ist dagegen das kartographische Bild der Differenzierung. Spezifische Bedingungen der Entwicklung polnischer Städte und der starke Einfluß gesellschaftspolitischer Zielstellungen nivellieren die Tendenz zur Bildung deutlich verschiedener sozialer Gebiete auf dem Territorium der Stadt. Allgemein gesagt sind die *sozialen Gruppen räumlich wenig gegliedert*. Nur die Trennung in Gebiete mit dichter, höherer städtischer Bebauung und in Gebiete der Stadtrandregionen mit noch auffälligen Merkmalen der Vorstadtsiedlung macht sich schärfer bemerkbar.

Als Ergebnis läßt sich deshalb feststellen, daß nach 25 Jahren sozialistischer Gesellschaftsordnung die sozialen Gruppen eine gewisse räumliche Zersplitterung und Verlagerung erfahren haben, obwohl ständig die Tendenzen zur räumlichen Gruppierung von Menschen mit ähnlichem sozial-ökonomischem Status bestehen. Bestimmte Komponenten der sozialen Struktur werden sich auch weiterhin im Stadtraum widerspiegeln.

## Резюме


Пространственно-социальная структура польских городов

В географии городов утвердилось преставление о городе как социально-экономической системе лишь в последнее время. Хотя целый ряд авторов направил внимание на взаимосвязи между социальной структурой и пространственными конфигурациями распределения населения, социальных групп, заведений, зданий и т. д., они до сих пор не стали предметом систематических исследований. Исключением служит так называемая „Чикагская школа", которая считает город скоплением различных видов бытовой среды, „естественных" территориальных единиц [социальные ареалы] относительно гомогенного социального характера. Особая трудность представляет выбор подходящих признаков для анализа территориального социального дифференцирования городского населения.

По образцу сформулированных „Чикагской школой" главных факторов внутригородского социального дифференцирования были проведены исследования на основе данных переписи населения и профессиональной переписи 1970 г. для городов Варшава, Вроцлав и Торун с пространственным дифференцированием социальной структуры с помощью факторного анализа. При этом заранее указывается на некоторые особенности, отличающие ситуацию в польских городах от ситуации в других странах. Оказалось, что в условиях Польской Народной Республики определяют 3 главных фактора „общественную позицию" отдельного лица, включая городской каркас, и указывают этим одновременно его релативную пространственную локализацию:

1. Профессия
2. В каких типах жилых домов получил квартиру
3. Продольжительность проживания в городе и произхождение мигрантов.

Факторный анализ не даёт, однако, чистой картины локализации гомогенных групп населения на территории города, так что представляется затруднительным найти совпадение с моделями „Чикагской школы", хотя несомненно имеется определённое сходство. Специфические условия развития городов в Польше и социалистический общественный строй нивелируют тенденцию к пространственному обособлению заметно различных социальных единиц внутри территории города. В последние 25 лет социальные группы были разделены и распределёны по ареалам городов, хотя постоянно продолжают существовать тенденции к пространственному группированию людей с подобным социально-экономическим статусом.

## Summary

The socio-spatial structure of Polish cities

Not until recently has the concept of the city as a socio-economic system become accepted in urban geography. Although a number of authors have pointed to connections between social structure and the spatial distribution of people, social groups, institutions, buildings etc., these have hardly been the object of systematic studies so far. One exception is the "Chicago school" which conceives of the city as an accumulation of different milieus, of "natural" territorial units of a comparatively homogeneous social character. Specific problems arise in the selection of appropriate indices for an analysis of the spatial social differentiation of the urban population.

Following the principal factors of social differentiation in cities as formulated by the "Chicago school", the spatial differentiation of the social structure was studied with the help of the factor analysis method and using the results of the 1970 census for the cities of Warsaw, Wroclaw and Torun. Reference is made, in the very beginning, to the fact that the situation in Polish cities differs from that in cities in other countries in a number of ways. It was found that three main factors are decisive for the "social position" of the individual within the urban framework and are therefore indicative also of his relative localization in the city:

1. his occupation,
2. the type of building where he is assigned an apartment, and
3. how much time he has spent living in the city and the territorial origin of migrants.

However, factor analysis does not give a clear picture of localization of geneous population groups in a city. As a result, agreement cannot easily be found with the models of the "Chicago school", although certain analogies exist. Under the specific conditions of urban development in Poland unter a socialist system the trends toward the spatial seperation of clearly different social units are kept under control. Within the last 25 years the social groups have been fragmented and spatialy dispersed over the city area, although there is a continuing tendency for people of similar socio-economic status to group together.


## Literatur


BERRY, B. J.: Comparative Factorial Ecology. Econ. Geogr. 2 (Suppl.), **47** (1971).

BORSČEVSKIJ, M. W. und andere: Gorod. Metodologičeskie problemy kompleksnogo socialnogo i ekonomičeskogo planirovanija (Die Stadt. Methodologische Probleme komplexer sozialer und ökonomischer Planung). Moskva 1975, S. 70.

BOUDEN, R.: Modeles et méthodes mathématiques. Tendences principales de la recherche dans les sciences sociales et humaines. Pt. 1, Paris 1971, S. 660.

BURNETT, P.: On the Changing Structural Relations of Society and Models of City Form and Development. Antipode, March 1973.

CZAMANSKI, ST.: The Evolving Epistomology of Regional Science. The RSA Papers, **XXXVII** (1976) S. 13.

HARVEY, D.: Society. The City and the Space Economy of Urbanism. Washington 1972 (a).

HARVEY, D.: Social Justice and the City. London 1972(b).

HAWLEY, A. W.: Theorie und Forschung in der Sozialökologie. Handbuch der empirischen Sozialforschung. Stuttgart Bd. **4** (1974) S. 54.

JAGIELSKI, A.: Urbanizacja a zmiany przestrzennej struktury społeczno-ekologicznej miast polskich (Urbanisierung und Wandlungen der gesellschaftlich-ökologischen Raumstruktur der polnischen Städte). Maschinenmanuskript, Geogr. Inst. d. Poln. Akademie d. Wiss. Warszawa 1975.

JAGIELSKI, A.: Struktura społeczno-ekologiczna miast polskich a koncepcja szkoły chicagowskiej (Gesellschaftlich-ökologische Struktur der polnischen Städte und die Konzeption der Chicagoer Schule). Procesy urbanizacyje w XXX-leciu Polski Ludowej (Urbanisierungsprozesse in den 30 Jahren der Volksrepublik Polen). Wrocław 1977.

JANICKIJ, O. N.: Urbanizacija i socialnye protivorečija kapitalizma (Urbanisierung und soziale Widersprüche des Kapitalismus). Moskva 1975.

KNAPSKI, G.: Adagia Polonica. 1632. Zit. nach SWIRKO „Na wszystko jest przysłowie (Für alles gibt es ein Sprichwort). Poznań 1975, S. 212.

LICHTENBERGER, E.: The Nature of the European Urbanism. Geoform **4** (1970).

LICHTENBERGER, E.: Ökonomische und nicht ökonomische Variablen kontinentaleuropäischer Citybildung. Die Erde **103** (1972) 3/4.

ODUM, E. P.: Podstawy ekologii (Grundlagen der Ökologie). Warszawa 1953, S. 24.

ROBINSON, W. S.: Ecological Correlations and the Behavior of Individuals. Amer. Soc. Revue, **15** (1950) 3.

SAUŠKIN, JU. G. und andere: Sistemno-strukturnyi analyz modelirovanie socialno-ekonomičeskich sistem v ekonomičeskoj geografii (System-Struktur-Analyse und Modellierung sozial-ökonomischer Systeme in der Ökonomischen Geographie.) Aktualnye napravlenija sovremennoj geografii, Moskva 1976.

SHEVKY, E. and M. WILLIAMS: The Social Areas of Los Angeles. Berkely 1949.

SHEVKY, E. and W. BELL: Social Area Analysis. Stanford 1955.

WALLIS, A.: Socjologia i kształtowanie przestrzeni (Soziologie und Raumgestaltung). Warszawa 1971.

WĘCŁAWOWICZ, G.: Struktura przestrzeni społeczno-gospodarczej Warszawy w latach 1931—1970 w świetlo analizy czynnokiowej (Struktur des Wirtschaftsraumes von Warszawa in den Jahren 1931—1970 im Lichte der Faktorenanalyse). Warszawa 1975.

ZNANIECKI, F.: Socjologiczne podstawy ekologii ludzkiej (Soziologische Grundlagen der Menschenökologie). Ruch Prawn. i Ekon. **XVII** (1937) I.

Warunki mieszkaniowe według grup społeczno-zawodowych (Wohnbedingungen nach sozial-beruflichen Gruppen). Statistika Polski GUS (Statistische Hauptverwaltung), Warszawa 1974.

Doz. Dr. ANDRZEJ JAGIELSKI, Uniwersytet Wrocławski, Instytut Geograficzny, Wrocław, Plac Uniwersytecki 1

# Die räumliche Struktur des Einzelhandels in Warschau

Von Irena Chudzyńska

## 1. Einleitung

Die Formulierung weitgehender theoretischer Verallgemeinerungen zur inneren räumlichen Struktur der Stadt hängt im wesentlichen von der Untersuchung struktureller Gesetzmäßigkeiten in jedem der Subsysteme ab, wobei die Stadt als ein relativ isoliertes Siedlungssystem verstanden wird, das sich aus miteinander gekoppelten Systemen von niedrigerem Rang zusammensetzt. Die dynamische Entwicklung der gegenwärtigen Weltwirtschaft und die ständig steigende Bedeutung der Dienstleistungssphäre führt zu der Notwendigkeit, auf die Struktur und Entwicklung gerade dieses Subsystems besondere Aufmerksamkeit zu legen. In Anbetracht der zentralen Rolle des Einzelhandels beim Bau von Dienstleistungszentren einer Stadt scheint es zweckmäßig zu sein, die empirischen Untersuchungen auf diesem Gebiet vor allem auf die Erforschung der Gesetzmäßigkeiten bei der Verteilung von Einzelhandelseinrichtungen zu konzentrieren.

## 2. Untersuchungsziel

Indem auf die theoretische Analyse der Ursachen für die räumliche Differenzierung der Dienstleistungsbranchen (einschließlich der Einzelhandelsbranchen) im Hinblick auf ihre Lokalisierungstendenzen nicht eingegangen wird — die Grundlagen dazu sind in den Arbeiten von Christaller (1933), Berry (1963, 1967), Garner (1966), McCarty und Lindberg (1966) wie auch von Lange (1973) dargelegt —, beschränkt sich die vorliegende, bislang selten durchgeführte Untersuchung auf die Analyse der räumlichen Struktur des Einzelhandels unter den konkreten Verhältnissen der sozialistischen Gesellschaft. Diese Analyse bildet die erste Etappe einer breiter verstandenen Untersuchung zur Dynamik und räumlichen Optimierung des städtischen Einzelhandels. Ihr Hauptziel besteht in der Darstellung der hierarchischen räumlichen Struktur des Einzelhandels in einer Großstadt, am Beispiel Warschaus aufgezeigt.

Zur Realisierung dieses Ziels wurden Ähnlichkeiten (bzw. Unterschiede) von entsprechenden räumlichen Einheiten im Hinblick auf die von ihnen erfüllten Handelsfunktionen analysiert. Die *hierarchische räumliche Verteilung der Handelsbranchen* wurde durch eine Gruppierung aller Raumeinheiten hinsichtlich der analysierten Eigenschaften (Branchen) erreicht, indem ähnliche Werte der Branchen im angenommenen Maßstab die einzelnen Gruppen charakterisieren. Der hierarchische Rang einer Gruppe ist um so höher, je höher die Werte ihrer charakteristischen Branchen im angenommenen Maßstab sind. Außerdem tauchen auf immer höheren Stufen der Hierarchie positive Werte ($>0$) für Branchen auf, die in den niedrigeren hierarchischen Stufen nicht vorhanden sind. Die Differenzierung der Branchenverteilung in bezug auf ihre unterschiedliche Spezialisierung (verschiedener Wirkungsbereiche) erlaubt es, in ihrer räumlichen Lokalisierung gewisse Gesetzmäßigkeiten zu bestimmen.

Bekanntlich ist die *Unterteilung der Branchengruppen* auf dem Gebiet des Handels und anderer Dienstleistungen, angesichts ihres ähnlichen Wirkungsbereiches, kein neues Problem. Die in der Literatur gewöhnlich angewendete Einteilung in allgemeine und spezialisierte Dienstleistungen ist unzureichend. Ein allzu vereinfachtes Abbild der Wirklichkeit gibt auch die in der Arbeit von BUCKLIN (1964) verwendete Einteilung der Handelsbranchen in drei Gruppen nach: Bedarfsgütern, Gelegenheitsgütern und spezialisierten Gütern wieder.

Die in bezug auf eine Großstadt in der sozialistischen Wirtschaft treffendste Einteilung ist die Vierstufeneinteilung nach POLARCZYK (1974). Er hat am Beispiel der Stadt Poznań folgende Dienstleistungsgruppen unterschieden: allgemeine Dienstleistungen, mittelbare (lokale) Dienstleistungen, spezialisierte Dienstleistungen niedrigeren Grades und spezialisierte Dienstleistungen höheren Grades. Die Nützlichkeit einer solchen Einteilung für die Untersuchung der räumlichen Struktur von Dienstleistungen einer Großstadt (von ca. einer halben Million Einwohnern) ist unbestritten, doch scheint es, daß die Anwendung einer solchen Einteilung in bezug auf eine Millionenstadt, die doppelt oder dreifach so groß ist, ein nicht befriedigendes Resultat geben kann — und zwar unter Berücksichtigung der Tatsache, daß bei der Gesamtheit von Eigenschaften (35 Einzelhandelsbranchen), deren sich POLARCZYK für die Stadt Poznań bedient, viele in Warszawa vorkommende Branchen überhaupt nicht erfaßt sind.

## 3. Zur Untersuchungsmethode

Es muß bemerkt werden, daß die Bestimmung des oben erwähnten Forschungszieles, die bisherigen Forschungsergebnisse auf diesem Gebiet berücksichtigend, in sich die Voraussetzung enthalten, daß eine hierarchische, räumliche Struktur des Einzelhandels in einer Stadt besteht. Sie suggeriert darüber hinaus, daß der Charakter und die Anzahl der Hierarchiestufen von den qualitativen und quantitativen Unterschieden der Einzelhandelsstandorte und von der Größe der Stadt (mit der Größe der Stadt wächst ihre Branchenspezialisierung und die in einzelnen Branchen erreichte Umsatzgröße) abhängig sind.

Diese Hypothese wurde durch die Anwendung der *Clusteranalyse* überprüft. Es soll hier nicht auf die Probleme der *Clusteranalyse* und die Vielfalt der Klassifikationsverfahren eingegangen werden; einen systematischen Überblick kann man u. a. bei CORMACK (1971) finden. Es scheint jedoch notwendig zu sein, eine kurze Darstellung der Ziele und der aufeinanderfolgenden Verfahrensschritte der durchgeführten Clusteranalyse zu geben.

Das Ziel des angewendeten Verfahrens war die *Klassifikation von* 127 *Verkehrsmikroregionen* (Objekte) in Warszawa[1], die mit Hilfe von 116 *Einzelhandelsbranchen* (Variablen) charakterisiert wurden, und zwar in der Weise, daß die Mikroregionen innerhalb einer

[1] Die Analyse stützt sich auf die Einteilung Warschaus in Verkehrsmikroregionen, welche in bezug auf ihre Verkehrszugänglichkeit innerlich einheitlich sind. Diese Einteilung wurde durch das Büro für Entwicklungsplanung Warschaus für eine im Jahre 1969 durchgeführte Verkehrsforschung vorgenommen. Die Verkehrszugänglichkeit ist hier einer der wichtigsten Lokalisierungsfaktoren der Dienstleistungen (vgl. auch GARNER 1966).

Klasse möglichst ähnlich waren, während die einzelnen Klassen untereinander möglichst unähnlich waren. Dabei war von vornherein unbekannt, wieviel Klassen sich herauskristallisieren würden, welche charakteristischen Eigenschaften sie besitzen und wie viele Verkehrsmikroregionen in jeder von ihnen enthalten sind.

In der ersten Phase des Gruppierungsprozesses wurde die Unähnlichkeit (Distanz) zwischen allen Paaren von Mikroregionen berechnet und in einer symmetrischen Distanzmatrix dargestellt. Für den numerischen Unähnlichkeitsgrad zwischen den Mikroregionen wurde die am häufigsten verwendete *Euklidsche Distanz* angenommen:

$$d_2(Q_i, Q_k) = \left[\sum_{j=1}^{m=116} (x_{ij} - x_{kj})^2\right]^{1/2},$$

wobei $x_{ij}$ — der Wert der j-ten Handelsbranche in der i-ten Verkehrsmikroregion im angenommenen Maßstab ist,[2] $Q_i$ — ($x_{i1}$ ... $x_i$ 116) — der Vektor der Werte aller Handelsbranchen in der i-ten Verkehrsmikroregion ist.

Bei der Suche nach der hierarchischen Struktur, die sich aus einer bestimmten Anzahl möglichst homogener Gruppen zusammensetzt, wurden in der zweiten Phase *sechs hierarchische Klassifizierungsverfahren* (vgl. Tabelle 1)[3] verwendet. Die gemeinsame Eigenschaft aller dieser Verfahren beruht darauf, daß man den Gruppierungsalgorithmus bei den n-Klassen (in diesem Fall 127 Klassen), die je ein Objekt enthalten, beginnt. Auf jeder Stufe des verwendeten Algorithmus sucht man das ähnlichste Klassenpaar, das in der Distanzmatrix den geringsten Wert $d_{qr}$ ($r < q$) hat. Indem nun die Klassen q und r zusammengefaßt werden, erhält man auf diese Weise eine um 1 reduzierte Klassenzahl. Gleichzeitig muß man die Distanzmatrix durch das Berechnen der Distanzen zwischen der neugewonnenen Klasse und allen übrigen aktualisieren. Dieses Verfahren wurde 125mal durchgeführt, bis alle Verkehrsmikroregionen in zwei Cluster zusammengefaßt waren.

Um nicht zur Ausgangsmatrix der Distanzen zurückkehren zu müssen, wendet man die von LANGE und WILLIAMS (1967) entwickelte Rekursionsformel an, mit deren Hilfe man die neuen Distanzmaße bei entsprechender Wahl der Parameter für jedes der verwendeten Untersuchungsverfahren berechnen kann. Die Distanz zwischen der Klasse t, die infolge der Zusammenfassung der Klassen q und r entstand, und der Klasse p stellt sich in allgemeiner Form wie folgt dar:

$$d_{tp}^2 = \alpha_q d_{qp}^2 + \alpha_r d_{rp}^2 + \beta d_{qr}^2 + \gamma(d_{qp}^2 - d_{rp}^2).$$

Die Werte der Parameter $\alpha_q$, $\alpha_r$ und $\beta$ wie auch $\gamma$ sind für die einzelnen Verfahren verschieden (vgl. Tabelle 1).

Die klassifizierten Verkehrsmikroregionen kann man sich als Punkte in einem 116-dimensionalen Variablenraum vorstellen, wo als Variablen die einzelnen Handelsbranchen auftreten. Die Klassen sind Punktwolken, innerhalb derer die Distanzen zwischen den Punkten kleiner sind als zu denen anderer Punktwolken.

[2] Der Maßstab wurde nach folgender Formel berechnet:

$$x_{ij} = \frac{z_{ij} - \bar{z}}{\sigma_z}$$

mit $z_{ij}$ = Umsatz in 1000 zlotych.

[3] Das erste Verfahren hat ROGERS (1974) zu einer ähnlichen Untersuchung benutzt.

Tabelle 1. Hierarchische Klassifizierungsverfahren

| Methode | Kriterium für das Zusammenfassen der Cluster | Parameter für die Rekursionsformel | | | |
|---|---|---|---|---|---|
| | | $\alpha_q$ | $\alpha_r$ | $\beta$ | $\gamma$ |
| (1) SINGLE LINKAGE (der nächsten Nachbarschaft) | $d_{tp} = \min(d_{pr}, d_{pq})$ | $\frac{1}{2}$ | $\frac{1}{2}$ | 0 | $-\frac{1}{2}$ |
| (2) COMPLETE LINKAGE (der entferntesten Nachbarschaft) | $d_{tp} = \max(d_{rp}, d_{qp})$ | $\frac{1}{2}$ | $\frac{1}{2}$ | 0 | $\frac{1}{2}$ |
| (3) AVERAGE LINKAGE (des Gruppendurchschnitts) | $d_{tp}^2 = \frac{n_r}{n_r + n_q} d_{rp}^2 + \frac{n_q}{n_r + n_q} d_{qp}^2$ | $\frac{n_q}{n_q + n_r}$ | $\frac{n_r}{n_q + n_r}$ | 0 | 0 |
| (4) CENTROID SORTING (der Gewichtsmitte) | $d_{tp}^2 = \frac{n_r}{n_r + n_q} d_{rp}^2 + \frac{n_q}{n_r + n_q} d_{qp}^2 - \frac{n_r n_q}{(n_r + n_q)^2} d_{qr}^2$ | $\frac{n_q}{n_q + n_r}$ | $\frac{n_r}{n_q + n_r}$ | $-\frac{n_q n_r}{(n_q + n_r)^2}$ | 0 |
| (5) GOWER'S METHOD (Gower'sche Methode) | $d_{tp}^2 = \frac{1}{2}(d_{rp}^2 + d_{qp}^2) - \frac{1}{4} d_{qr}^2$ | $\frac{1}{2}$ | $\frac{1}{2}$ | $-\frac{1}{4}$ | 0 |
| (6) WARD'S METHOD nach WISHART (1969) | $d_{tp}^2 = \frac{n_q + n_p}{n_t + n_p} d_{qp}^2 + \frac{n_r + n_p}{n_t + n_p} d_{rp}^2 - \frac{n_p}{n_t + n_p} d_{qr}^2$ wobei: $n_t = n_q + n_r$ | $\frac{n_q + n_p}{n_p + n_q + n_r}$ | $\frac{n_r + n_p}{n_p + n_q + n_r}$ | $-\frac{n_p}{n_p + n_q + n_r}$ | 0 |

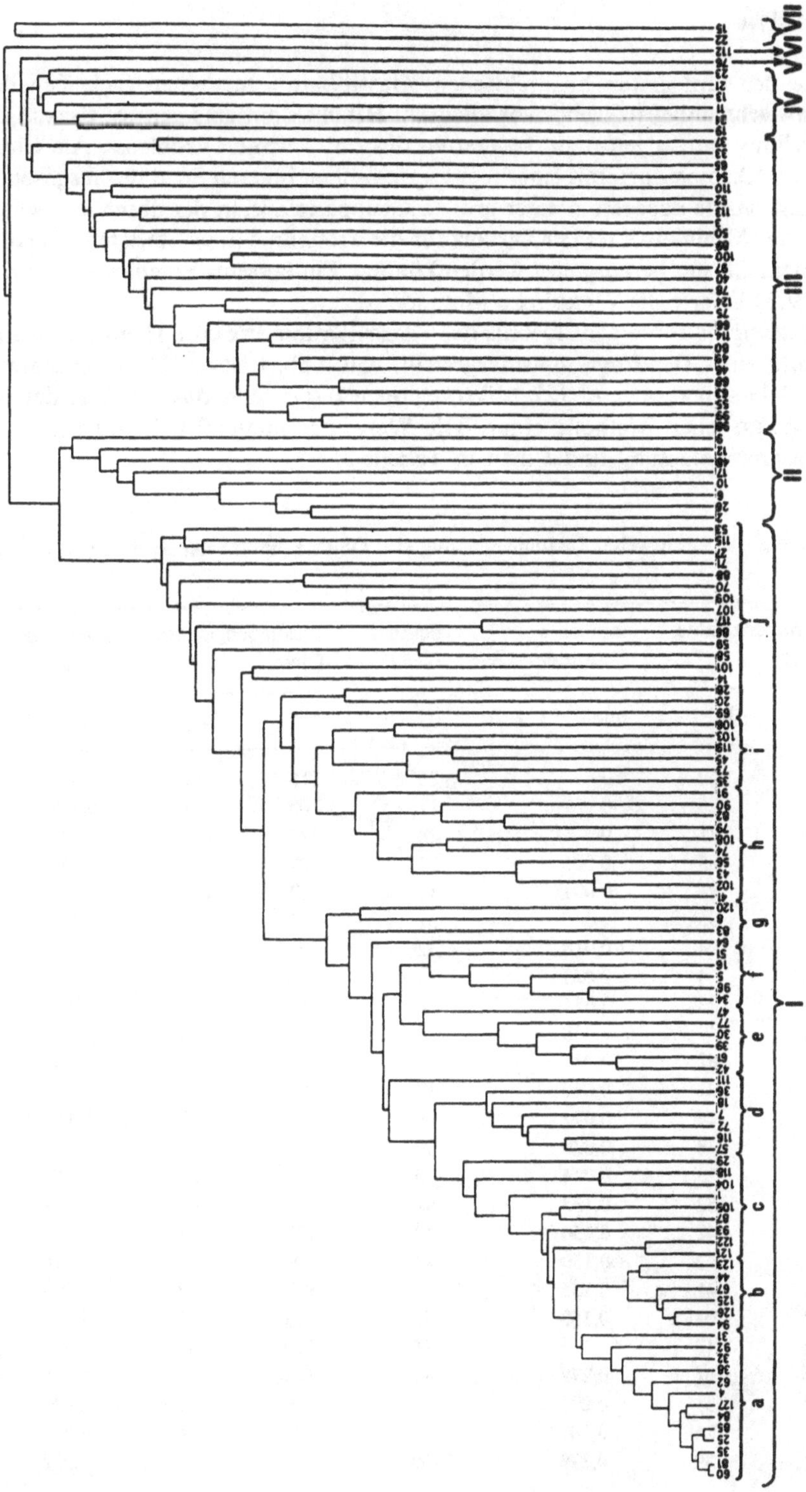


Abb. 1. Dendrogramm der hierarchischen Klassifizierung des Einzelhandels von Warschau 1970 nach der WARD'schen Methode (vgl. Tab. 2)

## 4. Ergebnisse

Die Ergebnisse der fünf ersten hierarchischen Klassifikationsmethoden (vgl. Tabelle 1) erweisen sich als sehr unbefriedigend, vor allem im Hinblick auf eine geringe Genauigkeit und die Darstellung nur allgemeiner Tendenzen des untersuchten Problems. Als Cluster sind nur wenige Mikroregionen mit einer meist spezifischen inneren Struktur ausgesondert worden, der Rest wurde dagegen in einer großen Gruppe erfaßt, in der durch eine schrittweise Senkung des Minimalwertes der Distanz für die Trennlinie in den meisten Fällen nur Elemente aus dem Cluster herausgelöst werden können. Ein besseres Ergebnis als vermutet (ANDERBERG 1973) lieferte die WARD'sche Methode.

Die *Clusterbildung* und ihre als Ergebnis der Klassifikation erreichte Hierarchie werden meistens in Form eines Dendrogramms dargestellt. Auf Abb. 1 ist das Dendrogramm der hierarchischen Klassifikation von 127 Mikroregionen dargestellt, das sich aus der Verwendung der WARD'schen Methode ergab. Die Werte der minimalen Distanzen für die schrittweise Zusammenfassung findet man in Tabelle 2.

Tabelle 2. Werte für die schrittweise Zusammenfassung der Objekte im Cluster nach der WARD'schen Methode

| Schritt Nr. | zusammengefaßte Cluster | | minimale Distanzen | Schritt Nr. | zusammengafaßte Cluster | | minimale Distanzen |
|---|---|---|---|---|---|---|---|
| | A | B | min $d^2$ (A, B) | | A | B | min $d^2$ (A, B) |
| 1 | 81 | 60 | 0 | 26 | 116 | 57 | 0,402 |
| 2 | 85 | 25 | 0 | 27 | 105 | 87 | 0,449 |
| 3 | 95 | 81 | 0 | 28 | 127 | 122 | 0,635 |
| 4 | 95 | 85 | 0,001 | 29 | 127 | 93 | 0,988 |
| 5 | 127 | 84 | 0,003 | 30 | 127 | 105 | 1,074 |
| 6 | 127 | 95 | 0,015 | 31 | 61 | 30 | 1,199 |
| 7 | 126 | 94 | 0,018 | 32 | 96 | 5 | 1,351 |
| 8 | 127 | 4 | 0,023 | 33 | 116 | 72 | 1,779 |
| 9 | 126 | 125 | 0,024 | 34 | 116 | 7 | 2,987 |
| 10 | 126 | 67 | 0,038 | 35 | 102 | 56 | 3,169 |
| 11 | 127 | 62 | 0,047 | 36 | 127 | 1 | 3,308 |
| 12 | 122 | 121 | 0,067 | 37 | 82 | 79 | 3,379 |
| 13 | 123 | 44 | 0,077 | 38 | 77 | 61 | 3,435 |
| 14 | 127 | 38 | 0,079 | 39 | 116 | 18 | 3,435 |
| 15 | 126 | 123 | 0,084 | 40 | 116 | 36 | 4,339 |
| 16 | 127 | 32 | 0,133 | 41 | 117 | 86 | 4,554 |
| 17 | 61 | 42 | 0,150 | 42 | 127 | 118 | 4,637 |
| 18 | 127 | 92 | 0,150 | 43 | 96 | 16 | 4,761 |
| 19 | 102 | 41 | 0,155 | 44 | 127 | 29 | 5,394 |
| 20 | 118 | 104 | 0,158 | 45 | 73 | 35 | 6,326 |
| 21 | 102 | 43 | 0,272 | 46 | 119 | 45 | 6,515 |
| 22 | 96 | 34 | 0,278 | 47 | 108 | 74 | 6,685 |
| 23 | 127 | 31 | 0,297 | 48 | 90 | 82 | 6,926 |
| 24 | 127 | 126 | 0,301 | 49 | 127 | 116 | 8,206 |
| 25 | 61 | 39 | 0,399 | 50 | 96 | 51 | 12,952 |

Tabelle 2 (Fortsetzung)

| Schritt Nr. | zusammengefaßte Cluster | | minimale Distanzen | Schritt Nr. | zusammengefaßte Cluster | | minimale Distanzen |
|---|---|---|---|---|---|---|---|
| | A | B | min $d^2$ (A, B) | | A | B | min $d^2$ (A, B) |
| 51 | 77 | 47 | 13,620 | 89 | 114 | 66 | 242,531 |
| 52 | 59 | 58 | 14,576 | 90 | 115 | 27 | 250,767 |
| 53 | 108 | 102 | 15,297 | 91 | 127 | 117 | 261,938 |
| 54 | 119 | 73 | 17,193 | 92 | 127 | 109 | 264,534 |
| 55 | 96 | 77 | 17,485 | 93 | 115 | 53 | 269,775 |
| 56 | 106 | 103 | 18,347 | 94 | 127 | 88 | 273,273 |
| 57 | 127 | 111 | 20,958 | 95 | 124 | 114 | 273,794 |
| 58 | 127 | 96 | 21,588 | 96 | 127 | 71 | 275,849 |
| 59 | 108 | 90 | 23,774 | 97 | 127 | 115 | 281,297 |
| 60 | 127 | 64 | 24,311 | 98 | 37 | 33 | 304,080 |
| 61 | 109 | 107 | 24,339 | 99 | 124 | 78 | 309,032 |
| 62 | 120 | 8 | 28,856 | 100 | 124 | 40 | 312,218 |
| 63 | 108 | 91 | 29,314 | 101 | 113 | 3 | 318,891 |
| 64 | 127 | 83 | 34,703 | 102 | 26 | 17 | 319,183 |
| 65 | 28 | 20 | 39,371 | 103 | 124 | 100 | 323,758 |
| 66 | 68 | 63 | 40,685 | 104 | 124 | 89 | 377,456 |
| 67 | 119 | 106 | 41,230 | 105 | 48 | 26 | 386,863 |
| 68 | 127 | 120 | 45,802 | 106 | 110 | 52 | 395,802 |
| 69 | 99 | 98 | 47,300 | 107 | 124 | 50 | 399,547 |
| 70 | 119 | 108 | 55,225 | 108 | 48 | 12 | 446,334 |
| 71 | 26 | 2 | 63,865 | 109 | 124 | 113 | 472,522 |
| 72 | 88 | 70 | 67,261 | 110 | 124 | 110 | 476,387 |
| 73 | 49 | 46 | 74,270 | 111 | 124 | 54 | 522,877 |
| 74 | 119 | 69 | 76,326 | 112 | 24 | 19 | 533,065 |
| 75 | 99 | 55 | 77,349 | 113 | 48 | 9 | 558,213 |
| 76 | 119 | 28 | 87,391 | 114 | 124 | 65 | 579,724 |
| 77 | 26 | 6 | 104,656 | 115 | 127 | 48 | 601,217 |
| 78 | 114 | 80 | 108,433 | 116 | 24 | 11 | 669,394 |
| 79 | 127 | 119 | 109,340 | 117 | 23 | 21 | 722,251 |
| 80 | 68 | 49 | 123,180 | 118 | 24 | 13 | 728,125 |
| 81 | 101 | 14 | 125,609 | 119 | 24 | 23 | 923,321 |
| 82 | 99 | 68 | 141,933 | 120 | 124 | 37 | 930,789 |
| 83 | 127 | 101 | 157,709 | 121 | 124 | 24 | 1145,468 |
| 84 | 114 | 99 | 178,286 | 122 | 124 | 76 | 1420,854 |
| 85 | 100 | 97 | 188,839 | 123 | 22 | 15 | 1676,111 |
| 86 | 124 | 75 | 195,856 | 124 | 127 | 124 | 2102,688 |
| 87 | 26 | 10 | 197,541 | 125 | 127 | 112 | 2858,153 |
| 88 | 127 | 59 | 242,416 | | | | |

Anmerkung: Als Bezeichnung für die Cluster A und B wurden die höchsten Nummern der zu diesen Clustern gehörenden Mikroregionen angenommen

Wie die Abb. 1 zeigt, bilden die sieben mit I—VII markierten Cluster ziemlich gut voneinander getrennte Klassen. Die objektreichste Anhäufung I, die sich aus 83 Mikroregionen zusammensetzt, stellt die niedrigste Hierarchiestufe dar. Den nächsten Hierarchiestufen entsprechen die Anhäufungen II (mit 8 Objekten), III (26), IV (6), V (1), VI (1) und VII (2). Es soll dabei nochmals hervorgehoben werden, daß für die Zugehörigkeit einzelner Mikroregionen zu einem Cluster nicht nur die Anzahl und der Charakter der in ihr auftretenden Handelsbranchen entscheidet, sondern auch die erzielte Umsatzhöhe, die gewöhnlich mit der Geschäftsgröße und dem Sortiment der dort angebotenen Waren zusammenhängt.

Im *Cluster I* kann man 10 Subgruppen (a—j) unterscheiden, deren innere Ähnlichkeit sich auf andere Eigenschaften stützt. Grundsätzlich ist diese Subgruppierung das Resultat einer unzureichenden Ausstattung einzelner Mikroregionen mit Geschäften, die die Konsumenten mit den Waren des täglichen Bedarfs versorgen. Die Grundlage dieser Subcluster bilden die Lebensmittelgeschäfte sowie Geschäfte mit Zeitungen und Tabakwaren (Kioske). Die Mehrheit der Objekte wird ebenfalls durch Fleischwarengeschäfte charakterisiert, in ca. einem Drittel der Mikroregionen dieses Clusters sind auch zusätzlich Alkohol-, Obst- und Gemüseläden wie auch eine Apotheke vorhanden. Andere Einzelhandelszweige kommen nur vereinzelt vor; ihre Geschäfte sind klein und erzielen einen niedrigen Umsatz.

Als Charakteristika der zum *Cluster II* gehörenden Objekte kann man folgende Branchen nennen: Lebensmittel, Zeitungen und Tabakwaren, Fleischwaren, Obst und Gemüse, Arzneimittel, Kosmetika und Drogerieartikel, Kurz- und Galanteriewaren, Bekleidung, elektrotechnische Erzeugnisse, Papier- und Spielwaren sowie Fachbücher. Zu diesem Cluster gehören ausschließlich Mikroregionen des Zentrums, deren spezialisierter Charakter vor allem darauf beruht, daß sich das dort vorhandene Einzelhandelsnetz im großen Ausmaß nicht nur auf die schon aufgezählten Branchen stützt, sondern auch auf zahlreiche Branchen, die höheren Hierarchiestufen eigen sind.

Die Gruppe der für das *Cluster III* charakteristischen Merkmale ist reicher. Zu den ersten 10 Branchen, die zur Charakterisierung der Anhäufung II aufgezählt wurden, kommen noch folgende hinzu: Süßwaren, Textilien, Fisch, Textilien und Bekleidung, Schuhe, Haushaltwaren und Bücher. Ziemlich oft sind hier auch Menüläden, Delikateßwaren, Tankstellen, Strickwaren, Ledergalanteriewaren, Metallwaren, Radio- und Fernsehgeräte, Möbel, Sport- und Reiseartikel, Eier- und Geflügel, Back- und Milchwaren, Kosmetika und deren Artikel, Fotooptik und Brennstofflager vorhanden. Die zum Cluster III gehörenden Regionen werden durch ein sehr gut ausgeprägtes, marktähnliches Kleinhandelsnetz charakterisiert (Obst-Gemüsestände, Lebensmittelstände, Stände mit Getränken und Süßwaren, mit Lebensmitteln und Agrarprodukten, Gewerbekioske und Blumenkioske).

Das *Cluster IV* umfaßt 6 Mikroregionen mit einem sehr abwechslungsreichen Handelsnetz. Außer dem für das Cluster III charakteristischen Komplex von Eigenschaften (mit Ausnahme der Haushaltwaren) sind hier Bekleidungs- und Modehäuser, Buchhandlungen, Kommissionsläden, Konfektions- und Galanteriewaren, Musikartikel, Pelze, Uhren und Schmuck, Souvenirs, Kunstgewerbe und Antiquitäten vorhanden.

Die zwei je aus einem Element bestehenden *Cluster V und VI* unterscheiden sich sowohl von den bisher genannten als auch im Verhältnis zueinander. In den beiden Mikroregionen ist fast der gesamte Komplex von Eigenschaften, die die Objekte im Cluster III besitzen, vorhanden — mit Ausnahme von Textilien, Bekleidung und Delikateßwaren —. Zusätzlich fehlen im Cluster V auch die Textil-Strickwaren sowie Sportartikel und im Cluster VI

Kurz- und Galanteriewaren, Radio-Fernsehgeräte, Möbel, Eier und Geflügel, Back- und Milchwaren sowie Kosmetika und chemische Erzeugnisse. Die beiden Cluster werden weiterhin dadurch charakterisiert, daß sie Uhren- und Schmuckläden sowie auch Kommissionsläden besitzen. Unter den übrigen Handelsbranchen, die der höheren Hierarchiestufe (Anhäufung IV) eigen sind, sind im Cluster V Textilien und Galanteriewaren und im Cluster VI ein Bekleidungshaus und eine Musikalienhandlung vorhanden.

Die Spezifik der inneren Struktur dieser Cluster beruht aber vor allem darauf, daß sie einen höheren Konzentrationsgrad verschiedener Branchen aufweisen, die vereinzelt auch in den anderen Mikroregionen Warschaus anzutreffen sind. Im *Cluster V* sind es Sämereien, Pflanzen, Kräuter, Gartengeräte, technische und Gummiartikel, agrarische Produkte und Lebensmittel, Fahrzeuge, Bettwäsche und Dekorationsstoffe, mechanische Haushaltgeräte, Kaufhäuser und Spielwaren und im *Cluster VI* Sämereien und Gartengeräte, Unterwäsche, Schuhzutaten, Kunststoffe, philatelistische Artikel, Devotionalien, Futtermittel, Baustoffe, Bau- und Heizmaterial, Backwaren und Galanteriewaren. Die Spezifik des Clusters V wird größtenteils durch hohe Umsätze der in dieser Mikroregion lokalisierten großen Kaufhalle bestimmt, und im Cluster VI spielt der Markt mit ca. 350 Ständen und überlokaler Bedeutung eine große Rolle.

Die höchste Hierarchiestufe erreicht das *Cluster VII*, das sich aus zwei komplementären Mikroregionen zusammensetzt, die räumlich tangential sind und die zusammen fast alle obengenannten Funktionen des Clusters IV erfüllen (es fehlen hier lediglich Süßwaren, Pelze und Bekleidungshäuser). Dieser Bereich weist einen hohen Konzentrationsgrad an Geschäften unterschiedlicher Branchen auf, die in den anderen Mikroregionen Warschaus nur vereinzelt anzutreffen sind, wie Spielwaren, Bettwäsche und Dekorationsstoffe, Fahrzeuge, Kräuter, Sämereien und Gartengeräte, Unterwäsche, philatelistische Artikel, Devotionalien, Textilien und Schuhe, Presseklubs, Warenhäuser, Kaufhäuser, medizinische Artikel, Antiquariat, Zoohandlungen und Imkerbedarf. Es gibt hier auch die einzigen in Warschau vorhandenen Spezialausstatter (z. B. Haus der Frau, Jugend-Warenhaus, Kinder-Warenhaus, Schuh-Warenhaus). Die Geschäfte aller Branchen sind groß und erzielen hohe Umsätze. Die oben besprochenen Cluster werden auch durch ein gut entwickeltes Saisonnetz marktähnlichen Kleinhandels charakterisiert (Stände mit gebrauchten Büchern, Blumen, Gemüse, Eis und Sodawasser).

## 5. Schlußfolgerungen

Die für das Jahr 1970 durchgeführte Untersuchung beweist, daß die Raumstruktur des Einzelhandels in Warschau hierarchischen Charakter hat — jede Hierarchiestufe wird durch einen entsprechenden Komplex von Einzelhandelsbranchen charakterisiert. Die Differenzierung ihrer räumlichen Verteilung soll in der nächsten Forschungsetappe einer eingehenden Analyse unterzogen werden.

Wie Abb. 2 zeigt, hat die *hierarchische Raumstruktur des Einzelhandels in Warschau* den deutlich *monozentrischen Charakter* eines im Südosten nicht geschlossenen *Ringsystems* mit quantitativ und qualitativ sich ändernder Intensität des Einzelhandelsnetzes; wobei sich die Ringe um das Cluster VII konzentrieren, welches das Zentrum dieses Systems bildet. Unmittelbar an das Zentrum grenzen die Mikroregionen des Clusters IV mit einer hohen Anziehungskraft auf die Konsumenten, denen sich Gebiete mit niedrigerem (Clu-

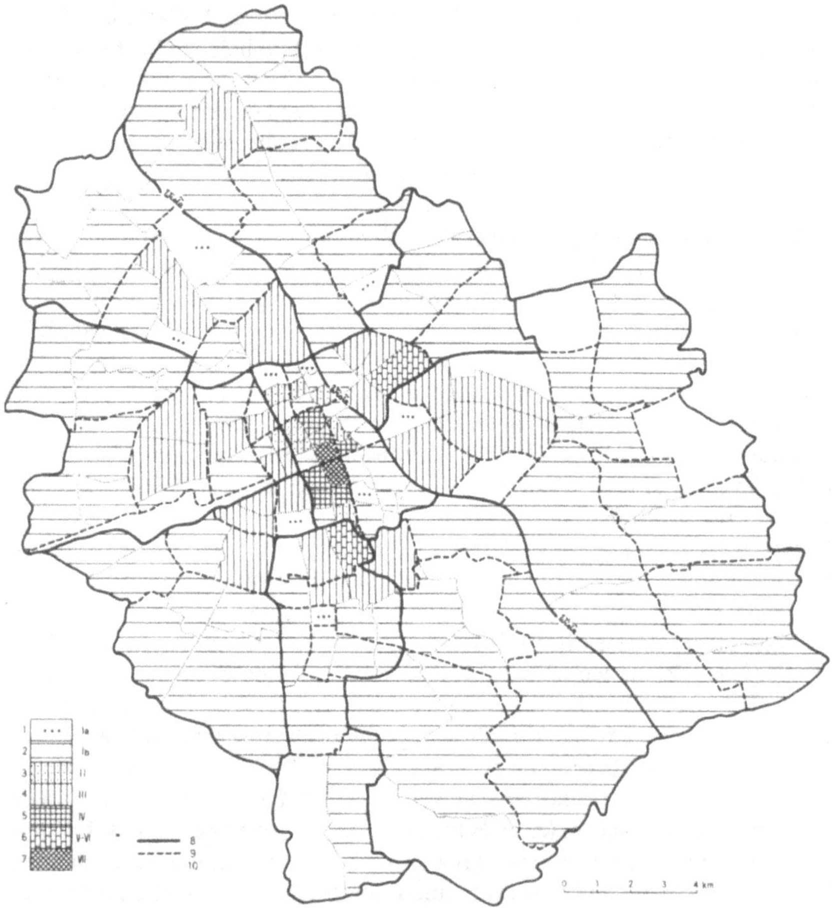

Abb. 2. Hierarchische Raumstruktur des Einzelhandels in Warschau 1970
Legende: 1—7 hierarchische Klassen der Mikroregionen (entspr. Abb. 1)
8 Grenzen von Verkehrssektoren
9 Grenzen von Verkehrsregionen
10 Grenzen von Verkehrsmikroregionen

ster II) oder sehr niedrigem (Cluster Ia, b)[4] Ausstattungsniveau des Einzelhandelsnetzes anschließen. In dem nächsten, nicht geschlossenen Ring der Mikroregionen wird die Anziehungskraft wieder höher (Cluster III). In diesem Ring lassen sich zwei Mikroregionen von sehr spezifischer Struktur (Cluster V und VI)[5] ausgliedern, die sich sowohl voneinander als auch von den übrigen Objekten unterscheiden. Der nächste Ring mit wieder gesunkener Anziehungskraft enthält neben Gebieten mit einer relativ niedrigen Intensität

[4] Aus dem Cluster I wurden in Abb. 2 diejenigen Mikroregionen, die kein einziges Geschäft, sondern nur ein Kleinhandelsnetz mit Kiosken und Ständen besitzen, als Ia dargestellt, und die übrigen Objekte, die zum Cluster I gehören, als Ib bezeichnet.

[5] Die zwei Mikroregionen mit Spezialcharakter (Cluster V und VI) wurden auf der Karte mit derselben Schraffur dargestellt — dabei liegt die als Cluster V bezeichnete Mikroregion südlich vom Zentrum.

des Einzelhandelsnetzes (Cluster I a, b) auch Mikroregionen, die überhaupt keine Einzelhandelsgeschäfte besitzen, sondern konzentrierte Industriekomplexe, nicht völlig bewirtschaftete Gebiete, große Baumkomplexe, Flugplatz, Friedhof usw.

Obwohl das hier präsentierte Bild der *Raumstruktur* des Einzelhandels in Warschau zu Anfang der siebziger Jahre einen deutlich *monozentrischen Charakter* aufweist, scheint eine *polyzentrische Entwicklung* — im Hinblick auf die Cluster V und VI — in der Zukunft möglich zu sein. Interessant wäre es zweifellos, eine derartige Analyse zu einem späteren Zeitpunkt zu wiederholen. Die sich jetzt anschließenden weiteren Untersuchungen sollen einen Vergleich der hier bestimmten Raumstrukturen des Einzelhandels mit anderen Strukturen, insbesondere mit der Bevölkerungsstruktur, behandeln.

## Резюме

Пространственная структура розничной торговли в Варшаве

Цель этой работы-проверка гипотезы о гирархическом характере пространственной структуры розничной торговли в крупных городах по примеру города Варшавы. Эта гипотеза была проверена с помощью „кластер-анализа“.

Для учёбы город был разделён в 127 микрорегионов, характеризованных оборотными суммами 116 отразлей розничной торговли. Чтобы узнать гирархическую структуру, которая состоит из определённого числа гомогенных классов микрорегионов, применились 6 различных гирархических процедур классификации. Дентрограмма классификации строится методом ВАРДа (см. рис. 1).

Семь гирархических классов, дифференцированных числом и характером отразлей торговли, было утвердено. Пространственная структура этой гирархической дифференциации показывает рис. 2. Она имеет характер моноцентрической системы колец разного ранга уровня розничной торговли, которые концентрированы вокруг центрального кластера микрорегионов высшего гирархического класса.

## Summary

The spatial structure of retail trade in Warsaw

The aim of the report is the verification of the hypothesis on the hierarchical character of the spatial structure of retail trade in big cities with on the example of Warsaw. This hypothesis has been verified with use of the cluster analysis.

For the purpose of the study, the city has been divided into 127 microregions characterized by turnover values in individual 116 commercial branches. In order to find an hierarchical structure consisting of a certain number of homogeneous classes of microregions, six different hierarchical classification procedures have been used (see table 1). The classification dendrogram obtained by use of the Ward's method is presented by fig. 1.

Seven hierarchical classes, differentiated by number and character of commercial branches, have been identified. The spatial structure of this hierarchical differentiation is presented on fig. 2. It has the character of the monocentric system of rings of alternative degree of commercial attraction, concentrated around a central cluster of microregions of the highest hierarchical class.

## Literatur

ANDERBERG, M. R.: Cluster Analysis for Applications. Academic Press, New York 1973.

BERRY, B. J. L.: Comercial Structure and Comercial Blight. Department of Geography Research Papers, No. 85, The University of Chicago, Chicago 1963.

BERRY, B. J. L.: Geography of Market Centers and Retail Distribution. Prentice-Hall, New York 1967.

BUCKLIN, L. B.: Retail Strategy and the Classification of Consumer Goods. Journal of Marketing, Vol. 27 (1964) No. 1, 50—55.

CORMACK, R. M.: A Reviews of Classification. The Journal of The Royal Statistical Society, Series A (General), Vol. 134 (1971) No. 3, 321—367.

CHRISTALLER, W.: Die zentralen Orte in Süddeutschland. Eine ökonomisch-geographische Untersuchung über die Gesetzmäßigkeiten der Verbreitung und Entwicklung der Siedlungen mit städtischen Funktionen. Jena 1933.

GARNER, B. J.: The Internal Structure of Retail Nucleations. Northwestern University, Studies of Geography, No. 12 (1966) Evaston.

LANCE, G. M. and W. T. WILLIAMS: A General Theory of Classificatory Sorting Strategies, 1. Hierarchical Systems. Computer, J. 9 (1967) 373—80.

LANGE, S.: Wachstumstheorie zentralörtlicher Systeme, eine Analyse der räumlichen Verteilung von Geschäftszentren. Institut für Siedlungs- und Wohnungswesen der Universität Münster, Münster 1973.

MCCARTY, H. H. and J. B. LINDBERG: A Preface to Economic Geography. Prentice Hall, New Jersey 1966.

POLARCZYK, K.: Struktura przestrzenna usług w mieście Poznaniu. Praca doktorska, Uniwersytet im. A. Mickiewicza w Poznaniu, Poznań (maszynopis powielony) — Raumstruktur der Dienstleistungen in der Stadt Poznań. Dissertation, Universität A. Mieckiewicz, Poznań (vervielfältigte Maschinenschrift) 1974.

ROGERS, A.: Statistical Analysis of Spatial Dispersion. The Quadrat Method. Pion Limited, London 1974.

WISHART, D.: An Algorithm for Hierarchical Classifications. Biometrics, 25 (1969) No. 1, 165—170.

Mgr. IRENA CHUDZYŃSKA, Instytut Geografii i Przestrzennego Zagospodarowania PAN, P 00927 Warszawa, Krakowskie Przedmiescie 30

# Zur Entwicklung von Siedlungssystemen in Agrargebieten der DDR

Von Alfred von Känel

Die Agrargebiete der DDR haben ein hohes Tempo ihrer wirtschaftlichen und gesellschaftlichen Entwicklung eingeschlagen. Zum einen setzt sich der Industrialisierungsprozeß fort und erreicht in dialektischer Verkettung von intensiver und extensiver Erweiterung an einigen Standorten beträchtliche Größenordnungen. Zum anderen ist die qualitative Umgestaltung der Landwirtschaft von hervorragender Bedeutung. Sie bestimmt mit dem raschen Übergang zu industriemäßigen Methoden die Entwicklung der Produktivkräfte auf dem Lande und setzt neue Maßstäbe für die weitere Gestaltung der Siedlungsstruktur.

Mit der Veränderung der Arbeitsplätze und den damit verbundenen neuen Anforderungen an das Bildungs- und Qualifikationsniveau haben sich auch die Bedürfnisse der Menschen auf dem Lande gewandelt und sich weitestgehend denen der Stadtbewohner angeglichen. Dazu trug auch die berufliche Umstrukturierung bei, die für die Nachkriegszeit charakteristisch ist: Mit der ständigen Abnahme des Anteils lebendiger Arbeit im agrarischen Produktionsprozeß wuchs trotz erheblicher Abwanderung vom Land der Anteil der Bevölkerung mit nichtagrarischem Tätigkeitsfeld, die sich entweder auf die neu geschaffenen lokalen Arbeitsstätten von nichtlandwirtschaftlichen Bereichen orientierte oder über den Weg des Pendelns unmittelbar auf städtische Arbeitsplätze.

Der Charakter des Dorfes hat sich grundlegend gewandelt. Den umfangreichen und vielseitigen Bedürfnissen der Menschen entsprechen zahlreiche neu geschaffene Anlagen und Einrichtungen der Infrastruktur. Bedürfnisse, die nicht am Orte selbst befriedigt werden können, werden über intensive und verkehrsseitig erleichterte Beziehungen zu den Städten realisiert. Trotz aller dieser Fortschritte bestehen nach wie vor bestimmte territoriale Unterschiede in den Arbeits- und Lebensbedingungen der Menschen. Einerseits hält die Umgestaltung der Landwirtschaft letztlich noch an, andererseits sind die Realisierungsbedingungen für verschiedene Bedürfnisse der Bevölkerung auf dem Lande noch erschwert; technische Ausstattung und verkehrsmäßige Erschließung sind aus objektiven Gründen oft noch unzureichend. Der erreichte Stand sowie die gewachsene ökonomische Kraft lassen es aber real erscheinen, die letzten noch bestehenden Unterschiede zwischen Stadt und Land zu beseitigen und dabei einen territorialen Niveauausgleich der verschiedenen Gebiete in der DDR zu vollziehen. Das ist auch deswegen möglich, weil der gewachsene Bewußtseinsstand der Bevölkerung ihre unerläßliche Mitwirkung an der Gestaltung ihrer Lebenssphäre auch außerhalb des individuellen Wohnmilieus gewährleistet.

Damit wird die Hauptaufgabe, die der VIII. Parteitag der SED formulierte und der IX. Parteitag bestätigte, in ihren *territorialen Aspekten* realisiert. Die gesellschaftliche Aufgabe erklärt, warum den Fragen der Siedlungsstruktur allgemein — und denen der Agrargebiete im besonderen — in den letzten Jahren auch von Seiten der Forschung große Aufmerksamkeit gewidmet wurde. Hier fand zudem die Geographie ein breites und gesellschaftlich relevantes Betätigungsfeld.

Eines der *zentralen Probleme* bildet dabei die Frage nach den *Siedlungssystemen*, ihrer Entwicklung und rationellen Organisation. Es ist eingebettet in den übergeordneten Prozeß der Urbanisierung, der sich in allen Teilen unseres Landes vollzieht. Im folgenden soll darauf vor allem am Beispiel der Nordbezirke der DDR eingegangen werden.

## 1. Die Zentren

Die Funktionsfähigkeit von Siedlungssystemen hängt entscheidend von den Zentren, besonders den größeren städtischen Knoten ab. Sie nehmen eine Schlüsselstellung bei der Entwicklung der Produktivkräfte ein. *Größe*, *Ausstattung* und *Dynamik der Zentren* und davon abhängig Ausstrahlungskraft, Attraktivität, Diffusion von Innovationen usw. *bestimmen weitgehend* die *Entwicklung der gesamten Siedlungsstruktur eines Territoriums*. Die Zentren sind außerdem Hauptträger des Konzentrationsprozesses der Bevölkerung und der Urbanisierung.

Die Stadt-Umland-Forschung der DDR wies nach, daß wesentliche territoriale Unterschiede in der DDR zwischen Agrargebieten und anderen Teilen des Landes, insbesondere auch hinsichtlich der Verteilung, Funktionsbasis, Ausstattung und Erreichbarkeit von leistungsfähigen Zentren, bestehen.

Daher zeigte sich bei der Bestimmung von *Zentren der Makrostruktur des Siedlungsnetzes* im Rahmen der strategischen Siedlungsstrukturplanung, daß mit den Städten der Siedlungskategorien 1 und 2 (vgl. dazu Kluge 1974 und Ostwald 1975) folgendes wichtige Kriterium nicht erreicht werden konnte: gleichmäßige Verteilung dergestalt, daß sie von der gesamten Umlandbevölkerung in vertretbarem Zeitaufwand (etwa 60 min. reine Fahrzeit) erreichbar sind.

Auf der anderen Seite ist es von den volkswirtschaftlichen Möglichkeiten und besonders von den bevölkerungsmäßigen Rahmenbedingungen (geringer Zuwachs) kaum denkbar, sehr viele Zentren, z. B. alle Kreisstädte, relativ gleichmäßig zu vielseitig strukturierten Zentren der Produktions-, Infra- und möglichst auch Wissenschaftsstruktur weiterzuentwickeln.

Wir sind daher der Meinung, daß eine *bestimmte Auswahl derjenigen Kreisstädte* getroffen werden müßte, in denen sich Investitionsmaßnahmen konzentrieren sollten, und die über die Ressourcen des Umlands eine stabile Zunahme an Einwohnern erreichen könnten. Sie würden ein Netz von Basiszentren und damit Knoten von Siedlungssystemen bilden, in die sich die übrigen Zentren funktionsteilig bzw. in hierarchischer Abstufung einzufügen hätten.

Dabei ist zu beachten, daß auch in stärker agrarisch strukturierten Gebieten das Hierarchieprinzip zentraler Orte mehr und mehr verwischt wird. Die territorialen Beziehungssysteme werden komplexer und komplizierter, die Siedlungssysteme erlangen eine relativ größere Offenheit. Dennoch stellt dieses Prinzip noch eine nützliche Orientierungshilfe für die Planung der Siedlungssysteme dar.

An der Spitze in der *Hierarchie der Zentren* stehen in den Bezirken eindeutig die *Bezirksstädte*. Sie verdanken diese Stellung nicht allein ihrem verwaltungsrechtlichen Status, der eine Konzentration vieler daran gebundener Funktionen nach sich zog, sondern vor allem auch dem systematischen Ausbau ihrer Produktionsfunktionen und aller Bereiche der

Infrastruktur. Bis in die 60er Jahre besaßen *Neubrandenburg* und teilweise *Schwerin* noch nicht diese eindeutige Dominanz im Siedlungssystem ihrer Bezirke. Der beschleunigte Ausbau eines überragenden Zentrums innerhalb der territorialen Dimension von Bezirken erscheint gleichsam als gesetzmäßiger Prozeß in der Entwicklung der Siedlungssysteme agrarisch geprägter Räume. In Analogie zum Bezirk *Rostock* mit seinem relativ hohen städtischen Konzentrationsgrad oder auch zu ähnlichen Räumen (Nord-Polen, Baltische Sowjetrepubliken, Südschweden) ist einzuschätzen, daß das Gewicht der Bezirksstadt mindestens einen Anteil von $^1/_5$ bis $^1/_4$ des Bevölkerungspotentials des zugeordneten Territoriums erreichen kann und muß. Schwerin und Neubrandenburg verfügen noch nicht über diesen Wert; ihre hohe Entwicklungsdynamik aber läßt erkennen, daß sie bald das gekennzeichnete funktionelle und einwohnermäßige Gewicht im Bezirk gewinnen werden.

Für die Entwicklung der *Siedlungssysteme im Raum der Bezirksstädte* ist unter anderem charakteristisch:

— die Ausprägung mehrerer Intensitätsstufen in der Umlandwirksamkeit, deren äußere Grenze mit der Bezirksgrenze zusammenfällt und nur bei besonderen Lagebedingungen (Rostock) auch darüber hinausgeht;
— die Eingliederung benachbarter Kreise mit kleinen Kreisstädten in den unmittelbaren *täglichen Bewegungsraum* der zentripetal gerichteten Personenverkehrsbeziehungen;
— die Umstrukturierung der Kleinstädte ohne Kreisstadtfunktion im Tagespendlerbereich zu ausgesprochenen Wohnsatelliten, eventuell mit industriellen Zulieferproduktionen;
— die Entwicklung von Erscheinungen der Suburbanisierung, auch dort, wo es von der historisch-geographischen Entwicklung der Siedlungsstruktur keine Ansätze dafür gab[1];
— in Verbindung mit dieser Suburbanisierung tendenziell eine Differenzierung der räumlichen Bevölkerungsentwicklung nach Umlandzonen.

Den Bezirksstädten folgt in ausgeprägter Abstufung die Kategorie der *Kreisstädte*. Von ihren grundlegenden Funktionen, die aus dem verwaltungsrechtlichen Aufbau von Staat und Gesellschaft resultieren, erscheinen sie zunächst gleichrangig. Die große Spannweite ihrer Einwohnerzahlen — in den Nordbezirken von 5000—75000 Ew. reichend — läßt aber auf erhebliche Unterschiede in ihrer territorialen Wirksamkeit schließen, die nicht allein auf den äußerst verschiedenen Umfang der Fernfunktionen zurückzuführen sind.

Unter dem Aspekt ihrer Stellung in einem von ihnen determinierten Siedlungssystem, das ihnen schon der Verwaltungsstatus sichert, können wir *3 Gruppen von Kreisstädten* unterscheiden:

a) Kreisstädte *mit überkreislicher* (gebietlicher) bzw. teilbezirklicher *Bedeutung* (wie z. B. Stralsund, Wismar, Greifswald, in abgeschwächter Form Güstrow und Neustrelitz). Sie besitzen ein *weiteres Umland*, das bestimmte Streifen der Nachbarkreise, in einigen Funktionen auch *ganze* Nachbarkreise umschließt. Neben der Bezirksstadt stehen sie im Brennpunkt der Industrialisierung ihrer Bezirke (gegenwärtig z. B. besonders Greifswald und Güstrow). Zusammen mit den Bezirksstädten konzentrieren sie in sich fast das gesamte Potential wissenschaftlicher Einrichtungen und höherer Ausbildungsstätten der Nordbezirke

[1] Hierbei ist zu beachten, daß in der DDR in der Nachkriegszeit diese sonst so ausgeprägte Erscheinung aus verschiedenen Gründen nur geringfügig auftrat. Bis in die 60er Jahre hatten z. B. die Gemeinden auch in der Nähe größerer Städte in Räumen ehedem vorherrschenden Großgrundbesitzes (z. B. Wismar, Güstrow, Greifswald, Neubrandenburg) nur sehr geringe Auspendlerquoten.

b) *Voll entwickelte* und ihr Verwaltungsgebiet eindeutig beherrschende Zentren eines Kreises
c) *Schwächer entwickelte* Zentren eines Kreises, deren Territorien mehr oder weniger stark in höherrangige Siedlungssysteme integriert sind.

Zentren mit breiter Ausstattung und gebietlicher Wirksamkeit [Bezirksstädte und Kreisstädte der Gruppe a)] sind insgesamt in den nördlichen Agrargebieten der DDR so schwach vertreten, daß im Gegensatz zu den Verdichtungsgebieten in der DDR große, zusammenhängende Flächen auftreten, die nur unzureichend in Siedlungssysteme solcher Zentren eingebunden oder integrierbar sind (unter Zugrundelegung einer Reisezeit von 60 min). Daraus erwächst die Notwendigkeit, weitere Kreisstädte mit entsprechenden potentiellen Entwicklungsmöglichkeiten so auszubauen, daß sie etwa den geforderten Bedingungen eines Zentrums der Siedlungskategorie 2 entsprechen.

Wir sind der Meinung, daß von den Keisstädten der Gruppe b) im Bezirk Rostock 2, im Bezirk Schwerin 3—4 und im Bezirk Neubrandenburg 6—7 Städte eine besondere Förderung erfahren sollten, damit sie zusammen mit den vorgenannten Zentren ein *Basisnetz der Städte* bilden können. Die Einzugsbereiche müßten dann so gestaltet werden, daß auch die restlichen Kreise in zumutbare Weg-Zeit-Relationen zu diesen Städten des Basisnetzes gelangen. Einige Städte der Gruppe b) sind bereits als Zentren der Siedlungskategorie 2 bestimmt worden und bauen ihre Struktur, bei vorrangiger Entwicklung der Produktionsfunktionen, in dieser Richtung aus, wie Parchim, Prenzlau oder Waren.

Der mittlere Betreuungsbereich der Zentren dieses Basisnetzes würde — mit geringer Schwankungsbreite in den einzelnen Bezirken — 1280 $km^2$ umfassen. Siedlungssysteme dieser Ausdehnung sind im Falle der kleineren Zentren heute noch nicht funktionsfähig. Aber erst diese Fläche vermag angesichts der geringen Bevölkerungsdichte die notwendige „Mantelbevölkerung" für höherrangige zentrale Funktionen zu erbringen (ca. 50000 Ew.) sowie ein Wachstum auf Mittelstadtgröße (>20000 Ew.) zu gewährleisten.

Im Gegensatz zu den Südbezirken, wo bei der Entwicklung der nach den Bezirksstädten höchstrangigen Zentren auf ein relativ dichtes Netz von Mittelstädten zurückgegriffen werden kann, bedarf es in den Agrargebieten noch außerordentlicher Anstrengungen, um aus der Vielzahl der Kleinstädte einige zu gut ausgestatteten Mittelstädten zu erweitern, so daß sie Zentren von *überkreislich funktionierenden Siedlungssystemen* darstellen können.

Das Prinzip der Zentrenentwicklung sollte sich also auf eine „dezentrale Konzentration" stützen. Limitierender Faktor ist allerdings das verfügbare *Bevölkerungspotential*, das nur über eine *Umverteilung* — in der Regel über Nachwuchslenkung und Wohnungsbau realisierbar — zur Verfügung gestellt werden kann.

Die aus der insgesamt rückläufigen Bevölkerungsbewegung resultierende geringe Entwicklungsspanne ist auch ein Grund, weswegen *nicht für alle Kreisstädte* ein *kontinuierliches Wachstum* postuliert werden kann. Aber auch die kleinen Kreisstädte, darunter die der Gruppe c), sind nach wie vor Konzentrationspunkte des Wohnungsbaus ihrer Kreise. Sie haben daher in den letzten Jahren eine Stabilität der Bevölkerung erreicht, die auch künftig gesichert sein dürfte. In einigen Fällen ist die industrielle Produktion Ursache für ein zeitweilig beschleunigtes Wachstum, das angesichts der geringen Stadtgröße dann *relativ* stark ins Gewicht fällt. Es handelt sich in der Regel um die Ausdehnung bestehender Betriebe infolge lokal vorhandener Ressourcen insbesondere an weiblichen Arbeitskräften. Zum anderen fallen bei dieser Größenordnung schon diejenigen ins Gewicht, die sich aus der Entwicklung der sozialistischen Landwirtschaft ergeben und für die nachfolgenden

Zentrenkategorien zum entscheidenden Faktor werden. Aus alledem folgt eine Stabilisierung ihrer Stellung im Siedlungssystem des Kreises, wobei letzteres nur bedingt für die Kreisstädte gilt, die infolge ihrer Lagebesonderheiten eng mit dem Umland der Bezirksstädte verflochten sind, wie Bad Doberan und teilweise auch Ribnitz-Damgarten im Verhältnis zu Rostock, Gadebusch und teilweise Sternberg zu Schwerin, Altentreptow und teilweise Strasburg zu Neubrandenburg.

Der gekennzeichnete Betreuungsbereich für ein Zentrum des Basisnetzes ist viel zu groß, um sich auch arbeitsräumlich als stabiles System organisieren zu können. Besonders in den peripheren Teilen entsteht der Bedarf nach *ergänzenden Zentren mit* einer möglichst *industriell fundierten Arbeitsplatzstruktur*. Neben den übrigen, d. h. nicht zum Basisnetz gehörigen Kreisstädten sind bereits einige größere Kleinstädte (8000—13000 Ew.) in dieser Richtung wirksam. Sie sind eigenständige Arbeitsplatzzentren mit positiven Pendlersalden und mit Versorgungsbereichen für ca. 20000 Einwohner.

Mit deutlichem Abstand im territorialen Gewicht folgt in den Agrargebieten eine *Gruppe von Kleinstädten* mit meist weniger als 5000 Ew. Sie macht die Masse der städtischen Siedlungen aus, ist aus der typischen Landstadt unterentwickelter Agrargebiete hervorgegangen und stellt — in recht gleichmäßiger Verteilung — kleine Handwerker-, Landarbeiter-, Dienstleistungs- und Marktzentren ihrer rein agraren Umgebung dar.

Im Ergebnis der Transformation unsere Agrargebiete unterscheiden sich die Städte dieser Gruppe heute nicht unerheblich nach wirtschaftlichen Strukturmerkmalen und nach ihrer Stellung im Siedlungssystem. Ihre *Struktur* wird *bestimmt*

— von einer breiten agrarischen Basis, deren statistische Größenordnungen allerdings oft von den „Zufälligkeiten“ der Eingemeindungen abhängen;
— von einer relativ gleichartigen infrastrukturellen Ausstattung, die in der Regel deutlich die Versorgungs- und Betreuungsfunktionen für ein gewisses Umland widerspiegelt;
— von fast durchweg hohen negativen Pendlerzahlen und
— von einer gewissen klein- und z. T. mittelbetrieblichen industriellen Basis.

Diese strukturbildenden Elemente sind jeweils in sehr unterschiedlichen Proportionen zu finden, so daß man die betreffende Stadtgruppe in charakteristische Typen gliedern kann (vgl. v. KÄNEL 1975).

Unterhalb der Ebene der Kreisstädte sind fast alle diese Landstädte wichtige Knoten für eine große Zahl ländlicher Siedlungen. Sie stehen in historisch gewachsenem Zusammenhang mit einem bestimmten Umland, dessen Ausdehnung verschiedengroße Teile eines Kreisgebietes umfassen kann. Mit diesem Umland bilden sie „Elementarsysteme“ bzw. „Kleinsysteme“ in der Siedlungsstruktur ländlicher Gebiete (vgl. ALBRECHT 1972; v. KÄNEL 1970), d. h. Siedlungssysteme unterster Ordnung, die noch einen relativ hohen Grad der Geschlossenheit aufweisen.

Die *Landstädte* sind auf der einen Seite die zuerst in Anspruch genommenen *städtischen Kommunikationszentren* der umwohnenden Landbevölkerung und gehören zu den Trägern des Urbanisierungsprozesses in reinen Agrarräumen, befinden sich aber andererseits in starker Abhängigkeit von übergeordneten Zentren, in der Regel von den zuständigen Kreisstädten, womit ihre Siedlungssysteme einen bestimmten Grad der Offenheit erlangen. Quantifiziert kommt diese Stellung u. a. in den Pendlersalden zum Ausdruck. Trotz eines mitunter beachtlichen Zugangs an Arbeitskräften aus umliegenden Gemeinden entstehen durch Bindung an nächstgelegene Zentren übergeordneter Systeme negative Bilanzen. Dies ist zum einen Ausdruck des Strukturwandels dieser Landstädte, zum anderen auch Ergebnis einer dezentralen, viele ländliche Siedlungen einbeziehenden Verteilung zahlreicher neuer Funktionen nach 1945. Das führte zu einer gewissen Instabilität der Siedlungskleinsysteme, zu Bevölkerungsrückgang und solchen Erscheinungen, die als „Probleme der Kleinstädte“ auch in der internationalen Literatur diskutiert wurden.

Die jüngeren Entwicklungskonzeptionen der Siedlungsstruktur weisen den Landstädten eine fest umrissene Stellung im Territorium zu. Die Städte dieser Gruppe repräsentieren fast durchweg die Siedlungskategorie 4 und besitzen demzufolge als ländliche Siedlungszentren eine Schlüsselstellung in der Versorgung und Betreuung der Landbevölkerung und nicht zuletzt im Bereich der Produktion. Die mit hoher Dynamik ablaufenden Prozesse in der sozialistischen Landwirtschaft beim Übergang zu industriemäßigen Methoden der Produktion revolutionieren die ländliche Siedlungsstruktur und orientieren sich zum großen Teil gerade auf die Landstädte (mit Produktionsanlagen, Sitz von Spezial-LPG, Sitz von KAPs, Lokalisierung dienstleistender Einrichtungen der Landwirtschaft, Betriebe der Verarbeitung). Folgerichtig erweisen sie sich auch als prädestiniert für die Übernahme der Funktion als *Zentren der Gemeindeverbände*, womit sie eine bedeutende Aufwertung erfuhren und ihr Umland teilweise sogar erweiterten. Entsprechend gewinnt der Wohnungsbau, nicht zuletzt auf individueller Basis, größere Dimensionen als zuvor, und wenngleich auch ein ausgesprochenes Wachstum nur zeitweilig in Frage kommt, so würde eine Stabilisierung des Einwohnerstandes bereits einen Umschwung bedeuten; denn nach wie vor existiert angesichts der starken Bindungen an die Arbeitsplätze höherer Zentren ein latenter Abwanderungsdruck. Verluste können jedoch durch Zuwanderung aus dem Umland im Zuge des Konzentrationsprozesses ausgeglichen werden.

Funktionsgewinne treffen nicht immer für alle Landstädte gleichartig zu. Auch künftig wird ein bestimmter Umfang von Arbeitspendlern bestehen und berechtigt sein. Darüber hinaus behalten industrielle Produktionsstätten ihre Bedeutung. Hier zeigt sich überdies ein Trend zur Ausdehnung oder Einrichtung von Betrieben mit spezifischen Arbeitsplätzen für Frauen, da die Landstädte häufig an der kritischen Grenze von Pendelwanderungssystemen liegen, die auf einem *täglichen Bewegungsrhythmus* beruhen, so daß der weibliche Pendleranteil zu den Zentren bereits fühlbar absinkt.

Neben diesen städtischen Zentren existiert eine Reihe von *ländlichen Siedlungen* mit mehr oder weniger umfassender Ausstattung *mit zentralen Funktionen*. Relativ komplex als „infrastrukturelle Grundausstattung“ (vgl. KLUGE 1975) erscheint das Funktionsspektrum in den Siedlungen der Siedlungskategorie 5: das sind große Dörfer, die nach den Städten die wichtigsten Knoten von Produktion und Infrastruktur auf dem Lande darstellen. Einige verdanken ihre relativ zentrale Stellung einer bereits historischen fleckenartigen Entwicklung in städtefernen Räumen, die meisten aber der planmäßigen Funktionsentwicklung auf dem Lande nach 1945. Viele weitere Siedlungen besitzen zwar ebenfalls einzelne Funktionen mit Wirkungsbereichen von mehreren Gemeinden, doch nicht mehr in einer für die Zentren charakteristischen Komplexität, so daß sich zwischen den Gemeinden vielfältige, nicht immer hierarchisch geordnete arbeitsteilige Beziehungen entwickelt haben.

## 2. Das Umland

Mit den ländlichen Siedlungen befinden wir uns bereits im Bereich des Umlands der städtischen Zentren, die natürlich ihrerseits je nach Stellung im System der Zentren ebenfalls zum Umland gehören können. Das Umland der Zentren ist je nach Lage- und Ausstattungsbedingungen der Siedlungen differenziert und je nach Intensität und Reichweite zentraler Funktionen zonierbar. In dialektischer Verknüpfung mit den Zentren bildet es Siedlungssysteme unterschiedlicher Struktur, Ordnung und Geschlossenheit.

Für unsere *agrarisch strukturierten Gebiete* lassen sich folgende *Umlandkategorien* herausstellen:

1. das „*engere Umland*“; es ist bei allen — städtischen— Zentren vorhanden und kommt vor allem in zwei Dimensions- bzw. Integrationsstufen vor:
   — als engeres Umland um die Städte ohne den Status einer Kreisstadt; hier ist es von geringer Ausdehnung und in manchen Funktionen auf eine Kreisstadt orientiert; die entsprechenden Siedlungssysteme sind also relativ offen;
   — als engeres Umland um die Kreisstädte, mit größerer Ausdehnung und festerer Orientierung auf *ein* Zentrum;
2. das *Kreisgebiet*; angesichts der Vielzahl und Wertigkeit kreisstadtgebundener Funktionen und der daraus resultierenden Tatsache, daß Kreisgrenzen sehr wichtige Personenverkehrsscheiden darstellen, muß dem Kreisgebiet die Stellung einer Umlandkategorie eingeräumt werden;
3. das „*weitere Umland*“; es umfaßt geschlossene Gebiete außerhalb des eigenen Kreises einer Kreisstadt, determiniert also die gebietliche Stellung einer solchen.

Für die Bezirksstädte treffen weitere Intensitätsstufen ihrer Umlandwirksamkeit zu, die ihre äußere Begrenzung in den Bezirksgrenzen finden.

Zentrum und Umland bilden zwar veränderbare, innerhalb kürzerer Zeitetappen jedoch stabile Siedlungssysteme. Die gegenwärtig wichtigsten Veränderungen, die zunächst für die Arbeits- und Lebensbedingungen der Bevölkerung ländlicher Gebiete wichtig sind, perspektivisch aber auch die Struktur und Funktionsweise der Siedlungssysteme beeinflussen werden, vollziehen sich durch die Umverteilung der Bevölkerung von kleineren zu größeren Siedlungen. Dieser im Prinzip mit Beginn des industriellen Zeitalters wirksame Prozeß erhält seine besondere Note dadurch, daß im Gegensatz zu früheren Jahren die ländlichen Siedlungen ihre Bevölkerung meist nicht mehr reproduzieren.

Die *Konzentration der Bevölkerung* ist das Resultat der gesetzmäßigen Entwicklung von Produktion (insbesondere Industrie) und Infrastruktur im Rahmen der wissenschaftlich-technischen Revolution. Sie ergibt sich zugleich aus den Erfordernissen der Intensivierung der gesellschaftlichen Produktion und der effektiven Nutzung des Nationaleinkommens.

Neben dieser ökonomischen hat die Konzentration aber auch eine soziale Seite. Sie fußt insbesondere unter den Bedingungen der zersplitterten Wohnweise der Bevölkerung in Agrargebieten auf der Notwendigkeit, einem immer größeren Teil der Bevölkerung die Vorteile des Arbeitens und Lebens in vielseitig strukturierten, gut erschlossenen und versorgten Siedlungen zu gewähren. Unter den Bedingungen stagnierender oder rückläufiger Bevölkerung bedeutet die Konzentration von Einwohnern einen absoluten Schwund in der Masse der Siedlungen, wodurch nur relativ wenigen ein Wachstum gesichert wird.

Die Konzentration ist als ein langfristiger Prozeß anzusehen, der von einer Vielzahl miteinander verknüpfter Faktoren gesteuert wird (vgl. v. KÄNEL 1970) und territorial unterschiedlich abläuft. In den Agrargebieten unterliegt er besonders dem weiten Spannungsbogen zwischen großen, dynamisch wachsenden Zentren, die eine breite Palette von Möglichkeiten zur vielseitigen Bedürfnisbefriedigung sichern, und den zahlreichen Klein- und Kleinstsiedlungen mit ungünstigen Ausstattungs- und Lagebedingungen.[2]

[2] Eine Forschungsgruppe der „Forschungsleitstelle für Territorialplanung“ der Staatlichen Plankommission befaßt sich speziell mit den Problemen der Kleinstädte und kleinen Siedlungen und hat dazu bereits ein interessantes Material erarbeitet. Es ist anzunehmen, daß die wichtigsten Ergebnisse zur Veröffentlichung gelangen werden.

Bereits jetzt liegt die durchschnittliche *Größe der ländlichen Siedlungen* in den Nordbezirken unter 200 Einwohnern. Das ist die Schwelle, die für eine *infrastrukturelle Mindestausstattung* als unterster Grenzwert notwendig ist (z. B. für Verkaufsstellen von Waren des täglichen Bedarfs). Unterstellen wir eine Fortsetzung des gegenwärtigen Trends, so ist in den Dörfern eine Bevölkerungsabnahme von mehr als 20—30% bis etwa 1990 vorauszusehen. Die planmäßige Steuerung dieses Prozesses muß dabei versuchen, einen linearen, in allen Siedlungen gleichmäßigen Verlauf dieses Rückgangs zu verhindern. In Abhängigkeit von Größe, funktioneller Bedeutung, Lagefaktoren, Bausubstanz usw. müssen unterschiedliche Lösungen getroffen werden, und zwar in dem weiten Bereich zwischen Stagnation (eventuell sogar Zunahme) bis zur Auflösung von Siedlungen.

Die außerordentliche Maßstabsvergrößerung der industriemäßig betriebenen sozialistischen Agrarproduktion hat dazu geführt, daß eine Vielzahl von Siedlungen ihre Produktionsfunktion verloren hat. Für die Aufrechterhaltung der Pflanzenproduktion würde bereits heute eine sehr kleine Zahl von Siedlungen ausreichen. Der Bewegungsraum der hier tätigen Menschen umfaßt Bereiche in der territorialen Dimension elementarer Siedlungssysteme. Die Tierproduktion wird noch auf längere Sicht an eine Reihe dezentraler Anlagen gebunden sein, zeigt mit ihren Neuanlagen aber unverkennbar ein hohes Konzentrationsbedürfnis. Ebenfalls auf wenige Standorte in einem Kreis reduzieren sich die verschiedenen dienstleistenden Einrichtungen und Anlagen der Landwirtschaft (vgl. Scherf 1975).

Dieser Entwicklung der Produktivkräfte steht eine *Wohnweise* der Menschen gegenüber, die auf einer überkommenen, äußerst zersplitterten Bausubstanz beruht. Sicher kann man nicht immer die natürliche Verschleißdauer dieser Substanz abwarten, doch ebensowenig ist es aus ökonomischen und anderen Gründen möglich, leichtfertig auf sie zu verzichten. Die Bevölkerungsabnahme setzt sich aber fort. Damit wird es für die verbleibende Bevölkerung möglich, ihren Wohnraum verhältnismäßig billig zu vergrößern bzw. durch Ausbauten zu verbessern. Regional ist außerdem eine Umprofilierung auf Ferienbauten und Zweitwohnsitze festzustellen. Das löst die bestehenden Probleme jedoch nur teilweise.

Immer mehr Siedlungen verlieren die auf die Einwohnerzahl bezogene Basis für die Auslastung infrastruktureller Einrichtungen. Es machen sich variable Übergangslösungen erforderlich: Teiloberschulen, Arzt-Sprechstellen, ambulante Handelsformen und dergleichen. Ein besonderes Problem stellt die Frage der Wasserversorgung und Abwasserbeseitigung dar. Einrichtungen dieser Art werden mit hohem Investitionsaufwand auch in vielen Kleinsiedlungen geschaffen, denn solange Menschen dort leben, gelten für sie naturgemäß die gleichen Entwicklungsnormen wie in größeren Siedlungen. Eine raschere Umsiedlung, die auf lange Sicht möglicherweise gesellschaftlich und ökonomisch effektiver wäre, steht gegenwärtig noch nicht zur Diskussion. Es ist aber denkbar, daß sich die *Abwanderung beschleunigt* fortsetzt, wenn eine bestimmte — variable — Grenze der Einwohnerzahl unterschritten wird, weil durch partielle Entleerung einer Siedlung ein Wohnmilieu entsteht, das den Bedürfnissen der Menschen in der entwickelten sozialistischen Gesellschaft nicht adäquat ist. Dieser Gedanke ist schon deswegen naheliegend, weil die räumliche bzw. bauliche Struktur der großen Masse der Siedlungen in den Nordbezirken *grundsätzlich schwer zu sanieren* ist (ehemalige Gutsdörfer, dann Neubauernsiedlungen mit äußerst ungünstiger Grundrißgestaltung).

Es zeichnet sich ein notwendiger Kompromiß ab zwischen *theoretischen Möglichkeiten* — abgeleitet von der Entwicklung der Produktivkräfte — einerseits und der volkswirtschaftlich vertretbaren Realisierbarkeit andererseits. Hier ist die *konkrete Struktur der*

*Siedlungssysteme* als eine wichtige Determinante der weiteren Entwicklung ins Spiel zu bringen, denn sie läßt den Ansatz zu territorial differenzierten Lösungswegen erkennen.

So sollte z. B. besonders die Konzentration in den Siedlungssystemen der Landstädte gefördert werden, und zwar zugunsten der Stabilisierung des Zentrums und weniger ausgewählter Dörfer. Die Bevölkerung der Kleinsiedlungen dieser Gebiete verzeichnet den doppelten Nachteil: unzureichende Eigenausstattung der Siedlungen und Zentrenferne. Abgeschwächt gilt das auch für die peripheren Teile der engeren Umländer von Kreiszentren. Hier sind die Probleme der Weiterentwicklung im Rahmen der Gemeindeverbände zu lösen, was neben der Konzentration durchaus Neubautätigkeit an mehreren Standorten auf der Grundlage funktionsteiliger Beziehungen zuläßt. In den zentrumsnahen Teilen der Kreisstädte kann dagegen die Entwicklung weitestgehend mit der Abschreibungsrate der Bausubstanz konform gehen.

Die Notwendigkeit der Stabilisierung der Siedlungssysteme durch Konzentration gilt also vor allem in peripheren, d. h. zentrumsfernen Teilen. Sie kann eine gewisse Mindestdichte der Bevölkerung aufrechterhalten. Eine solche kann allerdings nicht mehr von der Landwirtschaft allein getragen werden. Aus diesem Grunde, aber auch aus anderen Erwägungen (Breite des Berufsprofils z. B.) ist mit einem *Fortbestand der Pendelwanderungen* zu rechnen. Stabile Pendlerbeziehungen verlangen jedoch ebenfalls eine Konzentration der Pendlerbevölkerung in größeren, gut ausgestatteten und verkehrsmäßig ausreichend erschlossenen Dörfern. Gegenwärtig erscheint die räumliche Struktur der Pendelwanderungen angesichts der großen Zersplitterung des Pendlerpotentials und vielfach ungünstiger Weg-Zeit-Relationen oft wenig effektiv und stabil.

Das Grundschema territorial differenzierter Konzentration wird durch *weitere Aspekte des Urbanisierungsprozesses* modifiziert. Dazu gehören z. B. die Erscheinungen der Suburbanisation, die sich im Bereich der größeren Zentren erst in jüngster Zeit deutlich ausprägen. Des weiteren verzeichnen wir eine bevorzugte Entwicklung an wichtigen Trassen der technischen Infrastruktur, in erster Linie zwischen den größeren Städten. Die Nutzung des Knoten-Band-Konzepts fördert eine Bündelung von Verkehrslinien und steigert damit gerade in dünn bevölkerten Gebieten die Effektivität der Verkehrsbedienung. Insbesondere besitzt der Bezirk Rostock günstige Voraussetzungen zur Realisierung dieses Prinzips; in Ansätzen läßt es sich für andere Gebiete gleichfalls feststellen.

Noch nicht abzusehen sind gewisse *differenzierende Elemente* in der Entwicklung der Siedlungssysteme, die sich aus der *Spezialisierung* ihrer Gebiete auf bestimmte Zweige der Agrarproduktion ergeben (vgl. Kluge 1976). Gebiete reinen Pflanzenbaus z. B. dürften die Konzentration im Siedlungssystem stärker vorantreiben als solche mit der Spezialrichtung Tierproduktion. Siedlungserhaltende Effekte resultieren dagegen aus der weiteren Profilierung bestimmter Räume zu Erholungsgebieten.

Die gegenwärtige Entwicklung mit ihren ausgeprägten Tendenzen zur Konzentration hat eine wahrhaft historische Dimension. In allen bisherigen Etappen der Siedlungsentwicklung überwog die Richtung der Verdichtung des Siedlungsnetzes. Das 19. und das 20. Jahrhundert trieben die Zersplitterung mit der Anlage von Streusiedlungen ins Extrem. Das Ideal des bäuerlichen Hofes inmitten der Feldflur, dem in kapitalistischen Ländern bis in die 60er Jahre gehuldigt wurde, ist unter sozialistischen Bedingungen in wenigen Jahren zu einem Anachronismus geworden. Industriemäßige Methoden in der Landwirtschaft bedeuten in ihren territorialen Aspekten auch industrieähnliche Standortwahl mittlerer und großer Agrarproduzenten und ihrer Kooperationspartner.

Sie gehen mit Prozessen in der Bedürfnissphäre der Bevölkerung einher, die dem Inhalt der gegenwärtigen Urbanisierungserscheinungen entsprechen. Eine bestmögliche, rationelle Befriedigung der wachsenden Bedürfnisse wird vor allem in größeren Siedlungen erreicht. Angesichts der vertieften Arbeitsteilung zwischen Stadt und Land, der wachsenden Einheit von Stadt und Umland, braucht das keine Massenabwanderung in die Stadt zur Folge zu haben. Es muß jedoch in rationeller Weise eine hohe Kommunikationsdichte für die ländlichen Siedlungen gesichert werden. Das geschieht durch Weiterentwicklung der Zentren, durch Konzentration in einer kleineren Zahl von Dörfern mit optimaler Ausstattung und durch Ausgestaltung der Beziehungen zwischen Dorf und Stadt. Der Ausgleich der Arbeits- und Lebensbedingungen, der auf diese Weise hergestellt wird, bestimmt den Inhalt der weiteren Entwicklung der Siedlungssysteme in Agrargebieten.

## Резюме

О развитии систем расселения в аграрных районах ГДР

В аграрных районах ГДР происходит экономическое и общественное развитие в высоком темпе. Особенно переход к промышленным методам производства в сельском хозяйстве определяет развитие производительных сил в сельской местности и ставит новые масштабы для организации структуры расселения. Профессиональная структура, уровень квалификации и потребности претерпели существенные изменения. Созданы многие установки и сооружения инфраструктуры, и потребности, которые не могут быть удовлетворены на месте, реализуются через интенсивную свясь с городами.

Несмотря на все улучшения, существуют еще определенные различия по сравнению с условиями труда и быта в городах. В настоящее время задача состоит в том, чтобы устранить эти различия. Этому служит, прежде всего, дальнейшее развитие и рациональная организация систем расселения. Сюда входит, во-первых, выбор ступенчатой сети центров. Наряду с окружными городами должны быть избраны определенные районные города, которые вместе с первыми образуют равномерно построенную сеть базисных центров. Следуют другие ступени городских центров с соответствующими определенными функциями.

Отдельные типы центров имеют окрестности различных размеров. Для дальнейшего развития этих окрестностей, в особенности, малых и самых малых населенных пунктов, процессы концентрации населения имеют большое значение. Эта концентрация является закономерным процессом длительного действия, который в отдельности обусловлен многими факторами. Он влияет на структуру систем расселения и должен поэтому планомерно управляться. При этом следует учитывать территориальные дифференцирования.

## Summary

On the development of settlement systems in rural regions of the GDR

The agricultural areas of the GDR are involved in a rapid process of economic and social development. Particularly the transition to industrialized farming methods is decisive for the unfolding of the productive forces in the countryside and is presenting new challenges in connection with the structure of settlements. There have been great changes in the employment structure, the level of training and the needs of people. Many new facilities have been added to the infrastructure, and there are a variety of intensive relations with the cities which help to satisfy needs which cannot be met in the place of residence.

Despite all the improvements there remain certain disparities in working and living conditions between town and countryside. At the present time efforts are being made to narrow the gap, primarily through the further development and rational organization of settlement systems. This involves, first of all, concentration on a network of centers. Alongside the Bezirk towns certain Kreis towns need to be identified which, together with the former, make up a unitary network of basic centers. This is supplemented by some urban centers with specific functions.

The individual types of centers have hinterlands of differing sizes. The ongoing concentration of the population is of decisive importance for the future of these hinterlands, especially as regards the small and very small settlements. This concentration is an inevitable process which extends over a longer period and is caused by a number of factors. It influences the structure of settlement systems and must therefore be controlled according to plan, with differences made from one region to the next.

## Literatur

ALBRECHT, G.: Die Siedlungsstruktur des Bezirkes Neubrandenburg als Objekt territorialer Planung von 1945—1971. Erfahrungen und Probleme der Siedlungsnetzplanung. Diss. (A), Greifswald 1972.

KALISCH, K.-H.: Zur Theorie der Siedlungsstruktur in den vorwiegend agrarischen Gebieten der DDR. Geogr. Berichte, **22** (1977) 2, S. 102—108.

v. KÄNEL, A.: Siedlungsstruktur und Siedlungssysteme in den mecklenburgischen Bezirken. Geogr. Berichte, **15** (1970) 4, S. 249—261.

v. KÄNEL, A.: Grundsätze der Siedlungsstruktur in den Nordbezirken der DDR. Wiss. Abh. d. Geogr. Ges. d. DDR, **12** (1975) S. 45—68.

v. KÄNEL, A. und E. WEBER: Aspekte der Entwicklung von Bevölkerung und Siedlungssystemen in den Nordbezirken der Deutschen Demokratischen Republik unter besonderer Berücksichtigung der Urbanisierung. Pet. Geogr. Mitt., **120** (1976) 2, S. 120—124.

KEHRER, G.: Territorialer Niveauausgleich in der DDR — Ausdruck kontinuierlicher Entwicklung in unserem sozialistischen Staat. Z. f. d. Erdkundeunterr. **28** (1976) 12, S. 449—457.

KLUGE, K.: Entwicklung der Siedlungsstruktur des Bezirkes Neubrandenburg. Wiss. Abh. d. Geogr. Ges. d. DDR, **12** (1975) S. 93—104.

KLUGE, K.: Development of Agriculture and its Effects on Spatial Structure in Rural Territories. International Geography '76 (XXIII. International Geographical Congress), Vol. **12**, S. 278—280.

OSTWALD, W.: Zur Siedlungsweise im entwickelten Sozialismus. Fragen der objektiven Entwicklung und planmäßigen Gestaltung der Siedlungsstruktur der DDR. Wiss. Abh. d. Geogr. Ges. d. DDR, **12** (1975) S. 9—20.

SCHERF, K.: Zu den Wechselbeziehungen zwischen der Siedlungsstruktur und anderen territorialen Teilstrukturen der gesellschaftlichen Reproduktion in der DDR. Wiss. Abh. d. Geogr. Ges. d. DDR, **12** (1975) S. 21—36.

STABENOW, E.: Entwicklungstendenzen im Siedlungsgefüge agrarisch strukturierter Gebiete der DDR. Wirtschaftswissenschaft, **21** (1973) 10, S. 1492—1508.

Dr. sc. ALFRED von KÄNEL, Ernst-Moritz-Arndt-Universität Greifswald, Sektion Geographie, 22 Greifswald, Ludwig-Jahn-Straße 16

# Siedlungs- und Produktionsstruktur des Bezirkes Cottbus

Von HERMANN SCHUBERT

## 1. Zur Stellung des Bezirkes Cottbus im Rahmen der Volkswirtschaft der DDR

Zum Zeitpunkt der Bildung des Bezirkes Cottbus, im Jahre 1952, waren der wirtschaftliche Entwicklungsstand und das Niveau der kulturell-sozialen Bedingungen durch *relative Rückständigkeit* gekennzeichnet. Die Standortverteilung der Produktivkräfte stammte im wesentlichen aus der Periode des Kapitalismus, war einseitig, und das ökonomische Potential war im Vergleich mit Bezirken wie Karl-Marx-Stadt, Dresden, Halle und Leipzig wesentlich geringer.

Auf Grund der Ressourcenstruktur und -verteilung in der DDR im allgemeinen und im Bezirk Cottbus im besonderen setzte als Bestandteil der sozialistischen Entwicklung unseres Landes eine für dieses Gebiet bis dahin ungewöhnliche *dynamische*, territorial differenzierte *Entwicklung* ein. Der Bezirk wurde zu einem Industriebezirk mit leistungsfähiger Landwirtschaft.

Dem Aufbau einer stabilen und leistungsfähigen Energiewirtschaft kommt entsprechend den Beschlüssen unserer Partei und Regierung eine Schlüsselstellung bei der Entwicklung der DDR zu. Der Bezirk Cottbus wuchs zum *führenden Kohle- und Energiebezirk* heran und leistet bei weiteren Spezialproduktionen und -funktionen einen hohen Beitrag für die komplexe Entwicklung der gesamten Volkswirtschaft. Ausgewählte *Kennziffern* des Anteils des Bezirkes am Ergebnis der DDR zeigten 1975 folgendes Bild:

| | |
|---|---|
| Wohnbevölkerung | 5,2% |
| Katasterfläche | 7,6% |
| Waldfläche | 11,2% |
| landwirtschaftliche Nutzfläche | 5,5% |
| Ackerland | 5,3% |
| Grünland | 6,6% |
| Berufstätige (ohne Lehrlinge) | 5,2% |
| industrielle Bruttoproduktion | 5,2% |
| davon Energie- und Brennstoffindustrie | 40,4% |
| chemische Industrie | 5,2% |
| Baumaterialienindustrie | 5,9% |
| Leichtindustrie (ohne Textilindustrie) | 5,1% |
| Textilindustrie | 2,5% |
| Bauproduktion der Bauindustrie | 6,4% |

Die eindeutige Dominanz der *Kohle- und Energiewirtschaft* dokumentiert sich durch folgende Anteile des Bezirkes Cottbus am DDR-Aufkommen:

| | 1952 | 1975 |
|---|---|---|
| Rohbraunkohleförderung | 27% | 54% |

| | | |
|---|---|---|
| Elektroenergieerzeugung | 8% | 49% |
| Brikettherstellung | 28% | 51% |
| Stadtgasproduktion | | 70% |

An *Bodenschätzen* weist der Bezirk Cottbus folgende Anteile am DDR-Aufkommen auf:
ca. 60% der industriell gewinnbaren Rohbraunkohle
ca. 25% der Kiesvorräte
ca. 40% der Spezialsande (insbesondere Glassand)
ca. 50% der Tonvorkommen.

Damit trägt der Bezirk Cottbus zur Entwicklung und Vervollkommnung der materiell-technischen Basis der DDR und zur Entwicklung der Volkswirtschaft gewichtig bei.

Eine sehr dynamische Entwicklung vollzog sich auch in der *chemischen Industrie*, beginnend mit dem Neubau des Chemiefaserwerkes in Wilhelm-Pieck-Stadt Guben (1960—1965), der Umprofilierung des Synthesewerkes Schwarzheide (ab 1967) und dem wiedererrichteten Sprelawerk Spremberg. Polyester- und Polyamidseiden, Polyurethane, Herbizide und dekorative Schichtpreßstoffe prägen das Produktionsprofil der großen Chemiebetriebe des Bezirkes.

Die *„traditionellen" Industriezweige*:
Textil-, Glas-, Keramik- sowie Ziegelindustrie sind dagegen anteilig zurückgedrängt. Sie vervollständigen jedoch maßgeblich als gebietstypische Spezialproduktionen die ökonomische Struktur des Bezirkes.

Insbesondere seit dem Sieg der sozialistischen Produktionsverhältnisse auf dem Lande im Jahre 1960 kann die *Landwirtschaft* auf eine sehr erfolgreiche Bilanz verweisen. Auf überwiegend sandigen Böden geringer Ertragsfähigkeit bildeten sich als Spezialrichtungen der landwirtschaftlichen Produktion vor allem Getreide- und Kartoffelanbau und Milchviehhaltung heraus. Revolutionierende Veränderungen im Einsatz moderner Technik und Agrarwissenschaft, im kooperativen Zusammenschluß, im Bildungs- und Kulturniveau führten zu einer überwiegend *industriemäßig betriebenen sozialistischen Landwirtschaft*. 1970 bestanden noch 700 Landwirtschaftliche Produktionsgenossenschaften im Bezirk, die im Durchschnitt 430 ha je LPG bewirtschafteten. Nach dem neuesten Stand führen als Spezialbetriebe 1 VEG (Volkseigene Güter), 17 LPG (Landwirtschaftliche Produktionsgenossenschaften) und 46 KAP (Kooperative Abteilung Pflanzenproduktion), d. h. zusammen 64 Großbetriebe bzw. Kooperationen die *Pflanzenproduktion* durch. Im Durchschnitt bewirtschaften sie je 5200 ha landwirtschaftliche Nutzfläche.

In 16 VEG, 15 ZBE bzw. ZGE (Zwischenbetriebliche bzw. Zwischengenossenschaftliche Einrichtungen) sowie 162 LPG vollzieht sich die *Tierproduktion*. Ein Netz von Agrochemischen Zentren, Betrieben der Landtechnik, von Versorgungs- und Dienstleistungsbetrieben, von Bau- und Meliorationsbetrieben schafft günstige Voraussetzungen für hochproduktive Agrarproduktion.

In Abhängigkeit von der extensiven Entwicklung der Produktionsbasis im Bezirk nahm das *Bauwesen* einen bedeutenden Aufschwung. 1976 waren mehr als 36000 Arbeitskräfte vorwiegend in großen Kombinaten im Industrie-, Wohn-, Gesellschafts-, Tief-, Landwirtschafts- und Meliorationsbau des Bezirkes tätig.

## 2. Kurze Charakteristik der Siedlungsstruktur des Bezirkes Cottbus

Die insgesamt 1434 Siedlungen (589 Städte bzw. Gemeinden mit 438 Ortsteilen und 407 Wohnplätzen) des Bezirkes Cottbus mit einer Wohnbevölkerung von rund 873000 Personen

Ende 1975 ergeben eine durchschnittliche *Siedlungsdichte* von 17 Siedlungen pro 100 $km^2$. Die durchschnittliche *Einwohnerverteilung* beträgt 106 Einwohner/$km^2$ (DDR: 155 Einwohner/$km^2$). Zu diesem Zeitpunkt entfallen 609 Einwohner je Siedlung und 1482 Einwohner je Gemeinde.

Das historisch gewachsene *Siedlungsnetz* ist auf Grund des unterschiedlichen Entwicklungstempos, der Struktur und der Entwicklungsbedingungen der vorherrschenden Produktionszweige in den einzelnen Gebieten des Bezirkes unterschiedlich stark zersplittert. Von den 1434 Siedlungen haben 1232 eine Größe unter 500 Einwohner, davon wiederum 791 Siedlungen unter 200 Einwohner. Die Anzahl der Siedlungen ist in den letzten 100 Jahren nur geringfügig, fast ausschließlich in Folge des Kohleabbaus, zurückgegangen. In den nächsten Jahren wird die Zahl der durch den Braunkohlenbergbau zu devastierenden Siedlungen zunehmen.

Folgender Anteil der *Bevölkerung ausgewählter Gemeindegrößengruppen* an der Bezirksbevölkerung (in %) ist zu verzeichnen:

| Städte bzw. Gemeinden | Vgl. (1867) | 1950 | 1975 |
|---|---|---|---|
| unter 2000 Einwohner (EW) | 64,6 | 42,1 | 29,0 |
| 2000 bis unter 20000 EW | 30,0 | 38,1 | 27,8 |
| über 20000 EW | 5,4 | 19,8 | 43,2 |

Damit wird der kontinuierlich verlaufende Konzentrationsprozeß im Siedlungsnetz des Bezirkes deutlich.

Im Vergleich zur Entwicklung im DDR-Maßstab vollzog sich eine schrittweise Annäherung an den *Konzentrationsgrad*. So nahm der Bevölkerungsanteil in Gemeinden unter 2000 EW von 1955—1975
in der DDR von 28,4 auf 24,6%
im Bezirk Cottbus von 41,0 auf 29,0% ab.
Die Abweichung verringerte sich damit von 12,6 Punkten im Jahre 1955 auf 4,4 Punkte im Jahre 1975.

Der *Zuwachs der Wohnbevölkerung* war in diesem Zeitraum fast *ausschließlich* auf die Kreisstädte bzw. Städte über 10000 EW konzentriert und betrug hier 124,4%. Daran haben in erster Linie die Bezirksstadt Cottbus, die Städte Hoyerswerda, Weißwasser, Wilhelm-Pieck-Stadt Guben, Lübbenau, Senftenberg und Finsterwalde Anteil. Die Wohnbevölkerung dieser 7 Städte stieg im Ergebnis planmäßig gelenkter Entwicklung allein 1975 gegenüber 1964 auf 135%. Als *Hauptmerkmale der Entwicklung* sind
— eine relativ hohe Stabilität der vorhandenen Siedlungsstruktur und
— eine wachsende Konzentration der Bevölkerung auf die Städte festzustellen.

Die starke *Zersplitterung des Siedlungsnetzes* und der hohe Anteil kleiner und kleinster Siedlungen wirkt hemmend auf die Verbesserung und die territoriale Angleichung der Arbeits- und Lebensbedingungen der Menschen sowie auf die Entwicklung der modernen Großproduktion. Die Zersplitterung der Siedlungsstruktur beeinträchtigt auch die Entwicklung funktions- und bedarfsgerechter sowie effektiver Kapazitäten der Produktions- und Infrastruktur. Ein besonderes Schwergewicht der Verbesserung der Arbeits- und Lebensbedingungen richten wir auf die Entwicklung sozialistischer Wohnbedingungen.

Die *Siedlungsstruktur* bietet im Bezirk Cottbus im Hinblick auf die Nutzbarkeit der Substanz, die Funktionsteiligkeit der Siedlungen und andere Faktoren *günstige Voraussetzungen* für die weitere Entwicklung. Das Netz der Siedlungszentren der Kategorien 1 bis 3 wird durch eine Reihe von Kleinstädten und relativ stabile große ländliche Siedlungen der Kategorien 4a und 5a mit überörtlichen Funktionen ergänzt bzw. komplettiert. Es bestehen weiterhin eine Reihe überörtlicher funktioneller Beziehungen zu Zentren der Nachbarbezirke, die beibehalten werden. Das betrifft besonders Riesa, Torgau und Wittenberg.

Zwischen der territorialen *Produktions- und Siedlungsstruktur* bestehen enge *Wechselbeziehungen*. Bei der planmäßigen Entwicklung der Produktions- und Siedlungsstruktur kommen den staatlichen Organen auf Bezirksebene bedeutende Aufgaben zu, um auf die Förderung oder Begrenzung der Strukturelemente Einfluß zu nehmen. Auf Bezirksebene werden wesentliche Schritte der Umsetzung staatlicher Siedlungspolitik auf das konkrete Territorium, die Individualität der siedlungsstrukturellen Zusammenhänge und einzelne Siedlungen vollzogen. Auf der Grundlage einer Reihe von *Konzeptionen und Beschlüssen der staatlichen Organe* organisieren wir die Leitung und Planung dieser Aufgaben.

Im *Bezirk Cottbus* bestehen dazu unter anderem:

— ein Beschluß des Rates des Bezirkes zur langfristigen Entwicklung der Siedlungsstruktur;
— Konzeptionen zur Standortverteilung der Produktivkräfte;
— Beschlüsse des Rates des Bezirkes zur langfristigen Wohnungsbaukonzeption für den Zeitraum bis 1990;
— langfristige Konzeptionen zur Errichtung von gesellschaftlichen Einrichtungen;
— Beschlüsse des Bezirkstages zur Festsetzung von Bergbauschutzgebieten;
— der Generalverkehrsplan des Bezirkes;
— konzeptionelle Arbeiten zur Landschaftsplanung;
— Generalbebauungs- und -verkehrspläne für ausgewählte Städte sowie
— Konzeptionen zur Entwicklung ausgewählter Gebiete.

Aus diesen grundlegenden Konzeptionen und weiteren Materialien werden, ausgehend von den zentralen Vorgaben, für den jeweiligen *Fünfjahrplanzeitraum* die konkreten Etappen der Entwicklung der Produktionsstruktur und Siedlungsstruktur festgelegt. Ein wichtiges Instrument der konkreten Umsetzung bilden auch die Standortverfahren bei der territorialen Investitionseinordnung.

## 3. Entwicklung der Produktionsstruktur

Im Bezirk Cottbus sind 340 Industriebetriebe mit rund 160000 Beschäftigten lokalisiert. In den *Größengruppen der Betriebe* zeigt sich folgendes Bild:

| Größengruppe | Anzahl der Betriebe |
|---|---|
| bis 100 Beschäftigte | 194 |
| 101 bis 1000 Beschäftigte | 119 |
| 1001 bis 10000 Beschäftigte | 25 |
| über 10000 Beschäftigte | 2 |
| | 340 |

Bei den Betrieben über 1000 Beschäftigte dominieren die neu aufgebauten Betriebe der Kohle- und Energiewirtschaft und der Chemie sowie das Textilkombinat Cottbus. Bei der Mehrzahl der übrigen Betriebe ist eine Zersplitterung auf mehrere Betriebsteile und Produktionsstandorte zu verzeichnen. *Hohe Industriekonzentrationen* weisen die Kreise Cottbus-Stadt, Senftenberg, Spremberg, Calau, Guben, Forst, Weißwasser, Hoyerswerda und Finsterwalde auf.

Mit der Entwicklung der territorialen Produktionsstruktur waren im Bezirk Cottbus eine Reihe spezieller Einwirkungen auf die Territorial- und insbesondere die Siedlungsstruktur verbunden.

### 3.1. Spezielle Einwirkungen durch die Entwicklung der Energiewirtschaft

Die Stärkung der *energetischen Basis der DDR* auf dem Territorium des Bezirkes Cottbus seit den 50er Jahren verursachte über die Produktionsstruktur eine stark extensive Entwicklung im Territorium. Die notwendige Ansiedlung von Arbeitskräften — auch aus anderen Bezirken der DDR — hatte eine sehr dynamische Entwicklung ausgewählter Zentren zur Folge. Die Einordnung der Vorhaben und die Festlegung des jeweiligen Wohnstandortes der Beschäftigten war das Ergebnis umfangreicher Standortuntersuchungen.

— Ein erstes wichtiges Vorhaben war die territoriale Einordnung der *Großkokerei Lauchhammer* Anfang der 50er Jahre. Erstmalig in der Welt wurde hier Hochtemperaturkoks auf Braunkohlenbasis erzeugt. Bei der Lokalisierung spielte die Nähe vorhandener Brikettfabriken eine große Rolle. 4 ehemals selbständige Bergarbeitergemeinden wuchsen durch konzentrierten Wohnungsbau zur „Stadt Lauchhammer" zusammen.

— Ein bedeutendes Vorhaben mit entscheidendem Einfluß auf die territoriale Produktionsstruktur und die Siedlungsstruktur war der Aufbau des *Gaskombinates „Schwarze Pumpe"*. Das Braunkohlenveredlungskombinat und die dazu aufzuschließenden Tagebaue erforderten, 18000 Arbeitskräfte zu gewinnen und größtenteils anzusiedeln. Als mögliche Wohnstandorte wurden 1954 Burghammer, Spremberg-Nord, Graustein und Hoyerswerda untersucht. Im Ergebnis der Untersuchungen wurde *Hoyerswerda als Wohnstandort* und damit gleichzeitig als gebietliches Zentrum bestimmt. Übergeordnete Gesichtspunkte der siedlungsstrukturellen Entwicklung, damit verknüpfte Erfordernisse der Lufthygiene, der Aufwand für technische und soziale Infrastruktur, die Verkehrsbeziehungen, Naherholungsmöglichkeit u. a. Fragen spielten bei der Entscheidungsfindung eine Rolle.

— Im Ergebnis der territorialen Einordnung der *Kraftwerke* Lübbenau (1300 MW) und Vetschau (1200 MW) in den Jahren zwischen 1956 und 1960, die mit 50- bzw. 100-MW-Blockeinheiten ausgestattet sind, wurden *Lübbenau* und *Vetschau als Wohnstandorte* entwickelt. Dabei wurden weitere Erfordernisse berücksichtigt.

— Als nächste Vorhaben der Lausitzer Kraftwerkskette beeinflußte die Einordnung des *Kraftwerkes Boxberg* mit 3500 MW installierter Leistung entscheidend die siedlungsstrukturelle Entwicklung. Untersuchungen zum Kraftwerks- und Wohnstandort wurden zuvor in den Kreisen Hoyerswerda, Weißwasser sowie im Bezirk Dresden geführt. In die engere Wahl der Wohnstandorte kamen Hoyerswerda, Weißwasser und Niesky (Bezirk Dresden). Im Ergebnis der Untersuchungen, auf deren Kriterien ich hier nicht mehr näher eingehen muß, wurde eine Bereitschaftssiedlung für rund 1000 Wohnungen in *Boxberg* für das Kraftwerk und die dazugehörigen Tagebaue sowie die Kleinstadt *Weißwasser als Wohnstandort* und Versorgungszentrum ausgewiesen.

— Die territoriale Einordnung des *Kraftwerkes Jänschwalde* mit 3000 MW installierter Leistung auf der Grundlage der Braunkohlevorkommen im Raum Cottbus—Guben—Forst stellt das jüngste Beispiel der komplexen Standortuntersuchungen für ein Braunkohlenkraftwerk dar. Unter anderem wurden Standorte bei Forst und Neuhausen (südlich Cottbus) in Betracht gezogen. Als günstigster *Wohnstandort* für die Beschäftigten des Kraftwerkes und der Tagebaue erwies sich die Bezirksstadt *Cottbus.* Für die Unterbringung der rund 10000 erforderlichen Bau- und Montagearbeiter sind die Städte Peitz, Cottbus und Wilhelm-Pieck-Stadt Guben einbezogen. Die Entscheidung für die Bezirksstadt *Cottbus* als Wohnstandort verbreitert wesentlich das ökonomische Profil und bestimmt ihre *komplexe Entwicklung zur sozialistischen* Großstadt. Natürlich werden alle anderen Aspekte berücksichtigt, die Cottbus entsprechend seiner Funktion als Bezirksstadt, als Zentrum der Makrostruktur des Siedlungsnetzes und im Integrationsprozeß mit unserem polnischen Brudervolk zu erfüllen hat.

Diese Standortentscheidungen zu den Energiekomplexen sind nicht isoliert zu betrachten. Sie sind ein Teil der *Konzeption zur Entwicklung des gesamten Bezirkes.* Dabei werden
— die Ressourcenverteilung, speziell Braunkohle und Wasser,
— die Produktionsverflechtungen,
— die Konzeption der Entwicklung der Siedlungsstruktur,
— die Verkehrssituation und -erfordernisse,
— die infrastrukturellen Bedingungen an den Standorten,
— die lufthygienische Belastung im Territorium
und andere Kriterien herangezogen.

### 3.2. Einige Bemerkungen zur Einwirkung der chemischen Industrie

Ende der 50er Jahre wurden Standortuntersuchungen zur *Lokalisierung eines Chemiefaserwerkes* in der DDR durchgeführt. Als Standorte wurden auch Frankfurt/Oder, Forst und Wilhelm-Pieck-Stadt Guben untersucht. Wilhelm-Pieck-Stadt Guben hatte im Jahre 1950 etwa 26000 Einwohner ohne entsprechend ausreichendes Arbeitsplatzangebot. Dieser Aspekt spielte zusammen mit den Standortbedingungen und den günstigen Lagebeziehungen zur Weiterverarbeitung der Chemiefasern in den Textilbetrieben des Raumes Cottbus—Guben—Forst eine wesentliche Rolle, den *Standort Wilhelm-Pieck-Stadt Guben* zu wählen. Mit seinen über 7000 Beschäftigten — darunter nahezu 1000 polnische Werktätige — bildet dieser Betrieb eine starke ökonomische Basis für die komplexe Weiterentwicklung der Stadt.

Spezielle Erfordernisse traten bei der *Umprofilierung* des *Synthesewerkes Schwarzheide* auf. Dieses Werk war kurz vor Beginn des 2. Weltkrieges errichtet worden, um auf Braunkohlenbasis Benzin herzustellen. Durch eine grundlegende Umprofilierung der Produktion wurde die veraltete und ökonomisch nicht mehr vertretbare Technologie des Fischer-Tropsch-Verfahrens abgelöst. 1967 begann die Produktion von Herbiziden (Pflanzenschutzmitteln), und 1974 erfolgte die Inbetriebnahme der Polyurethanrohstoffproduktion. Die dynamische Entwicklung dieses Betriebes gab der Weiterentwicklung im Territorium, speziell der Städte *Senftenberg* und *Schwarzheide*, entscheidende *Impulse.*

### 3.3. Die Entwicklung weiterer Industriezentren

Bei der Entwicklung weiterer Industriezentren spielt die *Nutzung der heimischen Rohstoffe* ebenfalls eine Rolle. Das betrifft:
- die Nutzung der Tonlagerstätten und Deckgebirgsrohstoffe für Betriebe der Keramik- und Baumaterialienindustrie,
- die Nutzung der Spezialsande für die Glasindustrie u. a.

Weitere Betriebe der Industrie wirken durch intensivere Nutzung der vorhandenen Grundfonds, durch Rekonstruktions- und Rationalisierungsmaßnahmen bedeutend auf die Siedlungsstruktur ein. Dazu gehören der VEB Schwermaschinenbau Lauchhammer, VEB Elfa Elsterwerda, Maschinenbaubetriebe in Finsterwalde, die elektrotechnische Industrie, Konsumgüterindustrie und weitere.

Der vorwiegende Einsatz männlicher Arbeitskräfte in Brikettfabriken, Kokereien, in Tagebauen und bestimmten chemischen Betrieben erforderte, durch die territoriale Planung auch ausreichend weibliche Arbeitsplätze zu schaffen. Neben dem *Einsatz weiblicher Arbeitskräfte* in den Infrastrukturbereichen erfolgte das

| | |
|---|---|
| in Cottbus | besonders durch die Entwicklung des Textilkombinates, |
| in Hoyerswerda | durch Lokalisierung eines Betriebes der Elektrotechnik-Elektronik, |
| in Weißwasser | durch Einsatz der weiblichen Arbeitskräfte in der Glasindustrie, |
| in Lübbenau | durch Einsatz in der gemüseverarbeitenden Industrie, Leichtindustrie und der jetzt vorgenommenen Lokalisierung einer Großwäscherei, |
| in Senftenberg | durch Entwicklung der Leichtindustrie. |

### 3.4. Zur Rolle des Bauwesens

Auf die durch hohe Investitionskonzentration in der Industrie, im Wohn- und Gesellschaftsbau auftretenden Erfordernisse nach einem leistungsfähigen und spezialisierten Bauwesen habe ich bereits hingewiesen. Die vorhandene *Baukapazität* beeinflußt einerseits durch ihre reproduktiven Anforderungen den siedlungsstrukturellen Konzentrationsprozeß an den Bauschwerpunkten, andererseits stellt sie eine gewisse Grenzbedingung in der Entwicklung des Territoriums dar. 1975 wurden für etwa 1,2 Mrd. Mark Bauleistungen im Bezirk Cottbus realisiert. Die weitere Steigerung der Bauaufgaben im Territorium macht die intensive sowie in bestimmtem Maße extensive Entwicklung unserer Bauwirtschaft erforderlich.

### 3.5. Zum Einfluß der Entwicklung in der Landwirtschaft

Zu der bereits zu Beginn getroffenen Einschätzung der *landwirtschaftlichen Entwicklung* sollen hier nur wenige Ergänzungen vorgenommen werden. 42% der Wirtschaftsfläche des Bezirkes Cottbus werden durch die Landwirtschaft genutzt. Die landwirtschaftliche Produktion konzentriert sich auf die Kreise Jessen, Herzberg, Lübben, Luckau, Bad Liebenwerda und den Landkreis Cottbus. Die prinzipielle Gliederung in den *stark industrialisierten Ostteil* und den *vorwiegend agrarisch strukturierten Westteil* wirkt sich auch typisch auf die Siedlungsstruktur des Bezirkes Cottbus aus. Das wird vor allem durch die Verteilung der Groß- und Mittelstädte, die auftretenden Industriedichtegebiete, Arbeitspendlerströme und weitere Erscheinungen deutlich. Die Konzentration der landwirtschaftlichen Produktion auf größere Betriebseinheiten in der Pflanzen- und Tierproduktion und ihre Verflechtung fördern die Entwicklung ländlicher Zentren im Siedlungsnetz.

## 4. Zu einigen Zusammenhängen von Bevölkerungsentwicklung und Siedlungsstruktur

Entsprechend des starken ökonomischen Wachstums gehört der Bezirk Cottbus seit Jahren zu den *Gebieten mit steigender Bevölkerungszahl.* Es ist ein planmäßiger Wanderungsgewinn aus anderen Bezirken zu verzeichnen. Das ist auch langfristig konzipiert.

Über den komplexen Wohnungsbau in günstiger Entfernung zu den Arbeitsstätten erfolgt die Ansiedlung der Beschäftigten. Auf entsprechende Untersuchungen habe ich hingewiesen. Als *Schwerpunkte im Siedlungsnetz* des Bezirkes Cottbus wurden vorrangig folgende Städte entwickelt:

| Stadt | Einwohner 1950 (rd.) | Einwohner 1975 (rd.) |
|---|---|---|
| Cottbus | 60000 | 100000 |
| Hoyerswerda | 8500 | 67100 |
| Wilhelm-Pieck-Stadt Guben | 26000 | 33700 |
| Senftenberg | 18300 | 30500 |
| Weißwasser | 13800 | 26900 |
| Finsterwalde | 20600 | 22400 |
| Lübbenau | 5500 | 22200 |

Bei der Weiterentwicklung dieser Städte wird von siedlungspolitischen Grundsätzen der DDR und Entwicklungskonzeptionen des Bezirkes ausgegangen.

— So wird *Cottbus* als sozialistische Großstadt, als ökonomisches, politisches, kulturelles und Versorgungszentrum des Bezirkes weiter ausgebaut (Siedlungskategorie 1)[1]. Die Einwohnerzahl wird noch beachtlich zunehmen.

— Die Städte *Hoyerswerda* und *Senftenberg*, die im Verlauf von 25 Jahren von relativ unbedeutenden Städten zu großen Mittelstädten systematisch ausgebaut wurden (Siedlungskategorie 2)[1], werden in ihrer Umlandfunktion und in ihrer Ausstattung mit bedeutenden gesellschaftlichen Einrichtungen weiterentwickelt. Ihre Einwohnerzahl wird differenziert anwachsen.

— Die Funktion der Städte *Finsterwalde* und *Lübbenau* als gebietliche Zentren für den West- bzw. Nordwestteil des Bezirkes wird im Zeitraum der langfristigen Planung systematisch weiter ausgebaut und von weiterer Einwohnerzunahme begleitet.

— Die Bedeutung und Größe der Städte *Wilhelm-Pieck-Stadt Guben* und *Weißwasser* nimmt auf Grund der Produktionskonzentration zu. Im Rahmen der Zusammenarbeit mit der VR Polen verflechten sich die beiderseitigen Planungsrichtungen der Nachbarstädte Wilhelm-Pieck-Stadt Guben/Gubin.

— Neben diesen Schwerpunkten im Siedlungsnetz werden die weiteren Zentren der Siedlungskategorien 3 und 4[1] — überwiegend *Kreisstädte* und *wichtige Industriestandorte* — in ihren Funktionen für das Umland an Bedeutung gewinnen.

[1] entsprechend der Klassifizierung durch die Staatliche Plankommission.

— Eine siedlungspolitisch wichtige Rolle spielt die sozialistische Gemeinschaftsarbeit von Städten und Gemeinden in *Gemeindeverbänden*. In Gemeindeverbänden werden territoriale Voraussetzungen genutzt und geschaffen, um vorhandene Kapazitäten und Fonds effektiver einzusetzen, die Produktions- und Infrastruktur weiter zu entwickeln und die Arbeits- und Lebensbedingungen vor allen Dingen auf dem Lande zu verbessern. Zur Zeit sind im Bezirk 40 Gemeindeverbände wirksam, in denen 62,5% aller Städte und Gemeinden mit 42,7% der Bevölkerung des Bezirkes zusammenarbeiten.

— Auf die unlösbaren Zusammenhänge der Entwicklung der Infrastruktur mit der Entwicklung von territorialer Produktions- und Siedlungsstruktur gehe ich hier nicht näher und bezirkskonkret ein.

Gewichtigen Einfluß haben im Bereich der technischen Infrastruktur
die Fernwärmeversorgung,
die Wasserversorgung und Entwässerung sowie
die Entwicklung der Verkehrsanlagen und -netze.

## 5. Spezielle Planungsprobleme im Zusammenhang mit der Bergbauentwicklung

Die im Bezirk angestellten Untersuchungen lassen einen differenzierten *Einfluß des Braunkohlenbergbaus auf* die *territorialen Teilstrukturen* in den Etappen seines Ablaufs erkennen. Sie kommen komprimiert im Einfluß auf die Siedlungsstruktur zum Ausdruck.

Als *Etappen* lassen sich unterscheiden:

1. die Unterschutzstellung von Braunkohlenlagerstätten und die Vorbereitung des Tagebauaufschlusses;
2. die Grundwasserabsenkung, die sich nach der Abbaufolge über das gesamte Kohlefeld erstreckt;
3. der Tagebauaufschluß mit entsprechender Flächeninanspruchnahme;
4. der großflächige Tagebaubetrieb;
5. das Einstellen der Braunkohlengewinnung sowie
6. die planmäßige Entwicklung der Bergbaufolgewirtschaft.

Dazu kommen selbstverständlich die Einflüsse der Kohleveredlungsbetriebe.

Beginnend bei den Vorbereitungen zur Beschlußfassung über Bergbauschutzgebiete, leiten sich sachlich, räumlich und zeitlich *umfangreiche territoriale Planungsarbeiten* aus der Bergbauentwicklung ab. Sie gehen bis hin zu speziellen Programmen für die territoriale Wiedereingliederung ausgekohlter Tagebaue.

Im Bezirk Cottbus wurden seit Beginn des *Kohleabbaus* 1840 bis Ende 1974 43676 ha Fläche devastiert. Bisher wurden 22360 ha, das sind 51%, wieder urbar gemacht. Allein auf den Zeitraum 1965—1975 entfielen davon 14265 ha. Die Versäumnisse der Vergangenheit werden systematisch beseitigt. 1971—1975 wurden folgende Ergebnisse erzielt:

| | Flächenentzug (in ha) | Flächenrückgabe |
|---|---|---|
| Gesamt | 7793 | 7200 |
| landwirtschaftliche Nutzfläche | 2432 | 2022 |
| forstwirtschaftliche Nutzfläche | 4747 | 3093 |
| Wasser- und sonstige Nutzfläche | 614 | 2085 |

Die guten Ergebnisse bei der *Rückgabe landwirtschaftlicher Nutzflächen* sind auf die selektive Gewinnung, Aushaldung und Verkippung kulturwürdiger Massen im Sonderbetrieb und den Einsatz von Filteraschen zurückzuführen. Die hohe *Rückgabe von Wasserflächen* ist durch das auftretende Massendefizit beim Kohleabbau bedingt.

Die Bergbauentwicklung führt im Bezirk Cottbus durch die maximale Nutzung der Braunkohlenvorräte zu bemerkenswerten *Eingriffen in* das bestehende *Siedlungsnetz*. Bis 1975 wurden bisher insgesamt 48 *Orts-* bzw. *Teilortsverlagerungen* erforderlich, die über 11000 Einwohner betrafen. Der Umfang der notwendigen Umsiedlungen nimmt in den nächsten Jahrzehnten zu. Das wird von uns vollständig *in* die *langfristige Planung der Siedlungsstruktur integriert*. Wir halten es für richtig, für größere zusammenhängende Gebiete komplexe Planungen durchzuführen.

In Zusammenarbeit mit den Organen des Bergbaus, der Wasserwirtschaft, des Verkehrswesens, der Landwirtschaft, anderen wirtschaftsleitenden und örtlichen Staatsorganen haben wir zum Beispiel für das Gebiet, das die *Kreise Cottbus-Stadt*, *Cottbus-Land*, *Guben* und *Forst* umfaßt, eine solche langfristige *Entwicklungsplanung* durchgeführt, die noch präzisiert wird. Diese Planung erfolgt zu einem Zeitpunkt, wo der Bergbau mit den Aufschlußarbeiten in diesem Gebiet erst beginnt. In dieser Planung werden folgende Fragen behandelt:

- Zeitliche Reihenfolge der Tagebauentwicklung, Wirkungen der anzuwendenden Abbautechnologie und der Aufschlußfigur;
- Entwicklung der Produktionsstruktur;
- Entwicklungsperspektive der Siedlungszentren, Einordnung des erforderlichen Wohnungsbaus;
- Umfang der Flächeninanspruchnahme, Feststellung der Orte, die vom Bergbau in Anspruch genommen werden, Standorte des Ersatzwohnungsbaus;
- Vorschläge zu Trassenverlegungen, Führung der erforderlichen Ersatztrassen (gegebenenfalls über Kippengelände) unter Beachtung der zeitlichen Reihenfolge der Tagebauentwicklung;
- Erarbeitung einer Konzeption der Landschaftsentwicklung während und nach der Auskohlung im Zusammenhang mit der Siedlungsnetzentwicklung, mit den Rückgabeflächen für landwirtschaftliche Nutzung, forstwirtschaftliche Nutzung und Wasserflächennutzung bei weitgehender Mehrfachnutzung von Seen (z. B. Wasserwirtschaft und Erholungsnutzung).

Ein weiteres Beispiel komplexer gebietlicher Planung stellt das „*Senftenberger Seengebiet*“ dar[2]. Hier kam es darauf an, ein zusammenhängendes Gebiet von etwa 100 km² Größe, das vom Bergbau total umgestaltet wird, so zu planen, daß am Ende des Umgestaltungsprozesses eine Landschaft entsteht, die für die Volkswirtschaft durch Mehrfachnutzung effektiver und für die Bevölkerung schöner wird als früher. Hier lassen sich alle Vorteile der sozialistischen Planwirtschaft zur Wirkung bringen.

## Резюме

Структура расселения и производства в округе Коттбус

Во время образования округа Коттбус в 1952 году экономический уровень и уровень культурно-бытовых условий характеризовались относительной отсталостью.

[2] vgl. den Beitrag von Laurich.

На основе структуры ресурсов и их распределения в ГДР в целом и в округе Коттбус в частности, началось для этой области до этого небывалое динамическое, территориально дифференцированное развитие как составная часть социалистического развития нашей страны. Округ стал промышленным округом с продуктивным сельским хозяйством. В промышленности ведущее место занимает угольное и энергетическое хозяйство. Соответственно сильному экономическому росту округ Коттбус относится к областям с растущим числом населения и планомерным притоком населения из других округов. Одновременно совершился внутриокружной процесс концентрации населения в пользу районных городов или городов с населением свыше 10000 жителей, в особенности, избранных центров Коттбус, Хойерсверда, Вайсвассер, В.-ПИК-Штадт Губен, Люббенау, Зенфтенберг и Финстервальде.

В процессе развития территориальной производственной структуры возник целый ряд специальных воздействий на территориальную структуру и, в особенности, на структуру расселения. Экстенсивное развитие энергетического хозяйства и вытекающая из этого необходимость заселения рабочей силы привели через определение соответствующего места жилья к динамическому развитию ряда центров и будут иметь влияние на них также в будущем (коксохимический завод Лауххамер, газокомбинат Шварце Пумпе, электростанции Люббенау и Фетшау, электростанция Боксберг, электростанция Еншвальде). Подобное сильное влияние на территорию оказала также химическая промышленность (возведение комбината химических волокон в В.-Пик-Штадт Губен; перепрофилирование синтетического завода Шварцхайде). Преимущественное использование мужской рабочей силы на брикетных фабриках, коксохимических заводах, в карьерах и на определенных химических предприятиях требовало также создания достаточного количества женских рабочих мест (текстильный комбинат Коттбус, Электротехник-Электроник в Хойерсверде, развитие легкой промышленности в Зенфтенберге и т. д.) .

Специальные проблемы возникли в округе Коттбус в процессе развития горной промышленности. Из этого вытекают обширные территориальные работы по планированию, начиная с подготовки принятия решения о горных защитных полосах до разработки программ для территориальной рекультивации пустых карьеров. При возврате сельскохозяйственных полезных площадей благодаря селективной разработке, отбору и отсыпке в отвал культурных почв, а также применению фильтровальной золы достигнуты хорошие результаты. Заметное воздействие оказала добыча бурого угля на сеть поселения. До 1975 года были необходимы перемещения 48 населенных пунктов или их частей (11000 жителей), объем необходимых переселений в следующие десяти-летия возрастет.

## Summary

Settlement structure and production structure of the Bezirk Cottbus

When the Bezirk (administrative county) of Cottbus was established in 1952 it was characterized by relative backwardness as far as economic development and the level of cultural and social conditions were concerned. As a result of the distribution of resources in the GDR in general, and in the Bezirk of Cottbus in particular, the area experienced an especially stormy development in some of its parts and became an industrialized region with a viable agriculture. Brown coal mining and use, and the energy industries predominate. Rapid economic expansion has led to a growth in the population and to the planned migration of people from other Bezirks. At the same time the population began to concentrate in Kreis towns and other towns with a population of more than 10,000, and especially in such towns as Cottbus, Hoyerswerda, Weisswasser, Guben, Lübbenau, Senftenberg and Finsterwalde.

The emerging production patterns had a number of specific effects on the regional structure and particularly the settlement structure. The extensive growth of the energy industries attracted large numbers of people to a number of centers, a development which will continue for some time (these centers include the large coking plant at Lauchhammer, the Schwarze Pumpe gas combine, the power stations at Lübbenau, Vetschau, Boxberg and Jänschwalde). The chemical industry made a similar impact (construction of the synthetic fibre combine at Guben, conversion of the Schwarzheide plant). Since primarily male workers are employed in briquette factories, coking plants, strips mines and certain chemical plants, jobs had to be created for women (the textile combine at Cottbus, electrical engineering and electronics at Hoyerswerda, light industries at Senftenberg etc.).

The mining of brown coal creates specific problems in the Bezirk of Cottbus and makes great demands on regional planning. This includes making decisions on areas to be earmarked for mining and proposing programs for the recultivation of devastated areas. Good progress has been made in the reclamation of farmland by way of preserving the topsoil in the form of dumps and spreading it on devastated areas, and by incorporating filter ash. The open-cast mining of brown coal has greatly affected the settlement network. By 1975 a total of 48 villages had been relocated either entirely or in part, and 11,000 people people had to move. The resettlements will have to go on in the next few decades, with even more people affected.

Dr. HERMANN SCHUBERT, Bezirksplankommission des Bezirkes Cottbus, 75 Cottbus, Neumarkt 5

# Das Senftenberger Seengebiet

Von MARGOT LAURICH

Zum Abschluß des Geographischen Seminars VR Polen — DDR wurde eine *Exkursion* von Leipzig nach dem Bezirk Cottbus und nach Dresden durchgeführt. *Exkursionsschwerpunkt* war das Senftenberger Seengebiet im Bezirk Cottbus, eine Folgelandschaft des Braunkohlentagebaus (vgl. auch den Beitrag von SCHUBERT). Der Raum Senftenberg ist Ausgangspunkt des seit mehr als 100 Jahren umgehenden Braunkohlenabbaus im Bezirk Cottbus und ein *Musterbeispiel* für die Umwandlung eines vom Bergbau zerstörten Gebietes in eine naturnah, abwechslungsreich und reizvoll gestaltete Landschaft.

Das *Senftenberger Seengebiet* entstand bzw. entsteht bedingt durch das Massendefizit infolge Kohlegewinnung als völlig neuer Landschaftstyp, der historisch jung und unter sozialistischen Verhältnissen planmäßig entwickelt wurde. Das Exkursionsgebiet umfaßt insgesamt eine Größe von ca. 100 km$^2$ und schließt die *ehemaligen Tagebaue* Laubusch, Sedlitz, Skado, Niemtsch und Koschen ein. Charakteristisch ist das Entstehen *großer Wasserflächen.* Bedingt durch die Lage im Urstromtal, vollzieht sich der Füllungsprozeß der Tagebaurestlöcher in relativ kurzer Zeit (7—15 Jahre). Der entstehende Speicherraum für die Wasserwirtschaft wird etwa 149 Mio m$^3$ betragen, und nach dem Endausbau wird die Kapazität für ca. 200000 Erholungssuchende/d ausreichen.

Die Exkursion demonstrierte die wichtigsten *Phasen der Entwicklung* vom laufenden Tagebau bis zur Nutzung von Folgelandschaften.

## 1. Tagebau Sedlitz

Aufschluß 1927—1932, Auslauf 1978. Der Tagebau liegt im Urstromtal — an der Grenze zu den Endmoränen des Lausitzer Grenzwalles. Die durchschnittliche Mächtigkeit des pleistozänen/miozänen Abraums betrug 50 m, die des Kohleflözes 10 m. Die entstehende, mehr als 1000 ha große Wasserfläche wird schrittweise zu einem See ausgebaut, der Strandbereiche von insgesamt 2,9 km haben wird. Im Rahmen des Hauptbetriebes wurden kulturwürdige Geschiebemergelmassen gewonnen, nördlich der Ortslage Sedlitz zwischengelagert und danach auf eine Absetzertiefschüttung aufgetragen (0,8—1 m mächtig). Die dadurch gewonnenen 120 ha landwirtschaftlicher Nutzfläche wurden 1978 erstmals in Kultur genommen.

## 2. Ehemaliger Tagebau Skado

Aufschluß 1939, Auslauf 1977. Das Lausitzer Unterflöz war relativ eben und fast ungestört mit einer durchschnittlichen Mächtigkeit von 12 m abgelagert. Das Abraum-Kohle-Verhältnis erreichte im Durchschnitt 3,3:1. Auf Grund der Lage im Urstromtal mußten etwa 80 $m^3$/min. Wasser, d. h. je Tonne geförderter Rohkohle 3—4 $m^3$, gehoben werden. Die ebenfalls mehr als 1000 ha große Wasserfläche wird der wasserwirtschaftlichen Speicherwirtschaft zugeführt, für die Erholungsnutzung werden entsprechende Strandbereiche vorbereitet.

## 3. Flußkläranlage Laubusch

1962—1966 aus dem Endschlauch des Tagebaus Laubusch entstanden. Die Anlage ist 286 ha groß und hat die Funktion, die eingeleiteten sauren Grubenwässer (ca. 120000 $m^3$/d) zu neutralisieren. Die Aufbesserung des pH-Wertes von 3,4 auf 6,8 erfolgt durch den Zusatz von Aschen aus der Brikettfabrik Laubusch und Prozeßabwässern aus dem Aluminiumwerk Lauta. Das auf diese Weise biologisch stark verbesserte Wasser gelangt über die Schwarze Elster in den Senftenberger See. Etwa 9 km Schilfzonen und ein reicher Fischbestand zeugen von der guten Wasserqualität in der Flußkläranlage.

## 4. Ehemaliger Tagebau Koschen

Auskohlung 1972. Der künftige See wird eine Fläche von 506 ha haben und ein Stauraumvolumen von ca. 27 Mio $m^3$ umfassen. Außerdem dient der See dem Hochwasserschutz. Die endgültige Stauhöhe ist noch nicht erreicht. Die weitere Flutung ist in erster Linie von sicherheitstechnischen Problemen des Kippenmassives zwischen Tagebau Koschen und Skado abhängig. Durch hydromechanische Abflachung wurde begonnen, die Kippenböschungen standsicher zu gestalten. Der künftige Strand wird eine Länge von 2,7 km haben. Auf einer Fläche von 25 ha wird Glassand zwischengelagert, der im Sonderbetrieb aus dem Liegenden gewonnen wurde.

## 5. Senftenberger See

Der See entstand durch Flutung des ehemaligen Tagebaus Niemtsch in den Jahren 1966 bis 1973. Er hat eine Wasserfläche von etwa 1200 ha und einen Wasserinhalt von 193 Mio $m^3$. Die Insel ist ca. 250 ha groß und steht unter Naturschutz. Die wesentlichsten Funktionen des Sees sind: Brauchwasserbereitstellung (12,5 Mio $m^3$ Stauraum), Hochwasserschutz und Erholung. Seit 1973 wird der See in Teilbereichen (etwa 6 km Strand) für die Erholung genutzt. 1978 wurden 1,3 Mio Besucher registriert.

Eine *vielseitig gestaltete* und *mehrfach nutzbare Kulturlandschaft* — das ist das *Ergebnis* einer *planmäßig entwickelten Bergbaufolgelandschaft* unter sozialistischen Produktionsverhältnissen. Das Senftenberger Beispiel setzt Maßstäbe für ähnliche Aufgaben in dem vom Braunkohlenbergbau und seinen Folgeindustrien geprägten Bezirk Cottbus.

Dipl.-Geogr. Margot Laurich, Büro für Territorialplanung bei der Bezirksplankommission Cottbus, 75 Cottbus, Karl-Liebknecht-Str. 46

# Quantitative Bestimmung der Innen-, Umland- und Fernfunktionen der Städte mittels Minimum-Requirement-Methode auf der Basis von Beschäftigtenzahlen

Von FRANKDIETER GRIMM, BRIGITTE GROSSER, OTTI MARGRAF und RÜDIGER THOMAS

Die bisherigen Forschungen am Institut für Geographie und Geoökologie der Akademie der Wissenschaften zur Grundstruktur des Siedlungssystems konzentrierten sich insbesondere auf die Umlandfunktionen der Städte. Der Forschungsansatz ist jedoch auf die Untersuchung der Gesamtheit der städtischen Funktionen gerichtet. Das Ziel dieser Arbeit war es daher, für ausgewählte Städte der DDR die *Innen-*, *Umland-* und *Fernfunktionen quantitativ* zu erfassen und daraus eine *Typisierung der Städte* nach ihrer Stellung im Siedlungssystem abzuleiten.

Innenfunktionen kennzeichnen alle durch die territoriale Arbeitsteilung bedingten, innerhalb der Stadt (Siedlung) vor sich gehenden gesellschaftlichen Prozesse, die sowohl zur eigenen inneren Reproduktion der Stadt als auch zur Aufrechterhaltung und Entwicklung der auswärts gerichteten gesellschaftlichen Reproduktionslinien dienen, während Außenfunktionen auf die anderen Städte (Siedlungen) eines Territoriums gerichtet sind.

Außenfunktionen lassen sich nach ihrer Reichweite einteilen in Umlandfunktionen, die flächenhaft auf das die Stadt umgebende Territorium gerichtet sind, und Fernfunktionen, die linienhaft über das Umland hinausreichen.

Die Bestimmung erfolgte für 320 Städte der DDR auf der Grundlage der Beschäftigtenzahlen der Totalbeschäftigtenerhebung 1971 in ihrer zweiglichen Differenzierung (insgesamt 38 Beschäftigungsgruppen). Die Bestimmung des *minimum-requirement* (der *Mindestanteile*) der Innen- und Außenfunktionen erfolgte durch Regression über die Kurven, die sich aus der geordneten Abfolge der Beschäftigtenanteile der 38 Beschäftigungsgruppen ergaben, getrennt für jede der 38 Gruppen und für 9 Einwohner-Größengruppen der Städte. Der Mindestanteil für die Innenfunktionen ergibt sich aus dem absoluten Minimum der Regressionskurve.

Die deutliche Abhängigkeit der Mindestanteile von den Größengruppen der Städte ermöglichte eine erneute Regression des Gesamtwertes und der Werte für die 38 Beschäftigungsgruppen über die 9 Größengruppen. Dadurch wurde eine *Modellkurve* erhalten, die zur Abschätzung des Verhältnisses Innen-/Außenfunktionen für Städte mit einer Einwohnerzahl zwischen 5000 und 1 Million dienen kann.

Die Trennung der Außenfunktionen in Umland- und Fernfunktionen wurde in Anlehnung an ein Verfahren von ILLERIS[1] durchgeführt und basiert auf der Typisierung der Beschäftigungsgruppen nach ihrer unterschiedlichen geographischen Reichweite.

[1] vgl. S. ILLERIS „The functions of Danish towns“, Geografisk Tidsskrift **63** (1964).

Aus den *Berechnungsergebnissen* ergeben sich folgende Hauptaussagen:

— Die *Innenfunktionen* sind sehr eng mit der Einwohnerzahl der Stadt korreliert, diese Abhängigkeit läßt sich durch eine Modellkurve darstellen. Die Werte für die untersuchten Städte betragen im Mittel 7,5% für Städte unter 8000 EW bis über 50% für Großstädte über 150000 EW.

— Die *Umlandfunktionen* sind in ihrem absoluten Wert mit der Stadtgröße korreliert, während der prozentuale Anteil der Umlandfunktionen an den Gesamtfunktionen in erster Linie vom Stadttyp abhängt. Die höchsten Umlandanteile erreichen die Städte von 25000—150000 EW, besonders aber die von 40000—80000 EW.

— Die *Fernfunktionen* kennzeichnen in starkem Maße die Spezifik der Stadt. Die höchsten Absolutwerte werden von den Großstädten und einigen herausragenden Industriestandorten erreicht. Der relative Anteil der Fernfunktionen an den Gesamtfunktionen der Stadt ist umgekehrt proportional der Stadtgröße: Je kleiner eine Stadt ist, desto stärker ist ihre Spezialisierung und desto größer ist der relative Anteil ihrer Fernfunktionen.

Dr. FRANKDIETER GRIMM, Dipl.-Geogr. BRIGITTE GROSSER, Dipl.-Lehrer OTTI MARGRAF, Dipl.-Geogr. RÜDIGER THOMAS, Akademie der Wissenschaften der DDR, Institut für Geographie und Geoökologie, 701 Leipzig, Dimitroffplatz 1

# Analytische Arbeiten zur Arbeitspendelwanderung als Beitrag zu siedlungsgeographischen Forschungen in der DDR

Von Luise Grundmann

Durch die Volks-, Berufs-, Wohnraum- und Gebäudezählung 1971 wurde statistisches Material zur Arbeitspendelwanderung aufbereitet, das eine quantitative Bewertung des Umfanges und der Richtung der Arbeitspendlerbeziehungen sowie der Struktur der Arbeitspendler selbst (Sexualstruktur, Zugehörigkeit zu den Wirtschaftsbereichen) ermöglicht. Die auf diesen Grunddaten aufgebauten Analysen zur Arbeitspendelwanderung haben für siedlungsgeographische Forschungen vor allem in zwei Richtungen Bedeutung:

1. Die Arbeitspendelwanderung ist ein *wesentliches Merkmal der Struktur und der Funktion einer Gemeinde*. Absolute Ein- und Auspendlerzahlen sowie einige davon abgeleitete Kennziffern können zur Typisierung der Gemeinden nach ihrem Pendlerverhalten Verwendung finden. Zur Typisierung in diesem Sinne sind vor allem folgende Kennziffern aussagefähig:
   - *Pendlersaldo* = Differenz zwischen Ein- und Auspendlerzahl,
   - die *Auspendlerquote* = Anteil der Auspendler an den am Ort wohnenden wirtschaftlich Tätigen,
   - die *Einpendlerquote* = Anteil der Einpendler an den in der Gemeinde arbeitenden wirtschaftlich Tätigen,
   - die *Pendlerrelation* = Verhältnis der Einpendler- zu den Auspendlerzahlen,
   - die *Versorgungsquote* der Gemeinden *mit Arbeitsplätzen* = der Anteil der in der Gemeinde arbeitenden an den in der Gemeinde wirtschaftlich Tätigen.

   Mittels einer Kombination mehrerer Kennziffern werden die Gemeinden nach ihrem Pendlerverhalten drei *Haupttypen* zugeordnet: Einpendlergemeinde — Auspendlergemeinde — Wechselpendlergemeinde.

   Innerhalb dieser Hauptgruppen können entsprechend der absoluten Ein- und Auspendlerzahlen pendleraktive Gemeinden und Gemeinden ohne nennenswerte Pendlerbewegungen ausgegliedert werden. Die Analysen weisen eine sehr starke Konzentration der Arbeitsstätten auf wenige Gemeinden nach. Nur etwa 6% aller Gemeinden der DDR können bei der verwendeten Methodik zur Gemeindetypisierung nach dem Pendlerverhalten den Einpendlergemeinden zugeordnet werden, während bei etwa 70% der Gemeinden die Wohnortfunktion (Auspendlergemeinde) überwiegt. In den verbleibenden Gemeinden ist das Verhältnis von Wohnort- und Arbeitsortfunktion relativ ausgeglichen (Wechselpendlergemeinden). Die Arbeitsplätze konzentrieren sich vorwiegend auf die Bezirks- und Kreisstädte der DDR — etwa die Hälfte aller Pendler orientieren sich auf diese Konzentrationspunkte. In den stärker agrarisch strukturierten Gebieten sind über diese Städte hinaus nur einige wenige Klein- und Mittelstädte Einpendlergemeinden, während in den stärker industrialisierten Gebieten eine Reihe weiterer Städte und Gemeinden diese Funktion übernehmen.

2. Die Arbeitspendelwanderung ist Ausdruck *funktioneller Beziehungen zwischen den Siedlungen* (Städten, Gemeinden). Sie kann stellvertretend für weitere Verflechtungsbeziehungen, z. B. für Stadt-Umland-Beziehungen zur Abgrenzung räumlicher Einheiten, wie etwa zusammengehörender Lebens- und Aktionsräume der Bevölkerung, wirtschaftsräumlicher Einheiten, Stadtregionen, Stadt-Umland-Regionen usw. zugrundegelegt werden.

Die Arbeitspendlerbeziehungen sind neben einigen anderen Beziehungskategorien wesentliche *Kriterien bei* der äußeren *Abgrenzung* und bei der inneren *Differenzierung der Stadt-Umland-Regionen* von Bezirks-, Gebiets- und großen Kreiszentren in der DDR. Dabei werden *alle Gemeinden zu* einer entsprechenden *Stadt-Umland-Region zusammengefaßt*, wenn

— mindestens 10% aller Auspendler der Gemeinde und
— mindestens 5% aller Berufstätigen der Gemeinde

in dem ausgewiesenen Zentrum arbeiten. Die Gemeinden der intensivsten Pendlerverflechtungen mit dem Zentrum werden zur Zone der intensivsten Verflechtungen mit dem Zentrum zusammengefaßt. Die nach dieser Methodik der zentrumsorientierten Pendlerbeziehungen abgegrenzten Regionen liegen innerhalb der territorial sehr unterschiedlich ausgebildeten Pendlereinzugsbereiche der bedeutenden Arbeitsplatzschwerpunkte. In den stark industrialisierten Gebieten, die darüber hinaus noch durch ein dichtes Siedlungsnetz gekennzeichnet sind, orientieren sich die Arbeitspendler nicht auf ein Zentrum allein, sondern auf mehrere Einpendlergemeinden. Die starken und polyzentrisch orientierten Pendlerbeziehungen führen zu einer Überlagerung der Pendlereinzugsbereiche sowie zu einer Überlagerung von Stadt-Umland-Regionen.

Dr. Luise Grundmann, Akademie der Wissenschaften der DDR, Institut für Geographie und Geoökologie, 701 Leipzig, Dimitroffplatz 1

# Zur Erreichbarkeit von Städten in der DDR aus dem Umland mittels öffentlichen Personenverkehrs

Von Günter Taege

Die am Institut für Geographie und Geoökologie der Akademie der Wissenschaften der DDR seit mehreren Jahren betriebenen Verkehrsuntersuchungen ordnen sich ein in die umfassende Zielstellung der Erforschung und Gestaltung von Verflechtungsbeziehungen zwischen Zentren und ihrem Umland (Grimm/Hönsch/Taege 1972; Taege 1973; Grimm/Hönsch 1974; Krönert/Schmidt 1974). Maßgebend ist die von Partei und Regierung der DDR gestellte Hauptaufgabe, wonach unter anderem in allen Gebieten der DDR verbesserte und möglichst qualitativ ähnliche soziale Arbeits- und Lebensbedingungen erreicht werden sollen.

Bekannt war bislang die Bedeutung mehrerer Typen von Zentren — nämlich Kreis-, Gebiets- und Bezirkszentren — und ihre Ausstattung mit Einrichtungen für administrative, versorgungs- und arbeitsräumliche Stadt-Umland-Beziehungen, jedoch fehlte ein Überblick über die räumliche Ausstrahlung bzw. Gravitation der Zentren nach Richtung, Reichweite, Kapazität, Frequenz usw.

Um hierüber einen Überblick zu gewinnen, wurde der *öffentliche Personenverkehr* (*Eisenbahn- und Busverkehr*) analysiert, da dieser als Träger und Realisator hier in Frage kommender personenbezogener Stadt-Umland-Beziehungen eine wichtige Rolle in der DDR spielt. Als entscheidende und verfügbare Daten sowohl für verkehrsgeographische als auch für stadtfunktionelle und volkswirtschaftliche Aspekte erwiesen sich

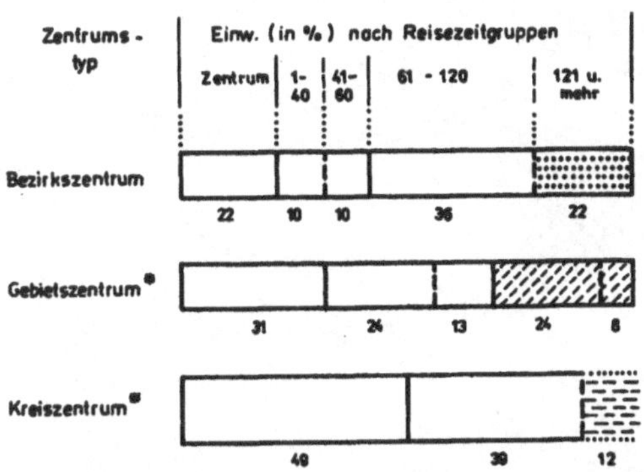


* einschließlich der höherrangigen Zentren

Abb. 1. Verkehrsanbindung der Einwohner der DDR an Zentren mittels öffentlicher Verkehrsmittel und nach Reisezeit (min)

— Reisezeiten,
— Fahrthäufigkeiten,
— km-Entfernungen
und deren Kombination zu
— aggregierten Kennziffern
geeignet, wobei die Einwohnerzahlen der Gemeinden als Bezugsgröße dienten. Im folgenden sollen einige Ergebnisse und Erfahrungen dargestellt werden.

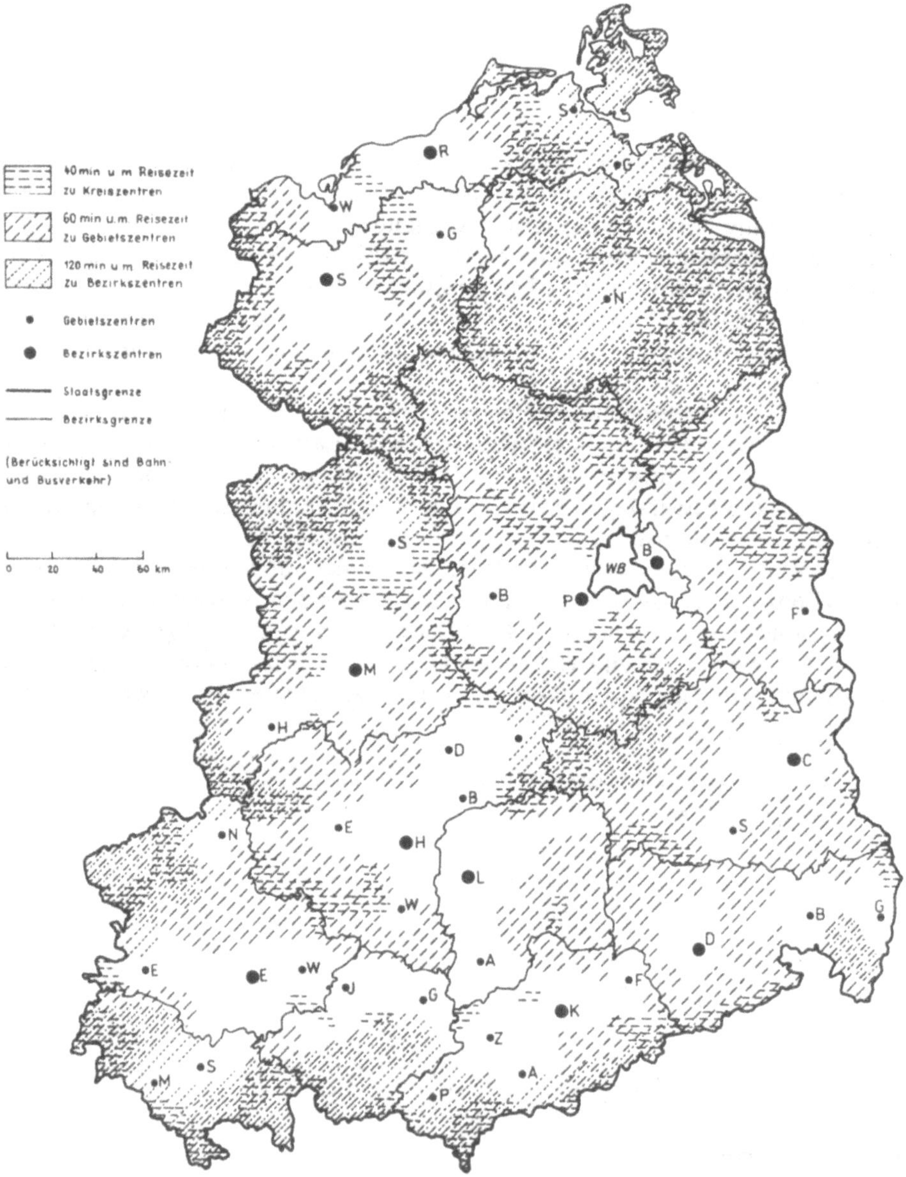


Abb. 2. Verkehrsanbindung der Einwohner der DDR an Zentren mittels öffentlicher Verkehrsmittel und nach Reisezeit

Die zumeist sehr günstigen Lagebeziehungen der *Kreiszentren* zu ihrem Umland zeigen, daß 88 % der ca. 17 Mill. Einwohner der DDR in den Zentren bzw. *bis zu 40 Minuten Reisezeitdistanz* davon wohnen (vgl. Abb. 1). Das Verkehrssystem der Gemeinden ist grundsätzlich auf die Kreisstadt ausgerichtet, nur 3 % der DDR-Bevölkerung würden kürzere Reisezeiten zu einer benachbarten Kreisstadt benötigen.

Wenn auch den *Gebietszentren* kein administratives Territorium zugeordnet ist, so erscheint für diesen Zentrumstyp mit seinen spezifischen Funktionen eine *Reisedistanz von 60 Minuten* angemessen. Bei der Verkehrserreichbarkeit mit durchschnittlich 68 % der DDR-Bevölkerung für diese Distanz (vgl. Abb. 1) muß aber die räumliche Verteilung der Zentren berücksichtigt werden, wobei im Norden der DDR deutlich ungünstigere Lagebeziehungen festzustellen sind als im Süden, wo innerhalb dieser Distanz aus dem Umland mehrere Zentren erreicht werden können (vgl. Abb. 2).

Noch unterschiedlicher sind die verkehrsgeographischen Bedingungen bei den *Bezirkszentren* bzw. Bezirksstädten, wie Abb. 1 ausweist.

In der kartographischen Überlagerung dieser Verkehrsareale (Abb. 2) zeichnen sich *Gebiete mit günstigen und ungünstigen Lagebeziehungen* in der DDR deutlich ab und geben damit Hinweise für weitere Überlegungen zur Planung und Gestaltung des Siedlungsnetzes bzw. des Verkehrssystems.

Die Aussagen zur Reisezeit werden in der DDR gebietlich stark modifiziert durch die *tägliche Fahrtenanzahl* der öffentlichen Personenverkehrsmittel, die für die Bevölkerung als Fahrtgelegenheiten ein weiteres Kriterium territorialer Stadt-Umland-Bedingungen darstellen. Die hier ausgewiesenen DDR-Durchschnittswerte (vgl. Abb. 3) für die verschiedenen Zentrentypen unterscheiden sich von Gebiet zu Gebiet beträchtlich. So sind im Norden der DDR viel weniger Fahrtgelegenheiten zu den Zentren vorhanden als in den Ballungsräumen. Durch relativ geringe Fahrtenzahlen sind vielfach auch zentrenferne, an den Grenzen gelegene Gebiete benachteiligt. Die Verkehrspolitik der DDR richtete sich in den letzten Jahren vor allem auf Verbesserungen des Arbeiterberufsverkehrs für Ballungsgebiete und Großstädte, des Systems der Verkehrsverbindungen zwischen Kreisstädten und Bezirksstädten sowie zwischen den Bezirksstädten und der Hauptstadt der DDR, Berlin.

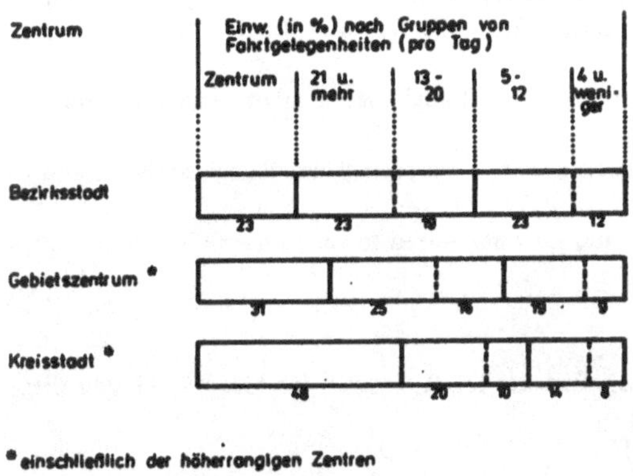


Abb. 3. Verkehrsanbindung der Einwohner der DDR an Zentren mittels öffentlicher Verkehrsmittel und nach Fahrtgelegenheiten (pro Tag)

Die *km-Entfernungen im Straßennetz* bieten ebenfalls Beurteilungsmöglichkeiten für verschiedene Stadt-Umland-Beziehungen (z. B. den wirtschaftsräumlichen Kraftverkehr), aber auch für Vergleichswertungen mit den Reisezeiten der öffentlichen Verkehrsmittel. Die Windungskoeffizienten des Straßennetzes gegenüber der Luftlinienentfernung zwischen Zentren und Umlandgemeinden sind überall in der DDR gering und liegen im Durchschnitt bei 1,19.

Das Charakteristikum derartiger verkehrsgeographischer Untersuchungsergebnisse liegt vor allem darin, Indikator für ein weites Spektrum von Stadt-Umland-Beziehungen zu sein. Die hier generalisierenden und abstrahierenden Verkehrsaussagen ermöglichen für die gesamten territorialen Zusammenhänge von Stadt und Umland günstige Übersichten zur Problemerfassung.

Dies gilt auch für *aggregierte Kennziffern* als einem synthetischen Ausdruck der Verkehrsanbindung einer jeden Gemeinde bzw. der verkehrsbezogenen Arealzugehörigkeit zu Zentren. Im Institut für Geographie und Geoökologie wurden Kennziffern verwendet in Form eines einfach gebildeten Quotienten, der sogenannten *Anbindungszahl* = Reisezeit : Fahrthäufigkeit (TAEGE 1973) oder in Form der Kombination von Reisezeit + Wartedauer zwischen den Abfahrten (ausgedrückt in min.) bzw. der weiteren Umrechnung mittels Reisegeschwindigkeiten zur sogenannten *Erreichdauer* (ausgedrückt in km/h — vgl. KRÖNERT 1977).

Es zeigte sich, daß für bestimmte siedlungsgeographische Fragestellungen oder Untersuchungen einzelner Stadt-Umland-Beziehungen jeweils sowohl sachlich wie örtlich angepaßte verkehrsgeographische Methoden bzw. Kennziffern auszuarbeiten sind. Eine Erhöhung der Aussagekraft dieser und anderer Verkehrsanalysen wird angestrebt durch die *Zusammenfassung* von Verkehrsaussagen und siedlungsgeographischen Daten *zu* einem *Beziehungsmodell* der Siedlungsnetzstruktur der DDR.

## Literatur

GRIMM, F., HÖNSCH, I. und G. TAEGE: Gebietliche Zentren in der DDR und ihre verkehrsbezogenen Dominanzbereiche. Geogr. Ber. **64** (1972) 3, S. 205—217.

TAEGE, G.: Ermittlung der Verkehrsanbindung als eine Methode zur Analyse und Planung der Siedlungsstruktur — methodische Handreichung und Bewertung. Vortragsthesen zur Arbeitstagung „Entwicklung der Siedlungsstruktur der DDR" vom 1.—3. 11. 73; Hrsg.: Forschungsleitstelle der SPK u. Fachverband der Berufsgeographen der Geogr. Ges. der DDR.

GRIMM, F. und I. HÖNSCH: Zur Typisierung der Zentren in der DDR nach ihrer Umlandbedeutung. Peterm. Geogr. Mitt. **118** (1974) 4, S. 282—288.

KRÖNERT, R. und R. SCHMIDT: Das Umland von Mittelstädten — dargestellt am Beispielsgebiet Dessau. Peterm. Geogr. Mitt. **118** (1974) 4, S. 289—293.

KRÖNERT, R.: City—hinterland regions of large cities and medium—sized towns in the GDR. Manuskript 1977.

Dipl.-Geogr. GÜNTER TAEGE, Akademie der Wissenschaften der DDR, Institut für Geographie und Geoökologie, 701 Leipzig, Dimitroffplatz 1

# Zur Entwicklung der kleinen Siedlungen in Ballungsgebieten in Abhängigkeit von ihrer Funktion und geographischen Lage

Von JOACHIM LEYKAUF

Zur planmäßigen Weiterentwicklung der Siedlungsstruktur der Ballungsgebiete entsprechend den Ansprüchen der entwickelten sozialistischen Gesellschaft sind Untersuchungen zu den Entwicklungstendenzen der kleinen Siedlungen notwendig, da die Siedlungen dieser Gruppe gegenwärtig dynamischen Veränderungen unterliegen. Als *kleine Siedlungen* wird dabei die *Siedlungsgruppe zwischen* den *Kleinstsiedlungen und* den *Kleinstädten bzw. Siedlungen städtischen Typs* aufgefaßt.

Nach ihrer *Stellung in der Siedlungsstruktur* sind die kleinen Siedlungen gekennzeichnet durch

- das Vorhandensein von mindestens einem stabilen Funktionsträger;
- die begrenzte Ausstattung mit gesellschaftlichen Einrichtungen;
- das Erreichen noch vertretbarer Kostenschwellen hinsichtlich der infrastrukturellen Mindestausstattung;
- eine starke Differenzierung nach ihrer Lage und Funktion,
- eine Einwohnerzahl im Bereich von 100/200—1500/2000.

Die *Typisierung* der kleinen Siedlungen nach ihrer Funktion auf der Grundlage der prozentualen Anteile an den Totalbeschäftigten (vgl. v. KÄNEL 1968) zeigt, daß ca. drei Viertel aller kleinen Siedlungen in den Ballungsgebieten Halle—Leipzig und Karl-Marx-Stadt—Zwickau durch die Grundfunktion „Wohnen" bestimmt werden. Dieser Anteil wird sich in der Zukunft mit der weiteren Durchsetzung industriemäßiger Produktionsmethoden in der Landwirtschaft noch weiter erhöhen.

Die *dominierenden Funktionstypen* der kleinen Siedlungen in den Teilgebieten der Ballungs- und Ballungsrandgebiete sind:

- Ballungskern (Stadtrandzone): Wohnsiedlungen
- Ballungsfeld FG: Wohnsiedlungen
- Ballungsfeld FV: Wohnsiedlungen, Wohnsiedlungen mit Industriefunktion
- Ballungsfeld FA: Wohnsiedlungen mit Agrarfunktion, Wohnsiedlungen
- Ballungsrandgebiet RE[1]: Wohn-Agrar-Siedlungen, Wohnsiedlungen
- Ballungsrandgebiet RM: Agrar-Wohn-Siedlungen, Wohn-Agrar-Siedlungen
- Ballungsrandgebiet RA: Agrarsiedlungen mit Wohnfunktion, Wohnsiedlungen für Agrarbeschäftigte.

[1] Vgl. D. SCHOLZ „Zur Terminologie des Begriffes Ballungsgebiet und seiner Teilgebiete in der DDR". Peterm. Geogr. Mitt., **116** (1972) 1.

Die *Bevölkerungsentwicklung* der kleinen Siedlungen war sowohl langfristig (1950/1971) wie auch in der jüngeren Vergangenheit (1964/1971) rückläufig, im Durchschnitt zwischen 0,5—1,5% pro Jahr. Nur ca. 5% der untersuchten Siedlungen verzeichneten eine Zunahme der Bevölkerung (vorwiegend Industriesiedlungen und Siedlungen mit Mischfunktionen). Die durchschnittliche Größe (d. h. Einwohnerzahl) der kleinen Siedlungen ist abhängig vom Funktionstyp und nimmt in der Reihenfolge Agrarsiedlungen — Wohnsiedlungen — Industriesiedlungen zu. Der Rentneranteil an der Bevölkerung wächst von den Industriesiedlungen über die Agrarsiedlungen zu den Wohnsiedlungen, während der Kinderanteil bei Industrie- und Agrarsiedlungen relativ gleich ist und in den Wohnsiedlungen abnimmt. Die Wohnsiedlungen haben also generell die ungünstigsten Proportionen in der Altersstruktur der Bevölkerung und müssen als besonders überaltert angesehen werden.

Alle kleinen Siedlungen der Ballungsgebiete liegen in zumutbarer zeitlicher Entfernung zu höheren Siedlungszentren (Kategorie 1—3)[2]. Mit der Entwicklung gut ausgebauter Stadt-Umland-Beziehungen bei gleichzeitiger Zusammenarbeit der kleinen Siedlungen in Form von Gemeindeverbänden sind in den *Ballungsgebieten günstige strukturelle Voraussetzungen für* die *Verbesserung der Arbeits- und Lebensbedingungen* der Bevölkerung der kleinen Siedlungen gegeben. Unter diesen Gesichtspunkten bietet sich als Modell zur Weiterentwicklung der Siedlungsstruktur unter Einbeziehung der kleinen Siedlungen ein polyzentrisches Modell spezialisierter, miteinander verknüpfter Siedlungszentren mit Umlandgebieten an.

## Literatur

HERTEL, G. und W. SCHÖTTGE: Komplexanalyse der Siedlungsbedingungen in kleinen Siedlungen. Informationen der Forschungsleitstelle für Territorialplanung, **10** (1973).

HÖSEL, D. und J. MISSELWITZ: Die Bildung von Gemeindeverbänden — ein Erfordernis der gesellschaftlichen Entwicklung. Staat und Recht, **10/11** (1972) S. 1608—1616.

v. KÄNEL, A.: Siedlungsstruktur und Gemeindetypen im Bezirk Rostock. Wiss. Zeitschr. der MLU Halle-Wittenberg, Math.-nat. Reihe, **17** (1968) 2, S. 287—306.

MOHS, G., SCHMIDT, H. und D. SCHOLZ: Territoriale Konzentration und Urbanisierung — Probleme und Aufgaben bei der Entwicklung der Siedlungsstruktur in den Ballungsgebieten der DDR. Peterm. Geogr. Mitt., **120** (1976) 2, S. 90—94.

Dr. JOACHIM LEYKAUF, Martin-Luther-Universität Halle, Sektion Geographie, 402 Halle (Saale), Domstraße 5

[2] entsprechend der Klassifizierung durch die Staatliche Plankommission.

# Die Stadt-Umland-Region Rostock

Von DIETER BRUNNER

Parallel zur Erforschung der Stadt-Umland-Regionen von Groß- und Mittelstädten der DDR[1] wurde in Abstimmung damit die Stadt-Umland-Region Rostock näher untersucht. Hauptinhalt der Untersuchung war die Analyse personenbezogener Stadt-Umland-Beziehungen im Raum Rostock, die Abgrenzung und Zonierung der ermittelten Stadt-Umland-Regionen, insbesondere der Stadt-Umland-Region Rostock, sowie die Darstellung von Entwicklungstendenzen der Stadt-Umland-Regionen. Das Hauptaugenmerk der analytischen Untersuchungen wurde auf sozialräumliche, d. h. arbeits- und versorgungsräumliche Stadt-Umland-Beziehungen gerichtet, für letztere vor allem im Bereich des Einzelhandels und bei der Inanspruchnahme hauswirtschaftlicher Dienstleistungen.

Das Untersuchungsgebiet umfaßt den Stadtkreis Rostock sowie die Landkreise Rostock, Bad Doberan, Ribnitz-Damgarten, Bützow und Güstrow, die agrarisch strukturiert sind und ein zersplittertes Siedlungsnetz aufweisen. Aus Intensität und Reichweite der *arbeits- und versorgungsräumlichen Stadt-Umland-Beziehungen* wurden unter Zugrundelegung einer am Institut für Geographie und Geoökologie entwickelten Punktbewertung für das Untersuchungsgebiet ermittelt:

— ein Bezirkszentrum: Rostock,
— ein Gebietszentrum: Güstrow,
— vier partielle Kreiszentren: Ribnitz-Damgarten, Bützow, Bad Doberan, Barth,
— sieben Lokalzentren: Neubukow, Schwaan, Tessin, Laage, Kröpelin, Bad Sülze, Krakow am See,
— fünf große Mittelpunktorte: Marlow, Sanitz, Satow, Kühlungsborn, Lalendorf.

Die Stadt-Umland-Beziehungen dieser Zentren sind in Abhängigkeit von der Ausstattung der Zentren, der geographischen Lage der Zentren, der ökonomischen Struktur und der Verkehrslage der Umlandgemeinden, von natürlichen und politisch-administrativen Einflußfaktoren unterschiedlich ausgeprägt.

Die *Zentralität der Mittelpunktorte* und *Lokalzentren* beruht zumeist auf einem *Bedeutungsüberschuß im Bereich Versorgung*. Die Lokalzentren gehen im Unterschied zu den Mittelpunktorten jedoch verstärkt arbeitsräumliche Beziehungen mit den Umlandgemeinden ein. Die Umlandstellung der *höherrangigen Zentren* wird durch die *Arbeitskräftebeziehungen* am besten abgebildet. Die vielfältigen Spezialfunktionen mit Einfluß im gesamten Bezirk, im Nordgebiet und in der DDR heben *Rostock* über alle anderen Zentren des Untersuchungsgebietes hinaus.

[1] wie sie vom Institut für Geographie und Geoökologie der Akademie der Wissenschaften in Leipzig durchgeführt wird

Die *Stadt-Umland-Region Rostock* läßt sich deutlich in die *ringförmig* ausgeprägten *Intensitätssubzonen 1a und 1b*[2] und in die *Intensitätszone 2* gliedern, die etwa 20-, 40- und 60-Minuten-Isochronen um Rostock entsprechen und eine durchschnittliche Entfernung von ca. 10, 19 und 27 km haben. Die Zone 2 ist stärker in West-Ost-Richtung ausgedehnt als in Richtung Süden. Offensichtlich wirken dabei die Bezirksgrenzen und Güstrow als Gebietszentrum abschirmend auf die Stadt-Umland-Beziehungen Rostocks. Der Ringcharakter geht bei Zone 2 aus den genannten Gründen und durch den Einfluß von Ribnitz-Damgarten verloren. Die Einflußbereiche von zwei Lokalzentren am Rande der Intensitätszone 1 (Laage, Schwaan), von vier großen Mittelpunktorten (Kühlungsborn, Satow, Sanitz, Marlow), drei Lokalzentren (Kröpelin, Tessin, Bad Sülze) und einem partiellen Kreiszentrum (Bad Doberan) in der Intensitätszone 2 sowie von zwei partiellen Kreiszentren (Bützow, Ribnitz-Damgarten) und einem Gebietszentrum (Güstrow) als Intensitätszone 3a werden ganz oder teilweise von der Stadt-Umland-Region Rostock überdeckt. Der Bevölkerungszunahme in der Stadt Rostock von 1964 bis 1973 um 15,6% (1973: 207285 Einwohner) stehen Bevölkerungsabnahmen in den Intensitätszonen 1a, 1b und 2 von 0,8%, 2,6% und 3,5% gegenüber.

Aus den Gemeinden der

- Intensitätszone 1a sind mehr als 70% der ca. 2300 Auspendler,
- Intensitätszone 1b sind 60—70% (bzw. 30—50% bei ungünstiger Verkehrslage) der ca. 2100 Auspendler,
- Intensitätszone 2 sind 30—50% der ca. 3600 Auspendler

auf Rostock orientiert. Die *Grenze* der Stadt-Umland-Region Rostock wurde bei 10% Auspendlern nach Rostock an der Gesamtzahl der Auspendler der Gemeinden festgelegt. Sie wurde unter der Maßgabe gewählt, daß regelmäßige Personenbeziehungen zwischen den Umlandgemeinden und Rostock bestehen sollen. Es erwies sich zudem, daß jenseits dieser Grenzlinie die Versorgungsbeziehungen im Einzelhandel zu Rostock stark abnehmen. So umfaßt die Stadt-Umland-Region Rostock die Kreise Rostock-Stadt, Rostock-Land, Bad Doberan und Ribnitz-Damgarten sowie jeweils die nördlich der Kreisstadt gelegenen Teile der Kreise Bützow und Güstrow.

Die Stadt-Umland-Region Rostock ist ein Siedlungssystem, in dem die Mittelpunktorte, Lokalzentren und partiellen Kreiszentren und die durch sozialräumliche Beziehungen mit ihnen verbundenen Umlandgemeinden *Siedlungssubsysteme* bilden, die sich für die Bildung von Gemeindeverbänden anbieten. Unter Berücksichtigung der Beziehungen zwischen höher- und niederrangigen Zentren sowie der Lage der Gemeinden in den Umlandzonen der verschiedenen Zentren erlangt die *Auswahl von Gemeindeverbände-Zentren* und die Abgrenzung von *Gemeindeverbände-Territorien* besondere Bedeutung. Im Untersuchungsgebiet Rostock ist die Mehrzahl der Gemeindeverbände-Zentren entsprechend ihres ökonomischen Potentials, der infrastrukturellen Ausstattung und der Lagebeziehungen zu benachbarten Zentren richtig gewählt. Ebenso entspricht die Ausdehnung der Gemeindeverbände im allgemeinen den sozialräumlichen Wirkungsfeldern. Unter dem Aspekt sozialräumlicher Beziehungen ergeben sich in der Stadt-Umland-Region Rostock Probleme durch die exzentrische Lage eines Gemeindeverbands-Zentrums (Marlow) oder durch die „Querlage“ eines Gemeindeverbands-Territoriums (Kritzmow) in bezug auf die Hauptbeziehungsrichtung zum Bezirkszentrum Rostock.

[2] vgl. den Beitrag von Grimm sowie Lüdemann, Grimm, Krönert, Neumann (Hrsg.): Stadt und Umland in der DDR. Gotha/Leipzig 1979.

Zur Lösung der ökonomischen und sozialpolitischen Aufgaben im allgemeinen und im Raum Rostock im besonderen trägt die Gestaltung einer effektiven Territorialstruktur wesentlich bei. Unter Berücksichtigung vielfältiger ökonomischer und außerökonomischer Bedingungen vollzieht sich die Entwicklung der Siedlungsstruktur nach bestimmten territorialen Verteilungsmustern. Für das Untersuchungsgebiet Rostock mit Städten und größeren Gemeinden an den Hauptverkehrsachsen, mit seinem zersplitterten Siedlungsnetz, mit der verkehrsfernen Lage von Klein- und Kleinstsiedlungen bildet das *Band-Knoten-Modell* einen *Ansatz* für die Siedlungsstrukturentwicklung.

Dr. Dieter Brunner, Ernst-Moritz-Arndt-Universität Greifswald, Sektion Geographie, 22 Greifswald, Ludwig-Jahn-Str. 16

# Zur Entwicklung der Makrostruktur des Siedlungsnetzes am Beispiel des Nordteiles des Bezirkes Frankfurt/Oder

Von Hans Rumpf und Bärbel Leupolt

Am Beispiel des nördlichen Bezirkes Frankfurt/Oder werden einige Ergebnisse der ökonomisch-geographischen Forschung der Sektion Geographie der Humboldt-Universität Berlin zur Diskussion gestellt, vor allem zu Kriterien für die Auswahl und Entwicklung von Städten der Makrostruktur sowie zur Bestimmung, Struktur und Entwicklung von Stadt-Umland-Regionen.

Zur Auswahl und Entwicklung von Städten der Markrostruktur (Bönisch, Mohs, Ostwald 1976, vgl. auch Beitrag Grimm) werden Möglichkeiten und Probleme der planmäßigen Auswahl und Entwicklung von Städten der Makrostruktur mit gestufter Funktionswirkung erörtert. Ausgehend von einem Prinzip-Schema des Prozesses der Stadt-Umland-Beziehungen wurde insbesondere der *Zusammenhang* zwischen *Innen-*, *Umland-* und *Fernfunktionen* mit verschiedenen *Ausstattungskategorien* vorgestellt. Die Ausstattung als Gesamtheit der vorhandenen Betriebe und Einrichtungen ist der Hauptträger der Funktionen. Dementsprechend können über die Ausstattungskategorien und ihre planmäßige Entwicklung räumliche Funktionswirkungen der Innen-, Umland- und Fernfunktionen rationell gestaltet werden. Unter diesem Gesichtspunkt bilden die Ausstattungskategorien und ihre proportionale Entwicklung ein *wichtiges Auswahl-* und *Entwicklungskriterium* für Städte der Makrostruktur. Am Beispiel der Kreisstädte Eberswalde-Finow, Bernau, Angermünde, Bad Freienwalde und des Stadtkreises Schwedt wurden anhand statistischer Darstellungen Möglichkeiten und Probleme der Anwendung und Quantifizierung der Ausstattungskategorien (absolut und relativ) auf der Basis von Beschäftigtenzahlen diskutiert. Daraus leiten sich Schlußfolgerungen für weitere Untersuchungen ab.

Auf Grund einer vergleichenden Betrachtung der gleichen Städte wurden weitere Kriterien für die Auswahl und Entwicklung von Städten der Makrostruktur vorgestellt. Danach ergibt sich für den nördlichen Bezirk Frankfurt/Oder, daß *nur* die Städte *Eberswalde-Finow* und *Schwedt/Oder Städte der Makrostruktur* sind (große Mittelstädte der Siedlungskategorie 2 nach Kluge 1974) und Kerne von Stadt-Umland-Regionen bilden.

Die Stadt-Umland-Region *Schwedt* diente als Beispiel für die Erörterung der Bedeutung von Stadt-Umland-Regionen im Rahmen der planmäßigen und langfristigen Gestaltung der Siedlungsstruktur, speziell in vorwiegend agrarisch strukturierten Gebieten. Eine Karte, statistische und textliche Materialien vermittelten dem Interessenten einen Überblick über Lage, raumstrukturelle Situation und Entwicklung der Stadt-Umland-Region Schwedt sowie über Gemeinsamkeiten und Unterschiede im *Vergleich mit* der Stadt-Umland-Region *Eberswalde-Finow*. Ein wesentlicher Unterschied besteht darin, daß die Stadt Schwedt nicht über einen administrativ zugeordneten Landkreis verfügt (Grimm 1974).

## Literatur

BÖNISCH, R., MOHS, G. und W. OSTWALD: Territorialplanung. Berlin 1976.
GRIMM, F.: Die Kreisstädte der DDR und ihre Rolle im Siedlungssystem. Geogr. Berichte **73** (1974) 4, S. 229–244.
KLUGE, K.: Die Bedeutung der Siedlungskategorien für die Planung der Siedlungsstruktur. Peterm. Geogr. Mitt. **118** (1974) 4.

Dr. HANS RUMPF, Dr. BÄRBEL LEUPOLT, Humboldt-Universität Berlin, Sektion Geographie, 108 Berlin, Universitätsstr. 3b

# Untersuchungen zu den laufenden Aufwendungen und Schlußfolgerungen für die Entwicklung der Siedlungsstruktur des Bezirkes Gera

Von WERNER SCHÖTTGE

Die nachfolgend dargestellten Ergebnisse von Untersuchungen zu den *laufenden Aufwendungen in der Siedlungsstruktur* des Bezirkes Gera wurden nach über zweijähriger Arbeit 1971—1973 im Büro für Territorialplanung Gera im Rahmen zentraler Forschungsarbeiten der Staatlichen Plankommission erzielt. Ein Teilergebnis für ein begrenzteres Territorium (3 Kreise) und eine geringere Anzahl von Kostenbereichen wurde im Mai 1972, die auf der Basis des gesamten Bezirkes Gera und erweiterter Kostenbereichsskala erzielten Schlußfolgerungen wurden im September 1973 der Forschungsleitstelle für Territorialplanung der Staatlichen Plankommission übergeben.

Ein *entscheidender Kostenkomplex* der Ökonomie der Siedlungsstruktur sind die *laufenden Aufwendungen*, die zur Gewährleistung der Produktion und zur Versorgung und Betreuung der Bevölkerung ständig eingesetzt werden müssen. Für die erforderliche Eingrenzung der Aufgaben- und Zielstellung wurde zunächst von folgender allgemeiner Arbeitsdefinition der laufenden Aufwendungen der Siedlungsstruktur ausgegangen:

Kosten für vergegenständlichte und lebendige Arbeit sowie sonstige Kosten für die wirtschaftliche Tätigkeit, die zur Aufrechterhaltung und Funktionsfähigkeit der Siedlungsstruktur notwendig sind. Es sind siedlungsstrukturbezogene Aufwendungen, die in regelmäßig wiederkehrenden Zeitabständen auftreten.

Sie setzen sich im einzelnen aus folgenden *Kostenkomplexen* zusammen:

- Aufwendungen für den Transport von Personen und Gütern zur Versorgung der Wirtschaft und der Bevölkerung,
- Aufwendungen für die Unterhaltung von Einrichtungen und Anlagen der Produktions- und Konsumtionssphäre,
- Aufwendungen für Personal (Lohnkosten),
- Aufwendungen für Mieten, Abschreibungen, Zinsen, Steuern usw.

Aus diesen Kostenkomplexen wurden folgende 6 *Kostenarten* ausgewählt:

- öffentlicher Personenverkehr (KOM, Straßenbahn, Obus),
- individueller Kfz-Verkehr (PKW, Krad),
- Handelstransport,
- Schülertransport,
- Posttransport,
- Unterhaltungskosten für Anbindungsstraßen.

Es zeigten sich folgende Ergebnisse:

1. Die *volkswirtschaftliche Größenordnung* des Problems soll an den ermittelten Kostensummen für die bereits genannten sechs Kostenbereiche verdeutlicht werden. Die Basis bilden die 1970 tatsächlich entstandenen Kosten.

| Kostenbereich | Kostenanteil 1970 | |
|---|---|---|
| | MioM | % |
| öff. Personenverkehr | 31,0 | 33,4 |
| indiv. Kfz-Verkehr | 18,6 | 20,0 |
| Handelstransport | 24,9 | 26,9 |
| Schülertransport | 4,8 | 5,2 |
| Posttransport | 4,1 | 4,5 |
| Straßenunterhaltung | 9,3 | 10,0 |
| Summe | 92,7 | 100,0 |

Die Ermittlung der Kosten für das Jahr 1975 ergab eine Steigerung um ca. 47%. Das bedeutet eine Steigerungsrate bei den transportabhängigen Kostenarten von 6 bis 9% pro Jahr. Die Steigerungsraten sind sehr beträchtlich; sie liegen z. T. über den Steigerungsraten bekannter Wirtschaftskennziffern.

2. Von ausschlaggebender Bedeutung für die Ökonomie der laufenden Kosten erwiesen sich *Größe*, *Lage* und *Funktion der Siedlungen*. So zeigt sich, daß in Siedlungen mit
 — Zunahme der Einwohnerzahl,
 — günstiger Verkehrslage zum Versorgungszentrum,
 — geringerem Anteil der in der Landwirtschaft Beschäftigten
 die Kostenhöhe pro Einwohner abnimmt.

Aus der Untersuchung des *Zusammenhanges zwischen Kostenhöhe pro Einwohner und der Siedlungsgröße* ergaben sich sowohl für den Bezirk als auch für die einzelnen Kreise folgende deutlich abgegrenzte Siedlungsgrößengruppen, Kostengruppen bzw. Kostenschwellen:

| Siedlungsgröße — Gruppe — in EW | Kostengruppe bzw. -schwelle in M/EW | durchschnittliche Gesamtkosten in M/EW |
|---|---|---|
| über 1000 | bis 125 | 79 |
| 301—1000 | 126—225 | 202 |
| 151— 300 | 226—325 | 286 |
| bis 150 | über 325 | 399 |

Die Kostenhöhe nimmt mit zunehmender Einwohnergrößengruppe mehr oder weniger sprunghaft ab bzw. mit abnehmender Siedlungsgröße zu. Sie ist fünfmal größer in der Gruppe unter 150 EW gegenüber den Siedlungen über 1000 EW. Der deutlichste Kostensprung bzw. Schwelleneffekt entsteht bei den Siedlungen über 1000 EW. Er weist darauf hin, daß die ökonomischen und siedlungsstrukturellen Bedingungen in den Siedlungen über 1000 EW relativ günstiger sind und es offenbar angezeigt ist, die Funktionen dieser Siedlungen auf lange Sicht zu stabilisieren.

Aus der Untersuchung des *Zusammenhanges zwischen Kostenhöhe pro Einwohner* und der *Entfernung der Siedlungen* zur jeweiligen Kreisstadt ergaben sich folgende bezirkstypische Entfernungs- und Kostengruppen:

| durchschnittliche Entfernung zur Kreisstadt | Kostengruppe |
|---|---|
| über 11 km | über 300 M/EW |
| 5—11 km | 151—300 M/EW |
| bis 4 km | bis 150 M/EW |

Es erwies sich, daß die *Lage der Siedlungen zur Kreisstadt* einer der *wichtigsten Einflußfaktoren auf die Kostenhöhe* ist.

Aus den Berechnungen ging hervor, daß die entscheidenden *unmittelbaren Einflußfaktoren auf* die *Kostenhöhe*
— Entfernung der Siedlungen zu ihrem Versorgungszentrum,
— Häufigkeit der Fahrten,
— km-Anteil als Produkt von Entfernung und Häufigkeit,
— Zeitaufwand
sind und von der *Struktur der Kostenbereiche*, insbesondere seiner Netze, abhängen, wie es die folgende Übersicht zeigt:

| EW-Größengruppe | durchschn. Kosten/EW (in M) | durchschn. Entfernung zu Versorg.-zentren je Siedlung (in km) | durchschn. Häufigkeit der Fahrten je EW | Ø km-Ant. je EW | Ø Zeitaufw. je EW im Jahr (in h) |
|---|---|---|---|---|---|
| bis 150 | 399 | 13 | 4,1 | 289 | 47 |
| 151— 300 | 286 | 11 | 3,6 | 254 | 40 |
| 301—1000 | 202 | 10 | 2,8 | 194 | 36 |
| über 1000 | 79 | 9 | 1,3 | 87 | 16 |

Zusammenfassend und schlußfolgernd für die weitere Arbeit ergibt sich: die *Kostenhöhe* hängt in entscheidendem Maße von
— den *typischen Bedingungen* des Siedlungsnetzes und
— der Struktur der Kostenbereiche, insbesondere ihrer Netze — sofern sie solche bilden — ab.

Die *laufenden Kosten* lassen sich
— *kurzfristig* durch die Veränderung der Struktur bzw. der Netze der einzelnen Kostenbereiche und
— *langfristig* durch eine Veränderung der Siedlungsstruktur senken.

Dabei ist die Veränderung der Siedlungsstruktur aus der Sicht der laufenden Aufwendungen so vorzunehmen, daß in erster Linie für kleinere oder größere abgegrenzte Siedlungsgebiete mit sehr kleinen Siedlungen auf Grund ihrer geringen Einwohnerzahl und ungünstigen Verkehrslage eine schnelle rückläufige Entwicklung bis zur Aufgabe geplant und realisiert wird.

Als entscheidend für die weitere Forschungsarbeit auf diesem Gebiet erscheint, die im Büro für Territorialplanung Gera ermittelten Ergebnisse durch *Untersuchungen in anderen Bezirken* zu überprüfen, um ihren Verallgemeinerungsgrad zu erhöhen. Darüber hinaus ist es notwendig, *weitere Kostenarten*, wie z. B. die Unterhaltskosten für bauliche Anlagen oder die Lohnkosten für das Personal in öffentlichen Einrichtungen, in die Untersuchungen einzubeziehen.

Dipl.-Gärtner WERNER SCHÖTTGE, Büro für Territorialplanung bei der Bezirksplankommission Gera, 65 Gera, Puschkinplatz 7

# Zur Kartenfolge „Stadtregion Leipzig/Strukturelle Gliederung I und II“ im Planungsatlas Bezirk Leipzig

Von Lotar Uhlig

In Fortführung des Planungsatlas Bezirk Leipzig wurden vom Büro für Territorialplanung als Herausgeber zwei Karten mit jeweils vier Teilthemen zur strukturellen Gliederung der Stadtregion Leipzig vorgelegt. Nach der kartographisch komplexen Bearbeitung des industriellen Ballungsraumes Borna-Böhlen wird damit die thematische Darstellung von Verdichtungsgebieten, die als territoriale Konzentrations- und Entwicklungsschwerpunkte planerisch von besonderer Bedeutung sind, am Beispiel eines großstädtischen Agglomerationsraumes zielgerichtet fortgesetzt.

Die nun zur Stadtregion Leipzig vorliegende Themenfolge kann zugleich als Versuch gelten, *ausgewählte* und für den Urbanisierungsgrad der Siedlungen im Umland großstädtischer Ballungszentren *repräsentative Struktur- und Funktionsmerkmale vergleichbar darzustellen* und textlich ergänzend zu erläutern. Dabei ging es den Autoren vorrangig um eine *strukturräumliche Gliederung*, um die Ableitung von Siedlungsgebieten unterschiedlicher Urbanität, d. h. mit unterschiedlichem Entwicklungs- bzw. Ausstattungsniveau und daher auch voneinander abweichenden Reproduktionsbedingungen.

Auf Abgrenzung einer vom Einfluß der Großstadt intensiv geprägten und mit ihr auch in der weiteren Entwicklung funktionell eng verflochtenen territorialen Struktureinheit — Ergebnis komplexer und planerisch relevanter Merkmalskombinationen — wurde vorerst verzichtet. Erfahrungsgemäß kann hier aber vor umfassenderen Untersuchungen *von* einer sehr weitgehenden Übereinstimmung mit dem dargestellten *Pendlereinzugsgebiet* der Stadt Leipzig *ausgegangen* werden. Es schließt alle umliegenden Siedlungen ein, die mindestens 10% ihrer Auspendler in den Ballungskern entsenden. Eine Entsprechung zu meist enger gefaßten städtebaulichen Abgrenzungen, wie sie zweckbestimmt auch der Generalbebauungsplan Stadtregion Leipzig fixiert, ist aus strukturräumlicher Sicht nicht gegeben.

Mit dem fortschreitenden Zentralisierungsprozeß, der planmäßigen und rationellen Gestaltung der arbeitsteiligen Beziehungen innerhalb der Siedlungsstruktur und der allmählichen Herausbildung integrierter Siedlungsgebiete gewinnen Aussagen zur strukturellen Differenzierung und funktionellen Verflechtung der Siedlungen besonders im Vorfeld der Groß- und ausgewählten Mittelstädte wachsende Bedeutung.

Hier ist die Funktionsteilung zwischen den einzelnen Siedlungen und der Stadt selbst im Ergebnis rückwirkender Agglomeration schon deutlich vorgeprägt. Hier wird auch die weitere Konzentration der materiellen Fonds und der Bevölkerung in den dominierenden gesellschaftlichen Zentren durch *engere Verkehrsanbindung* ihrer Einzugsgebiete zunehmend auf das Umland ausstrahlen und schrittweise zum Abbau territorialer Disparitäten in den Arbeits- und Lebensbedingungen beitragen. Mit der zeitgünstigen Erreichbarkeit der vielfältigen und spezialisierten Versorgungseinrichtungen der Groß- und ausgewählten Mittelstädte werden sich auch ihre *Pendlernahbereiche langfristig* als *Siedlungsgebiete mit attraktiver Wohnfunktion* stabilisieren.

In der weiteren Aufgabenstellung des Planungsatlas sollen diese spezifischen Aspekte der Stadtregionen mit ihren planerischen Konsequenzen im Falle Leipzig stärkere Beachtung finden.

Dr. Lotar Uhlig, Büro für Territorialplanung bei der Bezirksplankommission Leipzig, 701 Leipzig, Querstraße 26/28

Abb. 2. Typen des Bevölkerungswachstums der Städte in bezug auf die Relationen des natürlichen Wachstums und der Bevölkerungsmigration, 1971–1975 (vgl. Tab. 2)

50 60 70 80 90 100

MIX
Papier | Fördert
gute Waldnutzung
FSC® C083411

Zeitfracht Medien GmbH
Ferdinand-Jühlke-Straße 7
99095 Erfurt, Deutschland
produktsicherheit@kolibri360.de